FORTSCHRITTE DER SOWJETISCHEN GEOLOGIE

# FORTSCHRITTE DER SOWJETISCHEN GEOLOGIE

HERAUSGEGEBEN
VOM GEOTEKTONISCHEN INSTITUT
DER DEUTSCHEN AKADEMIE DER WISSENSCHAFTEN
ZU BERLIN

## HEFT 4

AKADEMIE-VERLAG · BERLIN
1961

NIKOLAI S. SCHATSKI

# VERGLEICHENDE TEKTONIK ALTER TAFELN

Mit 1 Porträt und 19 Abbildungen

AKADEMIE-VERLAG · BERLIN
1961

Übersetzt aus dem Russischen von E. Scheitz, Berlin
Wissenschaftliche Redaktion:
Dr. K.-B. Jubitz, Berlin (Kap. 1 und 2) und Dipl.-Geol. H.-J. Teschke, Berlin (Kap. 3 bis 5)

Mit der Herausgabe der Schriftenreihe beauftragt
Dipl.-Geol. H.-J. Teschke

Erschienen im Akademie-Verlag GmbH, Berlin W 8, Leipziger Straße 3—4

Lizenznummer: 202 • 100/467/61
Kartengenehmigung: MdI der DDR Nr. 6565
Gesamtherstellung: VEB Druckerei „Thomas Müntzer" Bad Langensalza
Printed in Germany
Bestellnummer: 2089/4 • ES 18 F 2 • Preis: DM 26,—

## INHALTSVERZEICHNIS

## ORIGINALARBEITEN

H.-J. TESCHKE

# Nikolai Sergejewitsch SCHATSKI
(28. 8. 1895 — 1. 8. 1960)

In diesem Jahr jährte sich zum ersten Male der Todestag von N. S. SCHATSKI, der dem Schaffen eines der bedeutendsten Vertreter der sowjetischen Geologie ein Ende setzte. Das Geotektonische Institut der Deutschen Akademie der Wissenschaften will mit dem vorliegenden Band SCHATSKI als einen hervorragenden Wissenschaftler und Menschen ehren, dessen Lebenswerk fast alle Zweige der Geologie, besonders aber die Tektonik, bereichert hat.

SCHATSKI wurde am 28. August 1895 in Moskau geboren. Die ersten Spuren seiner späteren geologischen Tätigkeit lassen sich bis in die Schulzeit verfolgen. Nach einer kurzen Zeit allgemeiner naturwissenschaftlicher Studien an der Staatl. Universität Moskau entschloß sich SCHATSKI, wohl auch von seinem Lehrer A. P. PAWLOW beeinflußt, für das Fach Geologie. Bereits 1916 legte er seine erste selbständige Arbeit zur Hydrogeologie im Wolgagebiet vor. Fünf Jahre später wird er an die Moskauer Bergakademie berufen und hält seine ersten Vorlesungen über die Regionale Geologie Sibiriens.

In den folgenden Jahren legt SCHATSKI die Grundlagen seiner späteren Arbeitsrichtung. Als Ergebnis ausgedehnter und sorgfältiger Kartierungsarbeiten an der Wolga, bei Kaluga und im Bereich der Kursker Magnetanomalie sowie erdölgeologischer Arbeiten im nördlichen und südöstlichen Kaukasus schreibt SCHATSKI eine Reihe von Veröffentlichungen, die neben ihrem unmittelbaren Wert für die Lagerstättengeologie bereits charakteristische Züge des späteren Tektonikers erkennen lassen. Das trifft besonders für seine beiden Hauptarbeitsrichtungen zu, die lithologisch-stratigraphische und die tektonische Analyse, die sich zu dieser Zeit nur recht lose wechselseitig ergänzten. Seine Oberkreide- und Paläogengliederung des Donezbeckens (1924) hat noch heute nach 35 Jahren Gültigkeit. Sie mag als Anfang einer Reihe wesentlicher stratigraphischer Arbeiten angesehen werden, deren Höhepunkt wohl die Untersuchungen im Präkambrium und Altpaläozoikum der Russischen Tafel sind.

Die Stärke der Tendenz zur Tektonik wurde in der 1932 erschienenen Synthese zur Sibirischen Tafel deutlich. In dieser Arbeit werden die Charakterzüge seines wissenschaftlichen Lebenswerkes erstmalig in ihrer Gesamtheit sichtbar. Ausgehend von einer sorgfältigen morphologischen Bestandsaufnahme, setzt er tektonische Formen, nicht selten verschiedener Größenordnung, räumlich und zeitlich miteinander in Verbindung und gelangt so über vergleichende Betrachtungen zu wichtigen allgemeinen tektonischen Schlußfolgerungen. Die unmittelbaren regionalen Aussagen — Abgrenzung der Sibirischen Tafel, Ausscheidung eines selbständigen Faltenzyklus (Baikalfaltung, Baikaliden) u. a. — wurden zur Grundlage aller weiteren Arbeiten in diesem Gebiet. Seine damals noch keineswegs widerspruchslos aufgenommenen Ideen, etwa von den Beziehungen zwischen Fazies und Tektonik oder von einer streng historisch orientierten tektonischen Analyse, um nur einige zu nennen, sind heute Voraussetzung jeder großräumigen regionaltektonischen Untersuchung. In jene Epoche fällt auch die 1945 veröffentlichte Monographie „Skizzen zur Tektonik des Wolga-Ural-Erdölgebietes und des angrenzenden Teils der Südural-Westflanke", eine Arbeit, die weit über den Rahmen regionaler Untersuchungen hinausgeht. In ihr werden einige prinzipielle Fragen der Tektonik alter Tafeln und Faltengebiete dargestellt.

Die reifste Verarbeitung der über viele Arbeiten hindurch verfolgbaren Gedanken finden wir in der vorliegenden Serie „Vergleichende Tektonik alter Tafeln" aus den Jahren 1946—1955. Hier sind SCHATSKIS Fähigkeiten zur analytischen und historischen Betrachtungsweise, die einen neuen Zugang zu tektonischen Problemen eröffnet, besonders deutlich.

Eine Würdigung der Verdienste SCHATSKIS bleibt unvollständig, wird nicht seine Mitarbeit an großen tektonischen Kartenwerken erwähnt. Im Jahre 1952 erscheint die erste Tektonische Karte der UdSSR im Maßstab 1:4000 000, vier Jahre später eine zweite Auflage (1:5 000 000); beide fanden uneingeschränkte internationale Anerkennung.

1935 wurde SCHATSKI mit der Gründung der Tektonischen Abteilung des Geologischen Institutes der Akad. d. Wiss. d. UdSSR, 1956 mit der Leitung dieses Institutes selbst betraut. Während dieser letzten Jahre seines Lebens setzte er alle seine wissenschaftlichen und organisatorischen Fähigkeiten ein, um ein Forschungsinstitut ersten Ranges auszubauen. Daneben war SCHATSKI bis zuletzt in vielen Fachkommissionen leitend tätig; an verschiedenen Sammelwerken war er beteiligt, andere regte er an. Mehr als 40 Jahre stellte er als Hochschullehrer seine Erfahrungen der Ausbildung junger Geologen zur Verfügung.

Versucht man, SCHATSKIS Lebenswerk in wenigen Sätzen zu analysieren und seine Bedeutung für unsere Wissenschaft zu erfassen, so stechen zunächst die Konsequenz und Beständigkeit hervor, mit denen sich seine wichtigsten Konzeptionen verfolgen lassen. SCHATSKI war von seinen früheren Arbeiten bis zur Gegenwart in erster Linie historisch-vergleichender Analytiker, der mit Folgerichtigkeit tektonische Probleme unter historischem Aspekt sah. Dabei war für SCHATSKI die Entwicklung geologischer Erscheinungen und Strukturen kein gleichmäßiger und gleichartiger oder gar etwa zyklischer Vorgang. Er war vielmehr von einer qualitativ nicht umkehrbaren Entwicklung aller geologischen Prozesse auf der Erdoberfläche und im Erdinnern überzeugt. Seine Skepsis gegenüber weltweiten und episodisch ablaufenden Faltungsphasen findet deutlich ihren Niederschlag in den

Erläuterungen zur Tektonischen Karte der UdSSR. Faltung ist für ihn ein langer, zeitlich mit der Sedimentation vergleichbarer Vorgang.

Obwohl SCHATSKI als Vertreter der „analytischen“ Richtung Problemen der Krustenbewegung weniger nahe stand, lassen sich doch in einigen seiner Arbeiten kritische Gedanken zu diesem Fragenkomplex herauslesen. Seine Ablehnung der mobilistischen Betrachtungsweise im Sinne WEGENERS resultiert aus dem Posthumitätsprinzip, dem SCHATSKI, meist im Zusammenhang mit anderen geologischen Problemen, in seinen meisten Arbeiten nachspürte. Dieses von ihm 1938 in Zentralkasachstan theoretisch formulierte Prinzip spielt auch in der „Vergleichenden Tektonik“ eine entscheidende Rolle und ist in vielen Arbeiten seiner Mitarbeiter und Schüler wiederzufinden.

Neben regional- und allgemeintektonischen Fragen galt SCHATSKIS Interesse insbesondere lithologischen Problemen. Der bei diesen Arbeiten von ihm geprägte Begriff der „geologischen Formation“ erlangte über den bisherigen Inhalt hinaus eine allgemeingeologische Bedeutung. Bemühungen, die beiden Hauptrichtungen seiner Lebensarbeit — Lithologie und Tektonik — zu einer zu verschmelzen und deren mannigfaltigen Wechselbeziehungen nachzugehen, lassen sich schon früh erkennen, traten aber in den letzten Jahren seines Schaffens immer stärker in den Vordergrund.

Diese kurze Würdigung SCHATSKIS als Wissenschaftler ist nur als Versuch zu verstehen, einige der wichtigsten Züge seines Lebenswerkes nachzuzeichnen. Wenn wir uns entschlossen haben, mit der „Vergleichenden Tektonik“ einen Teil der Arbeiten SCHATSKIS dem deutschsprachigen Leser zugänglich zu machen, so deshalb, weil wir glauben, daß diese in Deutschland kaum erreichbaren Arbeiten für jeden Geologen wichtig sind und den Tektoniker SCHATSKI am besten charakterisieren. In diesem Sinne sollten auch die in einigen Arbeiten vorkommenden Wiederholungen oder — z. T. unter veränderten Gesichtspunkten — Vergleiche mit anderen Gebieten der Erde gesehen werden, nämlich als fruchtbares Ergebnis intensiver Forschungstätigkeit, die selbst keine Revidierung eigener früherer Teilansichten scheut.

Ferner glauben wir, daß die „Vergleichende Tektonik“ — abgesehen von ihrer regionalen Bedeutung — manche Eigenheiten in der sowjetischen tektonischen Literatur überhaupt besser zu verstehen hilft.

A. A. BOGDANOW

# Kurze Einführung zu den Arbeiten von N. S. SCHATSKI „Vergleichende Tektonik alter Tafeln"

## Vorwort zur deutschen Ausgabe

Alte Tafeln (Kratone) nehmen auf allen Kontinenten große Räume ein und bestimmen die Anordnung der sie umrahmenden jüngeren Faltengürtel. Es liegt daher nahe, daß die damit zusammenhängenden tektonischen Probleme viele Wissenschaftler angezogen haben und noch heute beschäftigen.

Innerhalb der alten Tafeln zeichnet sich die im Norden und Osten des europäischen Festlandes gelegene sog. Osteuropäische Tafel durch den Stand der Erforschung besonders aus. A. KARPINSKI, E. SUESS, A. ARCHANGELSKI, S. v. BUBNOFF, M. TETJAJEW sowie einer Reihe anderer Wissenschaftler verdanken wir die wichtigsten tektonischen Gesamtdarstellungen dieser Großeinheit. Eine besondere Stellung nehmen dabei die Arbeiten von N. S. SCHATSKI ein, der im Laufe von rund 30 Jahren den Aufbau und die Entwicklung der Osteuropäischen Tafel systematisch untersucht hat.

Akademiemitglied N. S. SCHATSKI galt mit Recht als Nestor der sowjetischen Tektoniker. Seine zahlreichen Arbeiten waren den verschiedensten geologischen Problemen gewidmet; sie behandelten stratigraphische, lithologische, erdölgeologische, ingenieurgeologische und wissenschaftsgeschichtliche Themen. Die wichtigsten Veröffentlichungen behandeln jedoch Fragen der theoretischen und regionalen Tektonik. SCHATSKI war selbst ein Meister der geologischen Kartierung und hat persönlich viele Jahre in mehreren Gebieten des Kaukasus, der Osteuropäischen Tafel, der Sibirischen Tafel und ihrer Rahmengebiete, des Urals und Zentralkasachstans gearbeitet. Viele wichtige und grundsätzliche Erkenntnisse des tektonischen Baues dieser Gebiete gehen auf seine Geländeuntersuchungen zurück. Die Tatsache, daß SCHATSKI weite Gebiete der UdSSR aus eigener Anschauung kannte und den geologischen Gesamtbau der Sowjetunion wie nur wenige andere zu überschauen vermochte, gab ihm die Möglichkeit, eine Reihe inhaltsreicher und theoretisch interessanter klassischer Arbeiten zu schreiben.

Eine bedeutende Anzahl seiner Veröffentlichungen widmete SCHATSKI der Tektonik der Osteuropäischen Tafel. In den Jahren 1931 bis 1937 erschienen mehrere Aufsätze zu allgemeinen Fragen des Aufbaues der Tafel[1]. Sie entstanden in einer Zeit, als die Zusammenstellung geologischer Karten dieses Gebietes im wesentlichen abgeschlossen war, als die geophysikalischen Untersuchungen erfolgreich begannen, als jedoch die zahlreichen Tiefbohrungen der späteren Jahre praktisch noch fehlten.

Im Jahre 1940 wurde in Moskau, in den Shiguli und in den westlichen Teilen Baschkiriens durch drei Tiefbohrungen erstmalig der präkambrische Untergrund erreicht, der bisher lediglich auf dem Baltischen und Ukrainischen Schild sowie am Don und im Gebiet von Kursk in natürlichen Aufschlüssen bekannt war. Die Ergebnisse dieser drei Bohrungen ließen die früheren Vorstellungen eines im Untergrund verborgenen kaledonischen Faltensystems an der Basis des östlichen Teiles der Russischen Platte[2] in völlig neuem Licht erscheinen umd leiteten gleichzeitig eine neue Etappe in der Erkenntnis des tektonischen Baues dieses Gebietes ein.

Bereits 1941 veröffentlichte Schatski eine interessante Analyse des Baues der östlichen Russischen Tafel[3], bei der er über paläogeographische Überlegungen zu der Vermutung gelangte, daß sich nordöstlich von Woronesh bis zum Ural in ost-westlicher Richtung ein großes Hebungsgebiet erstrecken müsse („Wolga-Ural-Gewölbe"). Die bald folgenden Untersuchungen bestätigten diese vorausgesagte Hebungsstruktur und ließen darüber hinaus deren vielfältigen und komplizierten Aufbau erkennen. Mit diesem Hebungsgebiet — so stellte sich heraus — hingen die großen paläozoischen Erdöllagerstätten der Russischen Platte zusammen.

Im Jahre 1945 veröffentlichte Schatski eine seiner wichtigsten Arbeiten zur Tektonik der Tafel[4]. Er gab damit nicht nur eine regionale Strukturanalyse des östlichen Teiles der Tafel, sondern klärte auch die Beziehungen zwischen der Tafel und den Varisciden des Urals. In der gleichen Arbeit wurden auch die Haupttypen der Tafelstrukturen — Anteklise, Syneklise, Plakantiklinale u. a. — definiert.

Noch im gleichen Jahre folgte der erste Versuch einer vergleichenden Analyse der Osteuropäischen und der Nordamerikanischen Tafel[5], ein Fragenkomplex,

---

[1] Aus dieser Zeit sind u. a. zu nennen: „Zur Frage der Herkunft der Gipse von Romny und der Gesteine des Issatschkowski-Hügels in der Ukraine". — Bjull. Mosk. obschtsch. ispyt. prirody, **34**, 9; Moskau 1931.

„Über die Entstehung des Donezbeckens". — Bjull. Mosk. obschtsch. ispyt. prirody, **15**, 1; Moskau 1937.

„Über die Tektonik der Osteuropäischen Tafel". — Bjull. Mosk. obschtsch. ispyt. prirody, **15**, 1; Moskau 1937.

[2] Die erste Auswertung der Bohrergebnisse gab Schatski in seiner Arbeit „Zur Altersfrage des gefalteten Untergrundes der Russischen Tafel". — Sowjetskaja Geologija, **1940**, 10; Moskau 1940.

[3] „Über die jungpaläozoische Struktur der Ostrussischen Senke". — Doklady Akad. Nauk. SSSR, **31**, 5; Moskau 1941.

[4] „Skizzen zur Tektonik des Wolga-Ural-Erdölgebietes und des angrenzenden Teils der Westflanke des Südurals". — Materialy k posnaniju geologitscheskogo strojenija SSSR. Isdanije Mos. Ob-wa Isp. Pr., Nowaja Serija, 2, 6, 1945.

[5] „Über eine vergleichende Tektonik Nordamerikas und Osteuropas". — Iswestija AN SSSR, ser. geol., **1945**, 4; Moskau 1945.

dem SCHATSKI in den folgenden Jahren noch mehrmals nachging. Abgesehen von ihrem allgemeinen Interesse ist diese Arbeit deshalb besonders zu erwähnen, weil in ihr wohl zum ersten Male die Methodik einer vergleichenden Strukturanalyse entwickelt wurde, die in den folgenden Arbeiten SCHATSKIS und seiner zahlreichen Schüler und Mitarbeiter eine so wichtige Stellung einnehmen sollte.

In den Jahren 1946 bis 1955 veröffentlichte SCHATSKI unter dem Rahmentitel „Vergleichende Tektonik alter Tafeln“ einen Zyklus von Arbeiten über die Tektonik der Osteuropäischen Tafel, den das Geotektonische Institut der Deutschen Akad. d. Wiss. z. Bln. dankenswerterweise für seine Schriftenreihe „Fortschritte der sowjetischen Geologie“ ausgewählt hat. Es soll hier keine Zusammenfassung oder eine Würdigung wichtiger Schlußfolgerungen und der von SCHATSKI erkannten Gesetzmäßigkeiten folgen. Wir wollen lediglich versuchen, die nun in deutscher Übersetzung erscheinende „Vergleichende Tektonik alter Tafeln“ als jene besonders wichtigen theoretischen Untersuchungen zu sehen, die mit Recht den klassischen Arbeiten der Naturwissenschaft einzureihen sind.

Der Zyklus entstand in einer Zeit, als auf der Osteuropäischen Tafel zahlreiche Tiefbohrungen niedergebracht wurden, deren Zahl jetzt bereits bei 150 bis 200 liegt. Alle diese Bohrungen haben das Deckgebirge der Tafel durchsunken und das präkambrische Fundament erreicht. Die Bohrergebnisse nötigten nicht nur dazu, einen beträchtlichen Teil früherer Vorstellungen über die Struktur und die Entwicklungsgeschichte der Tafel zu revidieren, sie gaben darüber hinaus den Schlüssel, viele früher noch unbekannte am Aufbau alter Tafeln wirksame allgemeine Gesetzmäßigkeiten zu finden. Auf Grund des neuen Tatsachenmaterials wurden auch viele von SCHATSKI formulierte Schlußfolgerungen und Leitsätze schärfer gefaßt und weiterentwickelt.

In den folgenden Jahren (1955—1960) setzte SCHATSKI seine Untersuchungen der Osteuropäischen Tafel weiter fort. Ergebnis dieser Arbeiten war u. a. die auf dem 20. Internationalen Geologenkongreß im Jahre 1956 vorgelegte Tektonische Karte der UdSSR im Maßstab 1:5 000 000[1] sowie die erste Internationale tektonische Karte von Europa[2] im Maßstab 1:2 500 000, an der SCHATSKI als Chefredakteur gearbeitet hat und die zum 21. Internationalen Geologenkongreß wenige Tage vor seinem Ableben fertiggestellt wurde. Bei Zusammenstellung dieser Karten hat SCHATSKI unter Berücksichtigung der neuesten Untersuchungsergebnisse der Struktur der Osteuropäischen Tafel besondere Aufmerksamkeit geschenkt.

Im Zuge der weiteren strukturellen Untersuchungen der Tafel rückte SCHATSKI die Stratigraphie und die Bildungsbedingungen der unteren Profilteile des sedimentären nichtmetamorphen Deckgebirges in den Vordergrund des Interesses. Er schied erstmalig mächtige Serien des oberen Proterozoikums und des Kambriums aus, die in den tiefsten Senkenteilen Mächtigkeiten bis zu 1500—2000 m

[1] SCHATSKI, N. S. & A. A. BOGDANOW: Grundzüge des tektonischen Baues der Sowjetunion. — Fortschr. sowj. Geol., 1, 84 S.; Akademie-Verlag Berlin 1958.

[2] SCHATSKI, N. S. & A. A. BOGDANOW: Über die internationale tektonische Karte Europas im Maßstab 1:2500000. — Iswestija Akad. nauk. SSSR, ser. geol. **1961**, 4; Moskau 1961

erreichen. Die sedimentären jungproterozoischen Ablagerungen der Osteuropäischen Tafel wurden zu einem ripheischen Komplex vereinigt, der zur Zeiteinheit einer Gruppe erhoben (nicht weniger als 500 Mill. Jahre), dem Paläozoikum, Mesozoikum und Känozoikum gleichzusetzen ist[1]. Im Jahre 1960 gelangt Schatski zu dem Ergebnis, daß die ripheische Ära unter Einfluß der assyntischen Ära Stilles den Beginn einer der größten, von Stille als Neogäikum bezeichneten Zyklen der Erdgeschichte darstellt (Megachron nach Schatski).

Als Ergebnis weiterer Untersuchungen zur Entwicklungsgeschichte der Osteuropäischen Tafel während des Ripheikums gelangte Schatski zu dem Schluß, daß mit zu den wichtigsten Strukturelementen dieser frühen Entwicklungsstadien der Tafel große linear gestreckte tektonische Senken gehören, für die er die Bezeichnung Aulakogen vorschlug. Aulakogene fixieren in ihrer Anordnung die Richtung großer regionaler Bruchsysteme, die das Fundament der Tafel zerteilen. Sie sind bestimmend für die Lage von Zonen, in denen das Ripheikum und Altpaläozoikum ihre maximalen Mächtigkeiten erreichen und in denen ein früher Vulkanismus wirksam ist. Im Bereich von Aulakogenen bilden die Gesteine im unteren Teil einer Tafeldecke schwach metamorph veränderte Serien, die in ihrer Zusammensetzung Ähnlichkeit mit miogeosynklinalen Zonen haben und Spuren einer eigenartigen Faltung erkennen lassen. Zu den Aulakogenen der Osteuropäischen Tafel stellte Schatski die Timaniden, die Patschelma-Senke, das Senkungsgebiet des Großen Donbass und unter Vorbehalt das System Polnisches Mittelgebirge — Polnisch-Dänische Furche J. Samsonowitschs.

Diese Theorie der Aulakogene hatte Schatski erst in ganz allgemeinen Zügen entworfen. Die in dieser Richtung begonnenen äußerst interessanten Untersuchungen fanden durch sein plötzliches Ableben ihr Ende.

---

[1] Als wichtigste Arbeiten zum Thema des Ripheikums sind zu nennen: „Über die ältesten Ablagerungen des sedimentären Deckgebirges der Russischen Tafel und über ihre Struktur im Altpaläozoikum". — Iswestija AN SSSR, ser. geol., **1952**, 1; Moskau 1952.

„Über die Grenze zwischen Paläozoikum und Proterozoikum und über die ripheischen Ablagerungen der Russischen Tafel". — Isw. AN SSSR, ser. geol. **5**, 1952 [Zusammenfassung in H.-J. Teschke: Über die stratigraphische Stellung der ältesten Sedimentdecke der Russischen Tafel. — Geologie, **3**, 1, 74—84; Berlin 1954].

„Les rélations du Cambrien avec le protérozoique et les plissements Baikaliens. — Collegues Internationaux du CNRS, LXXVI; Paris 1958.

„Principles of Late Cambrien Stratigraphy and the Scope of the Riphean Group". — Intern. Geol. Congr., Report of the XXI Session, Part VIII, S. 7—17, Copenhagen 1960.

# Aufbau und Entwicklung der Osteuropäischen Tafel

## Vergleichende Tektonik alter Tafeln 1

**Iswestija AN SSSR, ser. geol., 1946, 1, 5—62, 7 Abb.; Moskau 1946**

INHALT



Diese Arbeit bildet den ersten Teil einer Untersuchung über vergleichende Tektonik alter Tafeln, die — um ihre Bedeutung am Aufbau der Erdrinde abzuschätzen — mehr als die Hälfte der ganzen Festlandfläche einnehmen. Die im Norden der ost-westlich streichenden alpidischen Faltungszone (Tethys) liegenden Tafeln (Osteuropäische, Nordamerikanische, Sibirische Tafel) unterschieden sich von den südlich gelegenen (Afrikanische, Brasilianische Tafel u. a.) dadurch, daß jüngere Faltungselemente einen geschlossenen Ring um diese Kratone bilden. Daher eignen sich bevorzugt die nördlichen Tafelgebiete, um durch vergleichende tektonische Analyse die Gesetzmäßigkeit im Aufbau und in der Entwicklung dieser Strukturen festzustellen.

Im ersten Teil dieser Untersuchungen werden die wichtigsten Angaben über Form der Osteuropäischen Tafel, Aufbau ihres gefalteten Unterbaues und historische Entwicklung als großtektonische Einheit vermittelt.

## I. Definition der Osteuropäischen Tafel

Als Osteuropäische Tafel bezeichnen wir nur den Teil der gesamten alpidischen Tafel der nördlichen Halbkugel, zu der Ost- und Nordeuropa gehören und die einen präkambrisch gefalteten Unterbau sowie eine unverformte Sedimentauflagerung vom Tafeltypus besitzt. Die Sedimentdecke der Tafel besteht aus Kambrium und jüngeren Ablagerungen. Dieser nach natürlichen Gesichtspunkten begrenzte Teil der alpidischen Tafel wird gewöhnlich als die Russische Tafel bezeichnet.

Wird jedoch die von E. Suess (1902) eingeführte Bezeichnung zu Grunde gelegt, so müssen wir als „Russische Tafel“ nur den mittleren und den östlichen Teil des umgrenzten Raumes bezeichnen, wobei sowohl der Baltische Schild als auch der an den Timan grenzende Teil der Tafel sowie ihr gesamtes westliches, tief unter jüngeren Sedimenten verdecktes Gebiet westlich vom sogenannten Polessje-Wall ausgeschlossen bleiben.

Der Terminus „Osteuropäische Tafel“ wurde von A. D. Archangelski (1932a) in die Literatur eingeführt, um das Gebiet der undislozierten Ablagerungen zu bezeichnen, die zwischen dem variscisch verfalteten Ural, den Kaledoniden, den Karpaten, der Krim und dem Kaukasus liegen. Dieser Ausdruck wurde übrigens bereits von dem polnischen Geologen W. Teisseyre (1922) angewandt, jedoch nur als Bezeichnung für das Vorland der Karpaten-Deckenüberschiebung. Die Bezeichnungen „Russische Tafel“ und „Osteuropäische Tafel“ dürfen daher keinesfalls gleichgesetzt werden. Ferner stellen sowohl die Russische Tafel nach E. Suess (1902) als auch der Baltische Schild nicht etwa einzelne Teile der Osteuropäischen Tafel dar, sondern es sind selbständige Strukturen, die sich am Aufbau der Tafel beteiligen. Eine solche Schlußfolgerung ergibt sich sowohl aus der Definition von E. Suess als auch aus den Untersuchungen von A. P. Karpinski (1886, 1894, 1919). Vollständige Synonyme der Osteuropäischen Tafel sind nur Fennosarmatia nach H. Stille (1930) und Skandorussia nach D. N. Sobolew (1926b).

Auf den ersten Blick hin dürfte eine derartige Abgrenzung wegen des unterschiedlichen Alters der die Tafel begrenzenden Faltungsstrukturen ausgesprochen künstlich erscheinen. Dieses wäre richtig, wenn die strukturellen Unterschiede zwischen Tafel und umgrenzenden Faltungszonen nur zum Zeitpunkt der eigentlichen Faltenbildung, d. h. in den sogenannten Hauptphasen der Orogenese entstehen würden. Die fazielle und strukturelle Analyse der Faltungszonen widerlegen aber diese Ansicht, denn die Faltenbildungen in weitem Sinne dieses Wortes sind in geosynklinalen Zonen kein kurzfristiger, sondern ein lang andauernder Prozeß; außerdem unterscheidet sich während der gesamten Geosynklinalperiode die Struktur der Faltungszonen stark von der Entwicklung der sie begrenzenden Tafel. So bildeten sich im Ural während der kaledonischen Orogenese Strukturformen, die sich von den Bautypen der benachbarten Tafel stark unterschieden, jedoch den variscischen Verformungen dieser Zone ähnlich waren. Das gleiche müssen wir auch für das Heilige-Kreuz-Gebirge (Polen) feststellen; im Kaukasus unterscheiden sich die kaledonischen und variscischen Strukturen, wie im Gebiet von Mineralnyje Wody und im Zentralkaukasus erkennbar, noch stärker von den Tafelstrukturen, als es bei den alpidischen Strukturen der Fall ist. Während des Altpaläozoikums war die Osteuropäische Tafel somit von einer durchgehenden

Geosynklinalzone umgeben, von der der im Bereich der Kaledoniden gelegene Teil zum Ende des Gotlandiums in eine Tafel verwandelt wurde; in einem anderen Teil dieser Zone (Ural, Rhenoherzynische Zone) setzte sich die geosynklinale Entwicklung bis zum Ende des Paläozoikums fort. Im dritten Abschnitt schließlich (Karpaten, Krim, Kaukasus) fand die geosynklinale Entwicklung entweder mit dem Ausgang des Tertiärs ihren Abschluß oder aber sie dauert bis heute an. Demnach stellt die Osteuropäische Tafel einen besonderen, aber sehr charakteristischen Teil des alpidischen Tafelgebietes dar, der sich altersmäßig stark von den Gebieten mit variscisch gefaltetem Unterbau (Pariser Becken, Westsibirische Tiefebene) unterscheidet. Das hier betrachtete Gebiet weist somit in den Hauptzügen seiner Entwicklung, der Struktur und dem Alter eine Ähnlichkeit mit der Nordamerikanischen Tafel, der Sibirischen Tafel und anderen homologen alten Massiven der Erdkruste auf.

Aus der hier angeführten Definition der Osteuropäischen Tafel folgt, daß diese Struktur ursprüngliche eine kaledonische Tafel darstellte, da sie allseitig durch kaledonische Geosynklinalzonen umgeben war. In der dargestellten Umgrenzung hat sich die Tafel zunächst im Altpaläozoikum gebildet, setzte dann aber ihre Entwicklung in der Folgezeit fort. Die kaledonische Osteuropäische Tafel vergrößerte sich ferner in der variscischen Ära durch Angliederung der skandinavischen Kaledoniden und schließlich während der alpidischen Zeit durch die Varisciden des Urals sowie des außerrussischen Europas usw. Eine derartige Angliederung führte in der alpidischen Zeit zur Bildung einer einheitlichen Großtafel, die einen erheblichen Teil der nördlichen Halbkugel umfaßte und deren Unterbau außerdem Gebiete mit verschiedenem Faltungsalter vereinte.

Trotz allgemeiner Ähnlichkeit der Deformationen während des Tafelstadiums traten jedoch die altersmäßigen und damit auch die strukturellen Besonderheiten des Fundaments in verschiedenen Teilen der alpidischen Tafel individuell in Form von Deckgebirgsstörungen sowie stratigraphischen Profilveränderungen hervor. Deshalb ist die Festlegung großer natürlicher Baueinheiten innerhalb der alpidischen Tafel nach dem Faltungsalter der Unterlage durchaus logisch und angebracht für die strukturelle Analyse. Nur auf diese Weise können ein Zusammenhang zwischen den Deformationen des auflagernden Deckgebirges und den alten Strukturen des Unterbaues — auch im Sinne einer Posthumität — sowie der Einfluß der Entwicklungsdauer auf die Strukturtypen (Neubildungen) erkannt werden.

Ebenso wie E. Suess bezeichnete auch Archangelski die Osteuropäische Tafel und ähnliche gleichalterige tektonische Bildungen als präkambrische Tafeln. Tafelgebiete, deren gefaltete Unterlage sich aus paläozoischen Ablagerungen zusammensetzt, werden von E. Suess entsprechend als paläozoische Tafeln bezeichnet.

Diese Terminologie bringt ebenfalls die Beziehungen zwischen den Faltungszonen und Tafeln zum Ausdruck, jedoch unterscheiden sich diese Beziehungen von den schon weiter oben betrachteten. Im ersteren Falle werden nämlich als kaledonische Tafeln solche tektonischen Gebiete bezeichnet, die als Tafelstrukturen schon während der Periode der kaledonischen Faltung bestanden, obgleich sie möglicherweise auch schon früher angelegt wurden; im zweiten Falle werden Tafeln als kaledonisch bezeichnet, die sich zum Ende der kaledonischen Ära im Zuge einer Umwandlung der kaledonischen Geosynklinalzone in ein „epikontinentales" Tafelgebiet bildeten. Diese Termini sind ebenfalls durchaus logisch begründet. Ich bin der Ansicht, daß der letzteren Terminologie in methodischer Hinsicht sogar der Vorrang zu geben ist, da sie auf genetischen Merkmalen basiert, und zwar auf der Zeit der Umwandlung der Geosynklinalzone in eine Tafel. Erschwerend ist dabei nur, daß diese Terminologie eine erhebliche Verwirrung in die allgemein anerkannten Altersbezeichnungen der geotektonischen Hauptabschnitte bringt. Deshalb sollten für die Altersbezeichnung von Tafeln alle Benennungen überhaupt vermieden werden, die sonst für die Perioden der Faltenbildung gelten.

Der genetische Zusammenhang zwischen Faltungszonen und Tafeln besteht hauptsächlich in der Umwandlung von Faltungszonen in Tafelgebiete. Daher müßte das Alter der Tafeln besser mit dem Terminus der Faltungsperiode bezeichnet werden, an deren Ende sich die betreffende Tafel endgültig herausgebildet hat, jedoch mit Zusatz der Vorsilbe „epi"— (über). Diese hier vorgeschlagene Bezeichnung würde somit den Zeitpunkt der Entstehung einer Tafel, d. h. den Beginn des eigentlichen Tafelstadiums im Zuge einer oft längeren Entwicklung gut charakterisieren. In diesem Sinne stellt uns, wie wir später sehen werden, die Osteuropäische Tafel jedoch vor einige Fragen, denn die gesamte Tafel ist „epiproterozoisch", allerdings wurden auch einige Teile der Tafel „epiarchäisch", andere „epikarelisch", noch andere wiederum „epiripheisch" gebildet.

Die Osteuropäische Tafel umfaßt in ihrer Gesamtheit eines der am eingehendsten erforschten geotektonischen Gebiete. Größere zusammenfassende Darstellungen dieser Struktur sind von einer Reihe bekannter Geologen gegeben worden: A. P. KARPINSKI (1886, 1894, 1919), A. D. ARCHANGELSKI (1923, 1932a, 1937, 1940), M. M. TETJAJEW (1926, 1938), D. N. SOBOLEW (1912, 1926b), nicht zuletzt auch von ausländischen Forschern, insbesondere S. v. BUBNOFF (1926, 1940). In diesen Publikationen ist bereits ein sehr umfangreiches Untersuchungsmaterial sowjetischer Geologen zusammengefaßt worden, so daß wir uns in der vorliegenden Arbeit nur mit den wichtigsten Fragen eingehender befassen wollen, die entweder von den genannten Forschern noch nicht ausreichend behandelt wurden oder eine grundlegende Überprüfung erfordern. Ferner sollen Fragen behandelt werden, die sich auf die vergleichende Tektonik alter Tafeln beziehen.

Wie jede andere Tafel, so besteht auch die Osteuropäische Tafel aus einem gefalteten Unterbau und einer darüber folgenden schwach deformierten Sedimentdecke. Für eine vergleichende Analyse müssen deshalb untersucht werden: 1) die Struktur des gefalteten Fundaments, 2) der Aufbau sowie die Entwicklung des Deckgebirges und 3) die genaue Umgrenzung der Tafel, die für die tektonische Form der gesamten Struktur bezeichnend ist. Die Lösung dieser Teilfragen schafft die wichtigsten Voraussetzungen, um die Bautypen und die Genese der Dislokationen im Bereich dieser Tafel zu erkennen.

Als Grundlage für diese Publikation dienten die sich über längere Zeiträume erstreckenden Geländeuntersuchungen, die von mir in verschiedenem Auftrage durchgeführt wurden, insbesondere im Rahmen einer Expedition der Akademie der Wissenschaften der UdSSR in das Gebiet der Osteuropäischen Ebene.

## II. Grenzen und Form der Tafel

Äußere, morphologisch gut ausgeprägte Begrenzungen der Osteuropäischen Tafel sind im Nordwesten das Skandinavische Hochgebirge, im Südwesten das Polnische Mittelgebirge sowie die Karpaten, im Süden die Gebirgszüge der Krim, des Kaukasus, der Halbinsel Mangyschlak und des Kara-tau. Im Osten ist dieses Gebiet auf weite Strecken hin durch das Mugodshar-Gebirge, den Ural sowie die Höhen der Inselgruppe Nowaja Semlja deutlich abgegrenzt. Im Westen jedoch, im Bereich der Weichsel–Oder-Niederung sowie der westlichen Ostsee, zeigt das morphologische Relief keine erkennbare Grenze zwischen der alten Tafel und den jüngeren paläozoischen Bildungen; hier gehen vielmehr die ebenen Gebiete der Russischen Tafel allmählich und unmerklich in die Norddeutsche Tiefebene über, die in ihrem westlichen Teil bei aller äußeren Ähnlichkeit mit den weiter östlich gelegenen Gebieten dieser Ebene einen vollkommen anderen geologischen Unterbau und eine andere Entwicklungsgeschichte während des Paläozoikums aufweist. Die hier dargestellte Grenze tritt ferner im Bereich des südlichen Bessarabiens, der Bucht von Odessa, im Südosten im Uralgebiet und im Raum des Ust–Urt-Plateaus sowie im Norden an der Barents-See morphologisch stark zurück. Die Osteuropäische Tafel, die sich im heutigen Relief nur durch große Verebnungen zu erkennen gibt, wird also nahezu von allen Seiten durch Gebirgsstrukturen unterschiedlicher Höhe, Zusammensetzung und verschiedenen Alters umgeben, so z. B. von jungen alpidischen Strukturen (Karpaten, Kaukasus), mesozoischen (Kara-tau), variscischen (Ural) und schließlich den kaledonischen (Norwegen, Westschweden). Nur an wenigen schon oben erwähnten Stellen ist diese gebirgige Begrenzung der Tafel durch Niederungszonen unterbrochen.

Eine auf diese Weise nach morphologischen Gesichtspunkten gezogene Begrenzung der Osteuropäischen Tafel, wie sie gewöhnlich bei der Beschreibung dieses tektonischen Gebiets gegeben wird, kann allerdings heute für eine tektonische Analyse nicht mehr ausreichen. Diese alte Tafel sehen wir vielmehr als eine der großen tektonischen Haupteinheiten an, die als einheitliche Struktur zu Beginn des Paläozoikums entstand. Wie jede andere tektonische Krustenstruktur hat auch die Tafel eine bestimmte, gesetzmäßige geometrische Form, die nur durch genauere Bestimmung ihrer altangelegten kaledonischen Umrisse verständlich wird.

Die Beschreibung der Tafelgrenzen muß folglich im Bereich der Kaledoniden beginnen, d. h. dort, wo die Grenze zwischen der Tafel und der Geosynklinalzone am schärfsten ausgeprägt ist. Hier ist nämlich 1) diese Grenze im gesamten Raum des Varanger-Fjords bis zur Südspitze der Skandinavischen Halbinsel an keiner Stelle durch postkaledonische Ablagerungen überdeckt, und 2) gibt es, wie S. v. Bubnoff (1936) erstmalig feststellte, bei den norwegischen Kaledoniden auch keine Randsenke (Vortiefe), die erfahrungsgemäß eine genaue Bestimmung der Tafelumrisse erheblich erschweren kann.

### *1. Nordwestgrenze*

In Mittelschweden, in Jämtland und im südlichen Lappland fällt die alte präkambrische Denudationsfläche, deren Reste an vielen Stellen dieses Tafelbereiches erkannt wurden, sehr langsam nach Nordwesten ab. Diese Fläche bildet in der Nähe der gefalteten Kaledoniden eine flache flexurartige Abbiegung mit einer

Neigung von 10 m auf 1 km und darüber. Das Präkambrium wird an dieser Stelle durch eine Serie autochthoner, ungefalteter Schichten des Kambrosilurs mit einer Mächtigkeit von höchstens nur 150 bis 200 m überdeckt. Auf diese Schichten ist eine kompliziert verfaltete Serie von kaledonischem Allochthon aufgeschoben worden. Die autochthonen, flach gelagerten Sedimente streichen hier an der Flanke dieser Flexur in Form eines sehr schmalen Streifens mit einer Maximalbreite von 15 bis 20 km aus oder sind örtlich völlig unterdrückt. An vielen Stellen läßt sich auch ein direktes Auflager überschobener Quarzitschollen der Kaledoniden auf Präkambrium der Tafel beobachten. Diese flexurartige Begrenzung zwischen Tafel und kaledonischer Faltungszone ist bereits von vielen skandinavischen Geologen, erstmalig von A. G. Högbom (1913), festgestellt worden. Kürzlich hat diese Stufe in Jämtland B. Asklund (1938) mit der Bestätigung genauer untersucht, daß „die präkambrische Peneplaine flexurartig und rasch unter die tektonisch umgewandelte Zone des Kambrosilurs einfällt". Eine derartige Beziehung zwischen Tafel und kaledonischer Faltenzone wird überall nördlich von Jämtland bis nach Finnmarken hin (Stufe der *Hyolithus*-Zone) und auch im Süden im Gebiet des Mjösen-Sees sowie des Südrandes der Sogne-Jotunheim-Synklinale beobachtet (E. B. Bailey & O. Holtedahl 1938).

Etwas komplizierter ist der Aufbau dieser Grenzzone westlich vom Oslo-Graben, denn hier lagern auf dem hohen Plateau des Hardanger Vidda die metamorphen Gesteine der kaledonischen Überschiebungseinheiten fast waagerecht; sie bilden die Höhen der Tafelberge, deren Fuß sich aus flach gelagerten, pyrithaltigen Schiefern des Kambrosilurs über Graniten und Gneisen des Präkambriums der Tafel zusammensetzt. Weiter westlich bildet am Hardanger-Fjord die präkambrische Denudationsfläche ebenfalls eine ausgeprägte flexurartige Verbiegung, die sowohl die kambrosilurischen Schiefer als auch die überschobenen Massive erfaßt hat. Zu erwähnen ist dabei, daß hier das Präkambrium überhaupt nicht durch die nachfolgende kaledonische Gebirgsbildung verändert worden ist, während das Kambrosilur lediglich infolge der Überschiebung durch die metamorphen Folgen dynamometamorph disloziert wurde. Westlich vom Hardanger-Fjord jedoch ist das Kambrosilur wieder sehr intensiv deformiert; besonders stark verändert sind hier die präkambrischen Gesteine, die in den Kernen großer Erhebungen und den überschobenen Schollen freigelegt werden. Auf dem Plateau des Hardanger Vidda und weiter nördlich bis um Jotunheim-Gebirge finden sich demzufolge Überschiebungen kaledonischer Gesteine auf eine unveränderte Tafel, etwa ähnlich den gleichen Überschiebungsphänomenen im Raum Jämtland, wo allerdings diese beschriebenen Erscheinungen seltener und auch räumlich nicht in so großem Maßstab auftreten. Ferner ist in Hardangen eine fluxurähnliche Stufe deutlich zu erkennen, die die Grenze zwischen der Tafel und den Kaledoniden darstellt (A. G. Högbom 1913). Östlich von dieser Stufe liegt das Kambrosilur überall in Tafelfazies vor (z. B. im Mittelschwedischen Bruchgebiet, am Vätter-See und Siljan-See), während westlich davon diese Tafelbildungen durch typische Geosynklinalformationen vertreten werden (mächtige Schichten aus Quarziten und Grauwacken sowie mächtige vulkanogene Serien und Spilite).

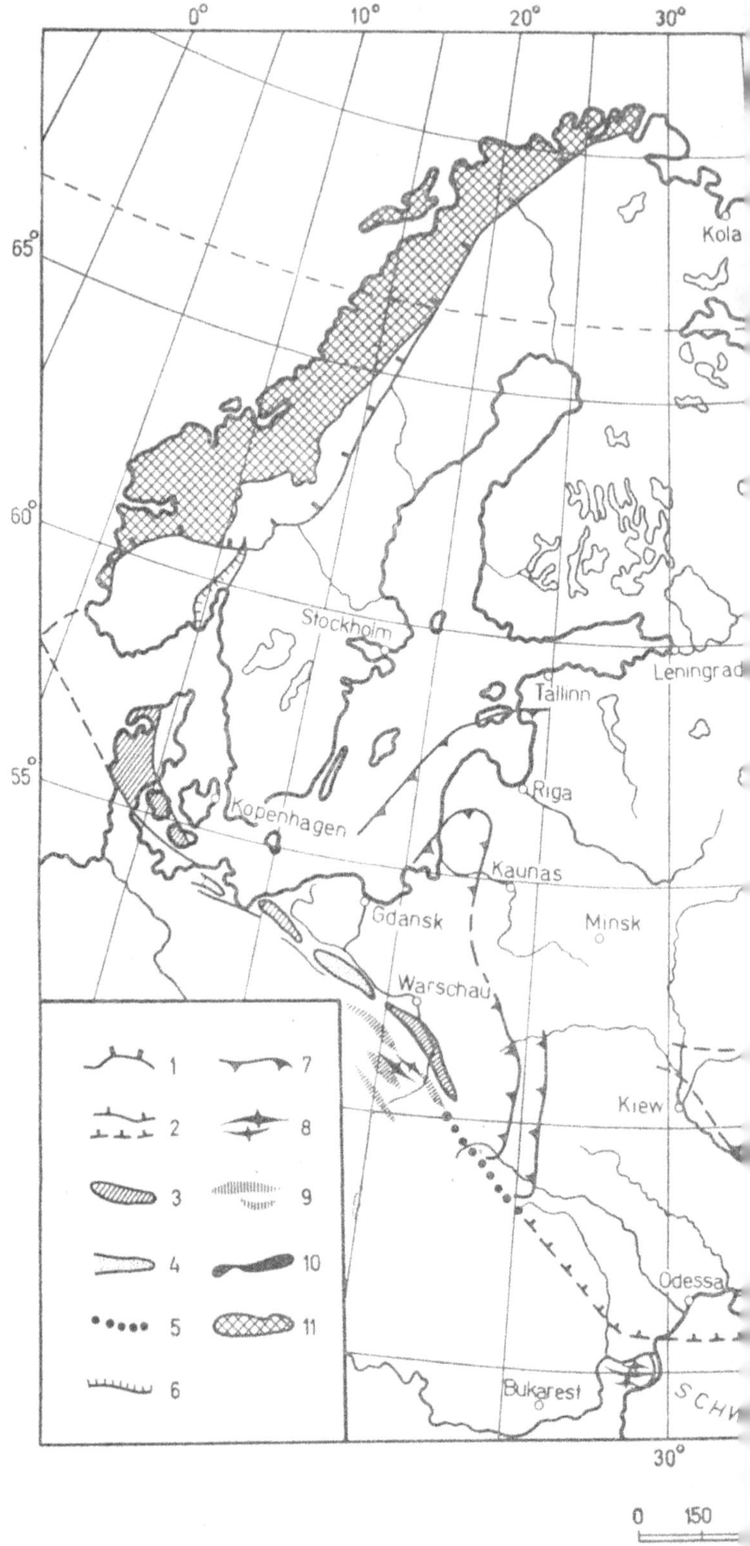


Abb. 1. Die Grenz

1 — Randnaht; 2 — variscische Tafelgrenze; 3 — größere positive
Hebungszonen an den Rändern des Faltungsgebietes; 5 — Konglom
der Syneklisen und der Randsenken (Vortiefen); 8 — allgemeine Ers
variscischem Unterbau; 10 — Zone metamorpher Schiefer des Urals; 1

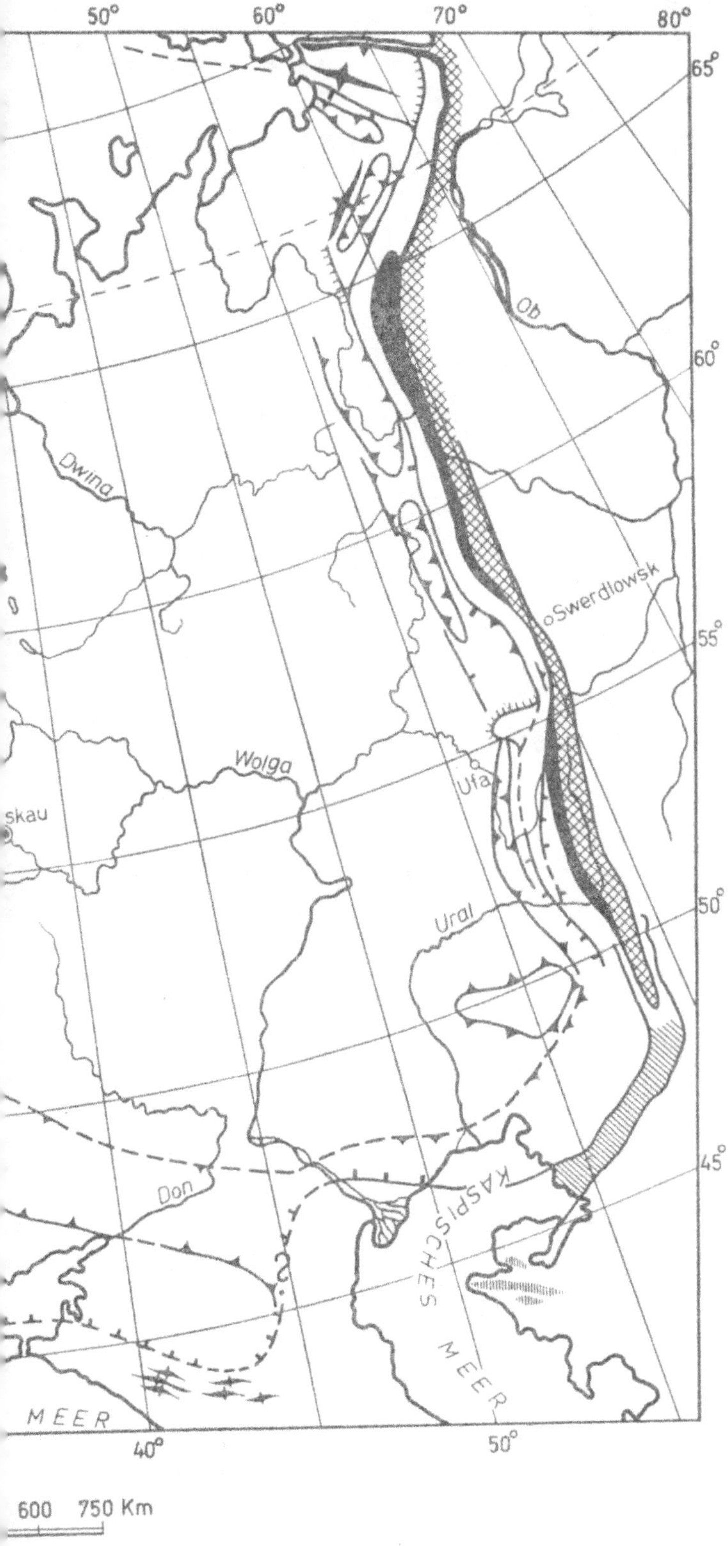


europäischen Tafel

malien der randlichen Faltungsgebiete; 4 — posthume mesozoische
oboda und der Krim; 6 — Brüche an den Tafelrändern; 7 — Umrisse
r paläozoischen Strukturen; 9 — posthume alpidische Faltungen auf
tungsgebiet der Grünsteine und basischen Eruptiva des Urals und der
.

Längs der gesamten Erstreckung der Skandinavischen Kaledoniden erscheint somit die Grenze zur Osteuropäischen Tafel als eine ausgeprägte flexurartige Verbiegung. Östlich dieser Strukturlinie sind die präkambrischen Bildungen der Tafel nirgends merklich durch postkambrische tektonische Prozesse verändert worden, während sie westlich jedoch durch kaledonische Bewegungen und durch Vulkanismus intensiv beeinflußt werden. In großen Abschnitten beteiligen sich am Aufbau dieser Flexur nicht nur das Präkambrium, sondern auch das nicht metamorphosierte (wenn auch stellenweise deformierte) Kambrosilur sowie an einigen Stellen (südliches Lappland, Mjösen-See) die Sparagmit-Formation. Diese sehr schmale Strukturzone zwischen Tafel und Kaledoniden bezeichne ich als eine R a n d n a h t zum Unterschied von typischen Randsenken (SCHATSKI 1945a).

Diesem im Profilschnitt beschriebenen Aufbau der Grenzzone soll kurz der räumliche Verlauf gegenübergestellt werden: Im Norden, im Bereich von Tromsö und Finnmarken, verläuft die Randnaht nordöstlich (45 bis 50°) stellenweise abweichend ostnordöstlich (65 bis 70°); weiter südlich, vom Torne-Träsk-See bis zum südlichen Jämtland, erstreckt sich die Randnaht auf die gesamte Entfernung von über 600 km geradlinig in Richtung 18°; noch weiter, im südlichen Jämtland und im Raum des Mjösen-See, nimmt der Grenzverlauf zwischen der Tafel und den Kaledoniden wiederunm eine nordöstliche (25° bis 60°) Richtung an, während sie im Raum des Jotunheim-Gebirges westlich des Mjösen-Sees in Ost–West-Richtung (83 bis 90°) übergeht. Im Süden der Halbinsel, längs des Hardanger-Fjordes und bei Stavanger, ist die Randnaht durch geradlinige Abschnitte mit nordöstlichem (30 bis 45°) und nordwestlichem (123°) Streichen gekennzeichnet. Im ganzen hat die kaledonische Randnaht das Aussehen eines riesigen parabelförmigen Bogens mit einem langen nördlichen und einem kurzen südlichen Ast. Dieser Bogen wölbt sich nach Südosten, in Richtung auf das Mittelschwedische Bruchgebiet, konvex vor. Es ist sehr wahrscheinlich, daß die Besonderheiten dieses Gebiets sowie die Entstehung des Oslo-Grabens mit der erwähnten Lage der Randnaht, d. h. dem bogenförmigen Eindringen der mobilen Faltungszone in den stabileren Bereich der Osteuropäischen Tafel, genetisch eng zusammenhängen. Der bogenförmige Verlauf der Grenzzone kommt auch im Aufbau der Faltungszone selbst deutlich zum Ausdruck, denn hier sind der metamorphe Komplex sowie die eruptiven Gesteine der Kaledoniden längs der Flanken des Bogens unmittelbar auf das Präkambrium der Tafel überschoben worden oder sind von diesem nur durch eine enge Randnaht getrennt. Im konvexen Teil des Bogens liegt zwischen den Gneisen der Tafel und dem metamorphen Komplex der Kaledoniden eine Zone von stark disloziertem, jedoch nicht metamorphosiertem Kambrosilur sowie der Sparagmit-Formation von Jämtland, die — obgleich von B. ASKLUND (1938) als eine selbständige Jämtland-Sedimentdecke angesehen — ihrem Wesen nach parautochthone Merkmale aufweist. Hierin drückt sich eine enge Beziehung zwischen den Strukturen des Geosynklinalgebietes und denen der Tafel aus.

Obgleich die kaledonische Naht im ganzen eine Bogenform beschreibt, setzt sich dieser Bogen (Abb. 1) aus einer Serie geradliniger Teilabschnitte zusammen, die eine miteinander zickzackförmig gewinkelte Linie bilden. Der Wechsel der einzelnen Richtungen vollzieht sich dabei schroff; auch treten die allmählichen Übergänge von der einen in die andere Richtung längenmäßig gegenüber den geradlinigen Abschnitten der Randnaht stark zurück.

## 2. *Südwestgrenze*

Wie aus den obigen Darlegungen ersichtlich ist, läßt sich die Nordwestgrenze der Osteuropäischen Tafel sehr genau festlegen. Die vollkommen anderen geologischen Verhältnisse am Südwestrand der Tafel lassen hier jedoch nur das allgemeine Streichen dieser Grenze erkennen. Längs der gesamten Erstreckung vom Skagerrak bis zum Schwarzen Meer sind die paläozoischen Ablagerungen der Tafel und des anliegenden Faltungsgebiets von einer mächtigen Serie känozoischer, mesozoischer und permischer Sedimente bedeckt, die sowohl im Bereich der alten Tafel als auch im angrenzenden, aber verhüllt liegenden Gebiet paläozoischer Faltungsstrukturen faziell außerordentlich ähnlich sind.

Der allgemeine nordwestliche und südwestliche Verlauf der Tafelbegrenzung ist recht deutlich zu erkennen, und zwar einerseits anhand der Aufschlüsse altpaläozoischer Gesteine vom Typ des Oslo-Grabens auf der Halbinsel Schonen und Insel Bornholm sowie auch der paläozoischen Ablagerngen vom Tafeltyp in Podolien (Süd- und Südwestflanke des Ukrainischen Kristallinmassivs), andererseits außerdem durch den Ausstrich von Paläozoikum geosynklinaler Prägung im Kern des Polnischen Mittelgebirges und im Dobrudscha-Massiv. Diese wenigen Aufschlüsse reichen jedoch für die genaue Grenzziehung bei weitem nicht aus, so daß hierfür indirekte Daten herangezogen werden müssen, und zwar geophysikalische Unterlagen, Angaben über posthume Dislokationen in meso-känozoischen Ablagerungen und Faziesanalysen des Paläozoikums in den oben angeführten Ausbißgebieten.

Mit der Festlegung der südwestlichen Tafelgrenze beginnen wir am besten im mittleren Teil dieses Abschnitts zwischen den Höhen von Kielce-Sandomierz (Lysa Gòra) und dem Ukrainischen Massiv. Vor dem Kriege wurden in der Westukraine Bohrarbeiten durchgeführt, die außerordentlich interessantes und wichtiges Material für die uns hier interessierende Fragestellung erbrachten. Untersuchungen polnischer Wissenschaftler, besonders die von Z. SUJKOWSKI (1939), und nachfolgende Aufnahmen im westukrainischen Karbon durch Geologen aus Kiew (E. M. NOWIAK) ergaben folgenden Aufbau der Westflanke des Ukrainischen Massivs: Auf präkambrischen kristallinen Gesteinen mit einem sehr allmählichen Einfallen nach Westen liegen Arkosen und violette Tonschiefer, die stratigraphisch bedingt zum Kambrium gerechnet werden können. Darüber folgt eine zweite Serie von Arkose-Sandsteinen sowie von Grün- und Blauschiefern mit Phosphoriten des podolischen Typs, die nach Analogievergleichen mit entsprechenden Ablagerungen der Dnepr-Gebiete in das Ordovizium zu stellen sind. Diese Gesteine werden wiederum von mächtigen gotlandischen Kalksteinen, Kalkschiefern sowie Tonschiefern überdeckt, in die biotithaltige Tuffite und Trachyt-Tuffe eingeschaltet sind. Zu diesen ordovizischen Horizonten gehören offenbar auch die Tuffe und Basalte am Fl. Goryn. Die gotlandischen Ablagerungen werden von Devon überlagert, wobei unten terrigene Ablagerungen vom Old-Red-Typ, oben mittel- und oberdevonische Sandsteine, Kalksteine, Dolomite und Mergel auftreten. Am oberen Bug niedergebrachte Bohrungen (Busk, Slotschew, Sokal, Stojanow, Galitschany u. a.) haben unter Kreidesedimenten karbonische Ablagerungen — Kalke aus dem Visé mit Sandstein- und Schieferzwischenmitteln einschl. geringmächtigen Steinkohlenschmitzen — sowie die Sandstein-Schiefer-Serie des Namurs mit Kalksteineinlagerungen und dünnen Kohlenflözen durchteuft. Die Ablagerungen des Kambriums und Ordoviziums streichen generell Nordnordwest, während in Annäherung an das Karbon sich das Streichen allmählich ändert und in N–S-Richtung übergeht. Die Schichten fallen mit höchstens 1 bis 1,5° sehr flach nach Westen ein.

Die altpaläozoischen und devonischen Schichten Wolhyniens, die die Westflanke des Ukrainischen Massivs aufbauen, stellen entsprechend der Streichrichtung eine unmittelbare Fortsetzung der analogen Ablagerungen Podoliens dar und sind Sedimente vom Tafeltyp. Die darüber folgenden karbonischen Sedimente, die offenbar sehr mächtig sind (die unteren Schichten des Namurs und die oberen Schichten des Visés haben eine Mächtigkeit von $>$ 500 m), stehen ihrer Ausbildung nach näher zum Donez-Karbon, d. h. zum Randsenkentyp. Ein Fazieswechsel kann nicht nur damit erklärt werden, daß das Gebiet des oberen Bug näher an der paläozoischen Faltungszone liegt als Wolhynien, vielmehr ist die Erklärung auch darin zu suchen, daß hier eine Wanderung der erwähnten Karbonfazies nach Nordosten in Richtung auf die Tafel beobachtet wird, etwa ähnlich den Verhältnissen am Ostrand des Ukrainischen Blockes.

Weiter nach Westen hin sind am linken Weichselufer in den Varisciden des Polnischen Mittelgebirges das Kambrosilur und Devon durch Schiefer, Grauwacken mit mächtigen Kalksteinkomplexen und Ablagerungen der rhenoherzynischen Zone, d. h. der äußeren Kette des variscischen Faltungssystems, vertreten.

Sowohl in struktureller, als auch fazieller Hinsicht verläuft also die Grenze von der Tafel zur paläozoischen Faltungszone räumlich zwischen dem oberen Bug und der mittleren Weichsel, was durch geophysikalische Daten im einzelnen noch genauer ermittelt werden kann.

Die karbonischen Schichten werden in den tiefer abgesenkten Teilen, die durch die oben angeführten Bohrungen erschlossen wurden, von einer geringmächtigen Schicht bunter Tone sowie von Sandsteinen mit Kalksteinzwischenmitteln, Dolomiten, Gips und Anhydrit überdeckt. Ich bin geneigt, diese Gesteine als permisch oder als (?) rhätisch anzusehen. Zum Hangenden greift über alle diese Schichten vom Unterpaläozoikum bis zum Karbon und Rhät die Oberkreide hinweg, und zwar mit zunehmender Vollständigkeit des stratigraphischen Profils sowie der Mächtigkeiten von Osten nach Westen. Die mächtigsten kretazischen Ablagerungen sind räumlich an die Kreidesenke von Lwow-Lublin gebunden. Die von H. Cloos & R. v. Zwerger (1940) zusammengestellte Schwerekarte (Abb. 2) dieses Gebiets ($G_0'' - \gamma_0$ Bouguer) stimmt vollkommen mit den beschriebenen geologischen Verhältnissen überein. Die Isogammen zeigen

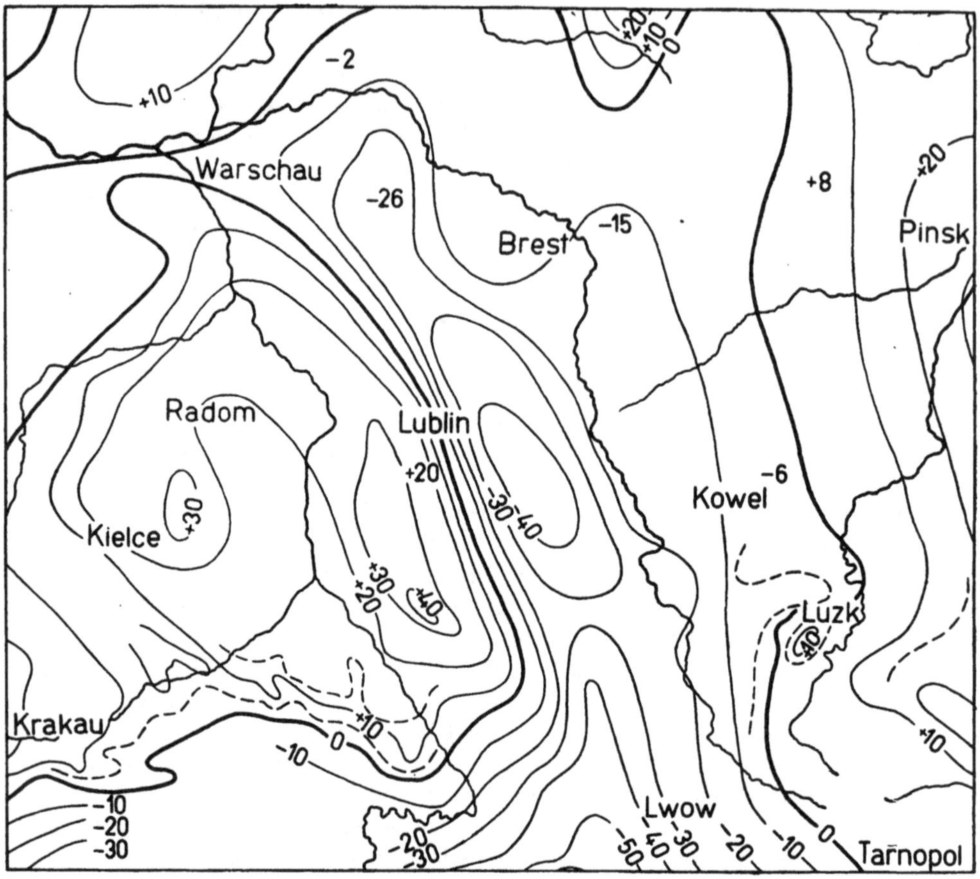


Abb. 2. Karte der Schwereanomalien ($G_0'' - \gamma_0$ Bouguer) Ostpolens und der Zwischengebiete der Westukraine und Belorußlands (nach St. Pawłowski 1939)

in Wolhynien, d. h. an der Ostflanke der Senke, im allgemeinen einen fast nordsüdlichen Verlauf, wobei ihre positiven Werte nach Westen hin allmählich abnehmen und schließlich durch negative Anomalien abgelöst werden. Das asymmetrisch aufgebaute Schwereminium (—40 mgal) verläuft streifenförmig etwas westlich von Lwow in nordnordwestlicher Richtung nach Cholm, wobei sich der Ostrand im Vergleich zur Westflanke durch geringere Schwerkraftsgradienten auszeichnet (vgl. Abb. 2).

Das Polnische Mittelgebirge hebt sich deutlich als scharf begrenzte positive Schwereanomalie heraus, und zwar mit Bindung der größten positiven Anomalien an das gehobene paläozoische Massiv des Heiligen-Kreuz-Gebirges; der Nida-Kreidemulde sowie der Kreidesenke von Radom entsprechen demgegenüber geringere, jedoch ebenfalls noch positive Schwerewerte. Der enge Zusammenhang zwischen Verlauf von Schwereanomalien und allgemeiner geologischer Struktur westlich der Weichsel ermöglicht eine sehr genaue Festlegung der Tafelgrenzen. Im Nordwesten wird diese Zone mit verringerten positiven Schwerewerten (Kreidesenke von Radom, Kreidegraben der Weichsel) längs des rechten Weichselufers von einer scharf begrenzten Zone hoher positiver Anomalien (+40, +30 mgal) abgeschlossen. Dieses kammförmige Schwerehoch kann analog dem Maximum des Polnischen Mittelgebirges nur als eine unter jungen Sedimenten verhüllte positive paläozoische Struktur interpretiert werden, und zwar als ein Randantiklinorium der Varisciden, das von Südwesten her die Randsenke (= Zone negativer Anomalien) begrenzt. Der asymmetrische Aufbau dieses Schwereminimums (Raum von Radom) entspricht durchaus dem üblichen Bau von Randsenken (Vortiefen) mit einer flachen Flanke und geringen Schichtmächtigkeiten auf der Tafelflanke sowie sehr großen Mächtigkeiten am steilen Abfall zum Faltungssystem. In diesem Gebiet verläuft also die Grenze zwischen der Tafel und der variscischen Faltungszone längs der Nordostflanke des erwähnten Schwereabbruches; die Randdepression rechnen wir in diesem Falle zur Tafel. Aus einem Faziesvergleich von Altpaläozoikum mit den Ablagerungen des Devons und Karbons an der Flanke des Ukrainischen Massivs sowie im Bereich des Heiligen-Kreuz-Gebirges ergibt sich ferner deutlich, daß sich die Grenze zwischen den mittelpolnischen Kaledoniden und der Osteuropäischen Tafel wohl kaum vom späteren variscischen Grenzverlauf unterschieden hat.

Die erwähnte positive Anomalie der Mittelweichsel-Kammlinie erstreckt sich in nordnordwestlicher Richtung rechts des Sans und der Weichsel, dann in nordwestlicher Richtung entlang der Weichsel, überschreitet diese bei Góra Kalvaria und verläuft am linken Ufer etwa bis zu den Städten Sochaczew und Łowicz. Der weitere Verlauf dieser Anomalie nach Westen und Nordwesten ist recht schwierig zu erkennen, da hier nicht genügend gravimetrische Unterlagen für eine genaue strukturelle Analyse vorliegen. Offenbar verklingt diese Anomalie und wird durch die negativen Anomalien im Raum von Płock und Włocławek abgelöst, in deren Bereich längs der Linie Łobżenica—Inowrocław—Bzesć-Kujawski deutlich zwischen den Schweresenken von Torun (Thorn) und Gniezno (Gnesen) eine Zone erhöhter Werte $G_0'' - \gamma_0$ hervortritt. Dieser Streifen fällt vollkommen mit dem Kujawa-Antiklinorium zusammen, das einen großen antiklinalähnlichen Scheitel mit westnordwestlichem Streichen und einer Breite von etwa 30 bis 40 km darstellt. Im Bereich dieses Antiklinoriums sind unter einer dünnen Decke quartärer und tertiärer Sedimente jurassische und triadische Ablagerungen vorhanden, die durch eine Reihe von permischen Salzstöcken durchbrochen werden (Waino, Inowrocław, Gura, Dochalewo, Kcynia u. a.). Nach Norden und Süden hin ist der Kujawa-Wall durch die tiefen Kreidedepressionen von Torun (Thorn) und Gniezno (Gnesen) begrenzt (A. Michalski 1903, B. Swiderski 1922, A. Jentzsch 1913).

In der streichenden Fortsetzung des Kujawa-Antiklinoriums zwischen Piła (Schneidemühl) und der Odermündung folgt eine große positive Schwereanomalie (mit einer Amplitude von 40 bis 45 mgal), die sog. Tempelburger Achse (A. Bentz

& H. Cloos 1939). Das Streichen dieser 150 km langen und bis zu 50 km breiten Anomalie verläuft nordwestlich (135°). Westlich der Oder stellt die Grimmener Achse eine offenbar kulissenartig abgesetzte Fortsetzung der Tempelburger Achse dar. Geologisch ist die Möen-Grimmener Achse ähnlich wie der Kujawa-Wall aufgebaut, denn im Kern treten ebenfalls Liasablagerungen auf, die allerdings nicht durch Salzstöcke kompliziert werden. Nach Norden begrenzt die Dänische Kreidesenke (Seeland-Rügen-Senke), nach Süden der zur Kreide gehörende Rostock-Treptow-„Graben" die Grimmener Achse (S. v. Bubnoff 1936)[1]. In Jütland zeichnet sich nordwestlich von der Möen-Grimmener Achse eine große positive Anomalie ab, die sich nach Nordwesten hin verbreitert und die gewissermaßen die Fortsetzung der positiven Anomalien des hochgelegenen archäischen Südnorwegischen Plateaus darstellt. Deshalb möchte ich an dieser Stelle die Grenze zwischen der Osteuropäischen Tafel und der paläozoischen Faltungszone längs des südlichen Außenrandes dieser Anomalie legen.

Eine Bestätigung für die Richtigkeit der so gezogenen Grenze zwischen Tafel und kaledonischer Faltungszone westlich der Tempelburger Achse kann in der Faziesentwicklung und den Mächtigkeiten des Kambrosilurs der Halbinsel Schonen sowie der Insel Bornholm gefunden werden, denn die mächtige Ausbildung der Schiefer und Sandsteine dieser Gebiete weist auf die große Ähnlichkeit dieser Serie mit dem Kambrosilur des Oslo-Grabens hin. Wie wir auch die Tektonik des südöstlichen Norwegens auffassen mögen, eines ist vollkommen eindeutig: Die Formationen des Oslo-Grabens stellen Schichten dar, die im Randteil der Tafel in unmittelbarer Nachbarschaft einer Geosynklinalzone abgelagert wurden. Nur so kann auch die ähnliche Entwicklung der Sedimente von Schonen und Bornholm interpretiert werden; im Altpaläozoikum gehörten diese Gebiete — ebenfalls auch wie Südnorwegen — zu Schweden mit seinem geringmächtigen Kambrosilur. Hieraus läßt sich nur die eine Schlußfolgerung ziehen, daß nämlich dicht südlich von Schonen und Bornholm eine kaledonische Geosynklinale gelegen haben muß.

Südwestlich vom Mittelweichsel-Graben können die Beziehungen zwischen der Tafel und dem paläozoischen Faltungsgebiet nur indirekt geklärt werden, da dieser Raum von jungen Ablagerungen des Karpatenvorlandes sowie der Karpatenvortiefe überdeckt wird, so daß die Schwereanomalien nur die alpidische Tektonik wiedergeben können. Die südwestliche Flanke des Ukrainischen Kristallinmassivs setzt sich aus kambrosilurischen und devonischen Sedimenten vom Tafeltyp (Old-Red-Fazies) zusammen, deren Profile am mittleren Dnepr ausgezeichnet aufgeschlossen und weiter nordwestlich (Galitsch) durch Bohrungen erkundet sind. Die karbonischen und devonischen Sedimente, welche die Randsenke von Lwow erfüllen, keilen längs des Dnestr offenbar allmählich aus; zwischen dem Gneismassiv der Ostkarpaten und dem Ukrainischen Block sind vom Paläozoikum in Tafelfazies vorwiegend nur altpaläozoische Sedimente entwickelt. Diese alten

[1] Vgl. hierzu auch: H. Kölbel/Stand und Ergebnisse der Kartierung des tieferen Untergrundes Nordostdeutschlands und angrenzender Gebiete. — Ber. Geol. Ges. DDR, **4**, S. 115—156, Berlin 1959. [Weitere Literaturübersicht daselbst].

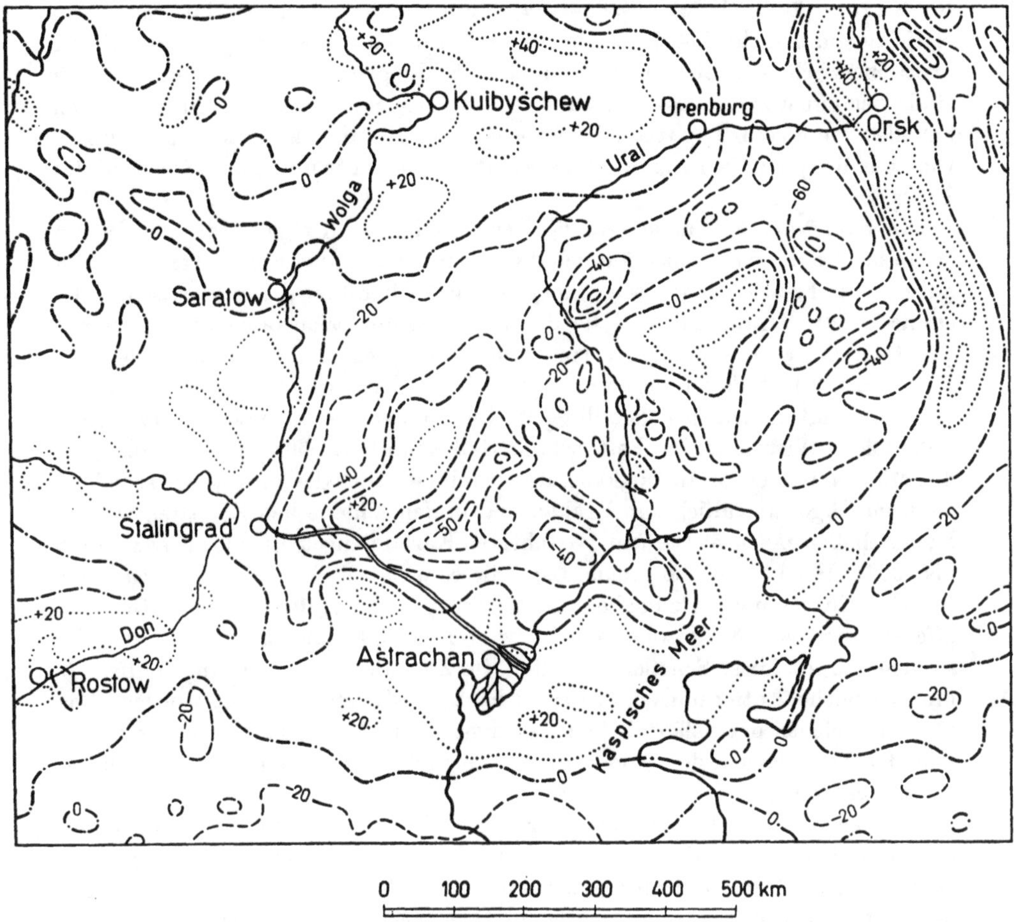


Abb. 3. Karte der Schwereanomalien ($G_0'' - \gamma$ Bouguer) im südöstlichen Teil der Tafel (nach A. A. Borissow)

Punktierte Linien — positive Anomalien; gestrichelte Linien — negative Anomalien.

Gesteine der Faltungszone finden wir am Nordhang der Karpaten allerdings nirgends aufgeschlossen. Beachtung verdienen in diesem Zusammenhang jedoch die Grobkonglomerate an der Stirnlinie der Karpatenüberschiebungen (Miozän-Oligozän), denn diese enthalten Schollen metamorpher Gesteine, die sich sowohl von den präkambrischen Gesteinen des Ukrainischen Massivs als auch von den Gneisen der Karpaten stark unterscheiden. Die exotischen Schollen dieser Konglomerate („Sloboda-Konglomerate") setzen sich petrographisch aus Porphyrgraniten, Pegmatiten, Diabasen, Diabastuffen, Quarziten und Hornfelsen zusammen; sehr verbreitet sind außerdem roter Jaspis, Lydite, rote und grüne Phyllite sowie Tonschiefer, stellenweise auch schwarze Phyllite, graue Kalksteine und Dolomite.

St. Kreutz & A. Gavel (1926—1927), die diese Konglomerate im Raum von Borislaw untersucht haben, weisen darauf hin, daß alle Komponenten dieser exotischen Schollen mit den paläozoischen Bildungen der Dobrudscha identisch sind oder ihnen zumindest sehr nahe stehen. Konglomeratzonen mit exotischen Schollen von diesem Typ treten ferner weit verbreitet im Allochthon und Autochthon des Karpaten-Nordrandes zwischen Przemysl am San und dem Oberlauf des Pruts auf.

Die monotone Zusammensetzung der erwähnten Konglomerate in diesem gesamten Raum, das Fehlen ähnlicher Gesteine in den alpidischen Karpaten und auf der Tafel sowie der typisch „geosynklinale" Charakter dieser klastischen Gesteine weisen darauf hin, daß sie durch Abtragung paläozoisch (kaledonisch?) gefalteter Massive entstanden sind, die unter dem Karpatenrand oder unmittelbar nördlich davon liegen müssen. Ich bin der Ansicht, daß der Karpaten-Nordrand mit seinen fast geradlinigen Umrissen posthum dieser paläozoischen Zone folgt. Wichtig ist die Feststellung, daß sich die Geröllzusammensetzung in den Miozän- und Oligozänkonglomeraten bereits westlich des Sans stark verändert, denn im Oligozän südlich von Krakau und in den schlesischen Karpaten werden auch Schollen mit schlesischem produktiven Karbon angetroffen (J. Nowak 1926 bis 1927). Wir können die genaue Lage dieses paläozoischen Abtragungsgebietes jedoch nicht bestimmen, zumal einerseits der Abtransport der exotischen Gesteine offensichtlich von Nordosten nach Südwesten erfolgte und andererseits die Gesteinsserien, die diese Schollen enthalten, im Zuge der Überschiebungen offenbar um erhebliche Entfernungen wiederum nach Nordwesten versetzt wurden. Das Generalstreichen der paläozoischen Faltungszone und damit auch der Grenzverlauf der Tafel lassen sich jedoch durch die Sloboda-Konglomerate hinreichend genau bestimmen.

Diese ausführliche Beschreibung der südwestlichen Grenzziehung ist nicht nur damit zu begründen, daß infolge der mächtigen Überlagerung durch jüngere Gesteine diese Grenze nur mittelbar bestimmt werden kann, sondern auch damit, daß diese Frage in der Literatur bereits mehrfach von verschiedenen Gesichtspunkten behandelt wurde.

Worauf S. v. Bubnoff schon wiederholt hingewiesen hat, existiert die bekannte Linie von Bornholm zum Mittelpolnischen Hochland, die A. Tornquist (1911) als Grenzlinie zwischen der Tafel Osteuropas und dem gefalteten Westen ansah, in Wirklichkeit nicht. Die von uns gelegte Grenze stimmt fast mit der überein, wie sie von H. Stille (1924) in dessen bekannten Schema der tektonischen Gliederung Europas und später von S. v. Bubnoff (1939) beschrieben wurde. Unser Schema unterscheidet sich von den Ansichten v. Bubnoffs und Stilles nur dadurch, daß diese beiden Forscher die beschriebene Grenze mehr geradlinig ziehen, besonders v. Bubnoff, der die Tempelburger Achse und den Kujawa-Wall mit dem Polnischen Mittelgebirge direkt verbindet.

Wie aus der beigefügten Karte (Abb. 4) ersichtlich, bildet die paläozoische Faltungszone zwischen der Flanke des Ukrainischen Massivs und dem Südrand Skandinaviens (v. Bubnoff 1943), d. h. dem Baltischen Schild, aber einen kleinen Bogen, der nach Nordosten in den tiefen Einsenkungsbereich der Baltischen Syneklise überleitet. Diese Biegung ist übrigens nicht nur für die variscischen Struk-

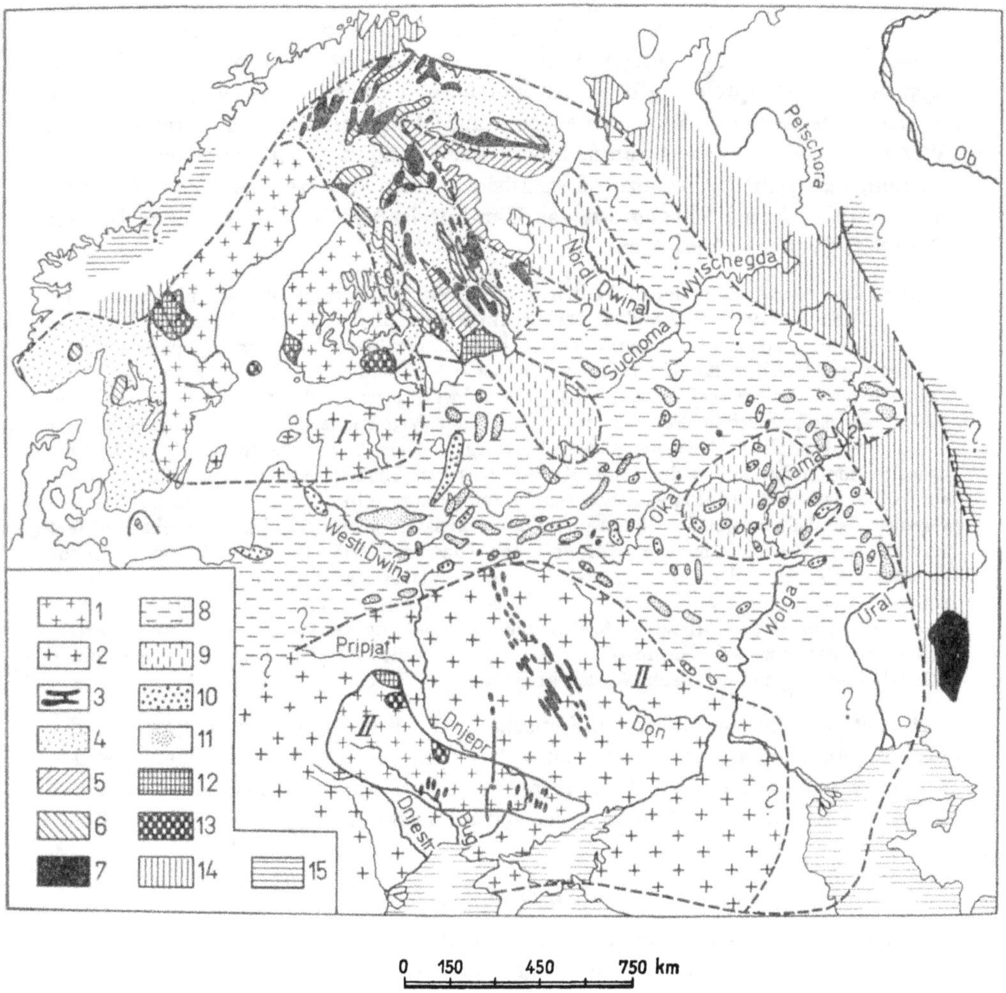


Abb. 4. Aufbau der präkambrischen Unterlage im Gebiet der Osteuropäischen Tafel (nach SCHATSKI 1941)

1 — präkarelische (archäische) Massive (frei ausstreichend); 2 — präkarelische (archäische) Massive (überdeckt); 3 — Saksaganiden (Eisenquarzit); 4 — Anomalien $Z_0$: 10000 bis 20000 $\gamma$ (Magnetitquarzite, magnetisches Hochgebiet der Anomalie von Kursk) = Gebiete karelischer Faltung (unüberdeckt); 5 — innerkarelische Massive (unüberdeckt); 6 — Ausstrich des karelischen Sedimentationskomplexes; 7 — Ausstrich des karelischen Effusivkomplexes; 8 — Gebiete karelischer Faltung (unüberdeckt); 9 — innerkarelische Massive (überdeckt); 10 — Anomalien $Z_0$: 1000 bis 2500 $\gamma$; 11 — Anomalien $Z_0$: 200 bis 1000 $\gamma$; 12 — Jotnischer Sandstein (Owrutsch-Sandstein); 13 — Rapakiwi-Granit; 14 — Verbreitungsgebiet ripheischer Faltung (Timaniden, Sparagmit); 15 — wahrscheinliche Verbreitung des Ripheikums vom Typ zentraler Geosynklinalen.

turen (Mesoeuropa nach STILLE), sondern auch für die altpaläozoischen kennzeichnend. Die Entwicklung des tieferen Paläozoikums im Bereich der Randerhebungen sowie des Heiligen-Kreuz-Gebirges spricht vielmehr dafür, daß die strukturellen Hauptelemente hier in kaledonischer Zeit entstanden, während sie in der variscischen Ära nur eine posthume Weiterentwicklung durchmachten. Wir müssen in diesem Zusammenhang auch endgültig auf die Annahme verzichten, daß sich die paläozoischen Dislokationen des Heiligen-Kreuz-Gebirges nach Osten hin in Richtung auf das Ukrainische Massiv (Dislokationen bei der Ortschaft Peltscha) fortsetzen.

Diese alte Konzeption findet, freilich in einer sehr problematischen Form, noch in der von v. BUBNOFF (1939) ausgearbeiteten Strukturkarte dieses Raumes ihren Ausdruck.

Das von uns dargelegte Schema erklärt auch einige Besonderheiten der paläozoischen Tektonik des Heiligen-Kreuz-Gebirges: 1) Das WNW-Streichen, das etwas von der nordwestlichen Generalerstreckung der Tafelgrenze abweicht, ist m. E. nur dadurch zu erklären, daß diese paläozoischen Faltenstränge einen der Virgationsäste zum Nordwesten der Varisciden darstellen; diese Faltenzüge konvergieren am Ukrainischen Massiv und gehen dann in den tiefen Teilen des Ostdeutsch-Polnischen Beckens wieder auseinander, wobei sie flacher werden und offensichtlich schließlich ganz ausklingen (stark metamorphosierte Granite, Jaspisformation im Süden unter den Karpaten sowie in der Dobrudscha und fast unveränderte Gesteine der rhenoherzynischen Zone im Norden!); 2) Die Südwestvergenz des paläozoischen Faltenbaues im Gebiet des Polnischen Mittelgebirges ist eine Einzelerscheinung, die wohl auf die tiefe paläozoische Absenkung im Süden (Nida-,,Senke" ?) zurückzuführen ist; im Mittelweichsel-Graben ist eine umgekehrte Bewegung zu erwarten, d. h. eine Vergenz nach Nordosten in Richtung auf die tiefe Randsenke, die dort einen Ast (Baltische Syneklise) nach Norden abspaltet.

Bisher liegen nur sehr wenig geologische Daten über die südliche Begrenzung der Osteuropäischen Tafel vor, so daß man sich lediglich gewisse Vorstellungen über den Grenzverlauf nach dem Aufbau ihres westlichen und östlichen Endes machen kann. Es ist daher zweckmäßiger, vorher die Ostgrenze der Tafel zu besprechen.

### *3. Ostgrenze*

Für die Randzone des sog. Tschussowaja-Urals längs der Flüsse Tschussowaja, Uswa, Koswa und das Uralgebiet von Solikamsk ist ein außerordentlich schroffer Wechsel in der Verformungsintensität beim Übergang von den ungestörten, fast horizontal liegenden Sedimenten des Vorurals (Artinsk, Kungur, Perm) zu den stark beanspruchten Ablagerungen des Artinsk und des Karbons am Westhang des Urals bezeichnend.

Dieser Verformungswechsel kann hierbei keinesfalls durch das jüngere Alter der Schichten des Vorurals erklärt werden, da auch — wie Bohrungen zeigen — die älteren Schichten bis zum Oberkarbon einschließlich im Vorural flach gelagert sind. Beispiele bieten hierfür die Profile an der Suchaja Wilwa (Raum Solikamsk) oder an der Uswa und Tschussowaja, wo gut zu sehen ist, wie das gefaltete Karbon und Devon unter Artinsk-Sandsteinen und -Argilliten absinken, die selber eine steile Flexur bilden; westlich dieser Flexur schließt sich gleich das schwach deformierte ,,Tafelfeld" der Ablagerungen an.

Hier bestehen also Beziehungen, die sich zu den Beobachtungen am nordwestlichen Tafelrand (Kaledoniden) gerade umgekehrt verhalten. Dort sinken nämlich das Gneisfundament der Tafel sowie die darüber folgenden kambrosilurischen Schichten flexurähnlich unter die intensiv deformierte Faltungszone ab, während hier im Vorural die stark gepreßten Schichten der Faltungszone rasch unter die waagerecht gelagerten Sedimente der Tafel abtauchen.

Die Tafelgrenze nördlich der Tschussowaja bis zum Schtschugor (Nebenfluß der Petschora) verläuft auf eine Entfernung von 650 km fast nord-südlich. Freilich treten nördlich der Wischera einige Komplikationen in Form bevorzugt in meridionaler Richtung verlaufender Großantiklinalen mit versteilten Westflanken auf, die häufig durch Brüche kompliziert werden. Hier vertritt also gewissermaßen eine „abgestufte" Flexur die einheitliche flexurähnliche Umbiegung. Die Geradlinigkeit des Grenzverlaufes (nicht aber dessen Lage) ist in diesem Zusammenhang jedoch keine Folge der jungpaläozoischen Ural-Tektogenese, vielmehr kommt in dieser Geradlinigkeit hier die Eigenschaft der gesamten Grenzzone und des geosynklinalen Uralsystems zum Ausdruck. In der Tat verlaufen im Ural die am stärksten gehobene Zone der metamorphen Schiefer sowie parallel dazu der scharf abgesetzte gefaltete „Graben" der Grünsteinzone ebenfalls in Nord–Süd-Richtung.

Nördlich des Kolokolnja-Berges (Polarer Ural) setzt sich die meridionale Begrenzung des Tafelrandes nach Norden in Form einer asymmetrischen Antiklinale (Südteil des Tschernyschew-Gebirges) fort, deren Westflanke durch einen Bruch kompliziert wird. Der Hauptteil der flexurähnlichen Abbiegung dreht jedoch recht scharf nach Nordosten ein und verläuft längs der Ussa und des Workuta-Beckens in Richtung auf das Flußgebiet der Kora; hier wird der Fortbau erneut durch einen scharfen nordwestlich verlaufenden Bruch markiert, der den Pai-Choi vom Polaren Ural trennt. Die Tafelgrenze jedoch schwenkt fast im rechten Winkel erneut scharf nach Nordwesten ein und verliert sich dann in der Barents-See, fast parallel zur Südwestküste der Insel Waigatsch und der südlichen Insel von Nowaja Semlja verlaufend. Alle diese noch sehr wenig untersuchten Abschnitte sind durch die Grundeigenschaften eines Tafelaußenrandes gekennzeichnet, nämlich Geradlinigkeit des Grenzverlaufes mit schroffer Richtungsänderung der diese Grenze zusammensetzenden Teilabschnitte.

Von der Koswa in Richtung Süden dreht die allgemein nord-südlich verlaufende Tafelgrenze unvermittelt in eine nordwestliche Erstreckung ein, hält dann nahezu geradlinig bis ins Gebiet von Staroutkinsk durch und nimmt hier erneut fast nord-südliche Richtung an, freilich mit sehr unregelmäßigen Krümmungen (Michailowski sawod, Nishnije Sergi, Njasepetrows). Weiter südlich von Njasepetrowsk verläuft die infolge großer Überschiebungen scharf ausgeprägte Grenze zwischen Ural-Faltungsgebiet und Tafel südwestlich in Richtung auf den Fluß Ai. Wie ich kürzlich nachgewiesen habe (Schatski 1945b), kann im Verbreitungsgebiet der sogenannten alten Serien (Ripheikum) der Grenzverlauf zwischen Tafel und Geosynklinalzone vorläufig nur bedingt festgelegt werden, da hier die genetisch zum Ural gehörenden Deformationen sehr weit in die typischen Tafelgebiete eindringen. Legt man nur die faziellen Besonderheiten des Artinsk und Karbons zugrunde, müßte die Grenze von der Ostflanke der Suleiman-Antiklinale zur E-W verlaufenden Belaja (Gebiet der Siedlung Kusnezowskoje und der Ortschaft Ischtuganowo) gezogen werden. Dadurch wird erreicht, daß die Tafelgrenze parallel zur Zone der metamorphen Schiefer des Ural-tau und der Linie verläuft, an welcher ein sehr rascher Übergang altpaläozoischer Karbonat- und Sandsteinablagerungen vom Tafeltyp in äquivalente terrigene und vulkanogene Bildungen vom Geosynklinaltyp erfolgt (Silair-Synklinorium, Tirljanski- und Jurjusan-Mulde). In Abb. 6 sind sowohl diese beiden Varianten der Grenzziehung als auch die Begrenzung der Tafel nach rein strukturellen Gesichtspunkten zu erkennen (Ural-Tektogenese).

Weiter nach Süden bis zur Sakmara zeigt die Grenze einen nord-südlichen Verlauf, biegt dann aber erneut nach Südosten ab; im Gebiet von Aktjubinsk besitzt sie durchgehend Nord–Süd-Richtung bis zum Südende des Mugodshar-Gebirges.

Die Tafelbegrenzung im südlichen Ural zeigt keinen so geradlinigen Verlauf wie im Norden. Die Grenze bildet hier zwei starke Bögen; sie weicht von der allgemeinen Erstreckung weit nach Osten ab, dringt in Höhe des Ufa-Plateaus weit nach Westen in die Flußgebiete der Belaja und Sakmara vor und verläuft dann wieder mit erheblicher Ausbiegung nach Osten (Raum Aktjubinsk) bis zur oberen Emba. Die erste dieser Krümmungen hängt mit dem Ufa-Vorsprung zusammen, dessen allgemeine Umrisse bereits im Ripheikum, d. h. im Präkambrium angelegt wurden; das südliche Vorspringen der Grenze in Richtung Osten muß mit dem Chobda-Massiv zwischen Emba und Ural in Zusammenhang gebracht werden (J. A. KOSSYGIN 1940, 1941), welches auf der Schwerekarte durch eine Zone positiver Schwereanomalien in einem Feld hoher negativer Werte $G_0'' - \gamma_0$ (bis zu —40, —70 mgal) erscheint; diese Anomalien nehmen das gesamte Gebiet östlich der unteren Wolga sowie den Raum um Tschkalow sowie an der Emba ein (Abb. 3). Die Bögen setzen sich im einzelnen jedoch aus langgestreckten geradlinigen Teilabschnitten zusammen, unter denen der Grenzverlauf im Gebiet Aktjubinsk, das Silair-Synklinorium, besonders auffällt.

Die hier auf Grund der jungpaläozoischen Ablagerungen vorgenommene Abgrenzung der Tafel stellt gleichzeitig die Grenze zwischen Tafel und dem jungpaläozoisch ausgefalteten Ural-Gebirgssystems dar. Ohne Zweifel sind die kaledonischen Umrisse der Tafel in bezug auf die Richtungen den jungpaläozoischen Umgrenzungen sehr ähnlich gewesen. Darauf deuten schon das völlige Zusammenfallen der Tafelvorsprünge mit dem Verlauf des Streichens in der östlichen Grünsteinzone sowie das Auftreten ähnlicher Gesteinsserien im Gotlandium hin, vielleicht auch im Ordovizium der Westflanke (Gebiet Karaguly, Silair-Synklinorium, Gebiet Njasepetrowsk, Uswa-Fluß am Tichi pljos u. a.). Die Wanderung der Geosynklinalfazies sowie der tektonischen Strukturen vom Geosynklinaltyp nach Westen in Richtung auf die Tafel ist im Ural bereits eingehend untersucht worden und läßt sich am Vertikalwechsel von typischen Tafelsedimenten (Altpaläozoikum, Karbon und Devon) unter mächtigen geosynklinalen terrigenen Serien (Flysch sowie Mollasse des Karbons und der Artinsk-Stufe) erkennen. Hierdurch findet auch die allgemeine Vergenz des Urals nach Westen in Richtung auf die Osteuropäische Tafel ihre Erklärung. Die Differenz im Grenzverlauf zwischen kaledonischer und jungpaläozoischer Tafelstruktur überschreitet wohl kaum einige zehn Kilometer. Es muß daher nochmals betont werden, daß sich die Tafelumrisse in kaledonischer und variscischer Zeit in bezug auf Richtung und Verlauf der Begrenzung nicht wesentlich voneinander unterschieden haben.

### *4. Südgrenze*

Die südliche Begrenzung der Tafel ist einer Untersuchung nur schwer zugänglich, da das Paläozoikum hier tief unter die jungen Sedimente der alpidischen Faltungszone und unter die mächtigen Ablagerungen des Meso-Känozoikums längs der Tafelränder absinkt. Deshalb begnügen wir uns mit einer nur schematischen Festlegung des Tafelrandes zur Zeit der paläozoischen Faltungen. Im Westteil der südlichen Tafelgrenze streichen stark beanspruchte metamorphe und stellenweise von Graniten durchsetzte paläozoische Schichten ($Pz_{1-2}$) in der Dobrudscha aus. Nach Norden folgen am Dnestr Aufschlüsse mit Tafelablagerungen, offenbar in Randfazies, so daß die Grenze der Tafel hier also etwas nördlich vom heutigen Dobrudscha-Massiv liegen muß. M. W. Muratow (1933) hat nachgewiesen, daß der Tarchankut-Wall wahrscheinlich posthum dem paläozoischen Faltengürtel folgt und im Gebiet der nördlichen Krim in der Unterkreide Konglomerate mit exotischen Schollen und Geröllen aus Schiefern, Graniten und permischen Kalksteinen mit Tethysfauna führt, die sonst im Ukrainischen Block sowie im Donezbecken fehlen. Deshalb ziehen wir die beschriebene Grenze etwas nördlich vom Tarchankut-Wall.

Weiter östlich weicht die Tafelgrenze offenbar etwas nach Süden ab, wenn sie parallel zum Streichen des Paläozoikums (Pz-Serpentingürtel) an der Nordflanke des Kaukasus (Kuban-Becken) geführt wird. Die letzten Aufschlüsse mit Paläozoikum (Ordovizium-Gotlandium) und vulkanogenem Karbon sowie Devon (?) befinden sich im Gebiet von Mineralnyje Wody, bei Tyrny-aus und am Terek. Die Vorkommen zeigen einen fast ost-westlichen Faltenbau mit südvergenten Überschiebungen, so daß die Grenze zwischen Tafel und gefaltetem Paläozoikum etwas nördlich von den erwähnten Aufschlüssen gezogen werden kann. Weiter nach Osten liegt das Paläozoikum unter einer mächtigen Serie von mesozoischen und tertiären Sedimenten, wodurch der Kern des Kaukasus im Streichen einen stark asymmetrischen Aufbau erhält. In seinem weit herausgehobenen Westteil streichen Altpaläozoikum und Präkambrium als Kernschichten aus, während der abgesunkene östliche Teil sich aus einheitlichen Schieferserien von Lias und Dogger aufbaut.

Wir wollen versuchen, anschließend die Südbegrenzung der Tafel in ihrem östlichen, am Ural liegenden Abschnitt zu verfolgen. Die vulkanogenen Grünsteinserien der Ural-Ostflanke, die ohne Unterbrechung bis zum Südrand des Mugodshar-Gebirges ausstreichen, tauchen hier unter die meso-känozoischen Schichten ab. Eine gewisse Vorstellung über den weiteren Verlauf dieses Streifens läßt sich jedoch anhand der gravimetrischen Vermessungen dieses Gebietes ableiten, denn die Grünsteinzone der Ostflanke — teilweise auch einschließlich der angrenzenden achsialen Zone aus metamorphen Schiefern — erscheint längs seiner gesamten Erstreckung vom Gebiet um Iwdel bis zum Mugodshar-Gebirge als eine Zone positiver Schwereanomalien und hebt sich reliefartig gegenüber den benachbarten Feldern vorwiegend negativer Schwereanomalien ab. Südlich des Mugodshar-Gebirges schwenkt dieser Streifen scharf nach Südwesten ein und verläuft von hier nahezu parallel zur Emba bis zur Konsomolzen-Bucht am Kaspischen Meer. Die Werte der positiven Ural-Anomalien nehmen hier allerdings erheblich infolge der großen Tiefenlage der paläozoischen Gesteine unterhalb der meso-känozoischen Sedimentdecke ab. In seinem gesamten Verlauf bis zum Kaspischen Meer läßt sich jedoch dieser Streifen zwischen den im Nordwesten als auch Südosten angrenzenden Schweresenken deutlich verfolgen. Es scheint in diesem Zusammenhang sehr wahrscheinlich, daß auch der weitere Fortbau dieses Streifens in den positiven Anomalien von Astrachan und im Nordteil des Kaspischen Meeres zu suchen ist (Archangelski u. a. 1937a und später v. Bubnoff 1940). Der Kara-tau (Halbinsel Mangyschlak) kann gegenwärtig, besonders infolge der bewiesenen engen Verbindung mit dem Sultan-Uis-Dag, nur als eine meso-känozoische Strukturform angesehen werden, die posthum der paläozoischen Faltung folgt (Richtung und Länge). Dieses bestätigt unsere Vermutung über die Fortsetzung des nördlichen paläozoischen Streifens nach Westen, und zwar parallel oder subparallel zu den posthumen Deformationen des Kara-tau.

Die Grenze der Tafel, die das Chobda-Massiv umgibt und möglicherweise im Süden noch von einer Randsenke (Emba-Salzhorste) flankiert wird, kann also mit großer Wahrscheinlichkeit in ost-westlicher sowie in westnordwestlicher Richtung bis fast nach Astrachan, d. h. etwa bis zum Meridian von Ordshonikidse, überblickt werden. Es verbleibt demnach eine große, etwa N-S verlaufende Lücke von ca. 450 km zwischen den Abschnitten der Tafelgrenze am Ural und dem Krim-Kaukasus-Paläozoikum.

Möglich sind natürlich mehrere Lösungen: 1) Die paläozoischen Gesteine des Kaukasus können als Bildungen des tiefen Zentralteiles der Geosynklinalzone angesehen werden, so daß die Tafelgrenze weit nach Norden zum Manytsch zu führen und mit dem Ural-Ast zu verbinden wäre. Das paläozoische Faltungsalter der Unterlage im Kara-tau und Ust-Urt-Plateau steht außer Zweifel (Archangelski 1941), und somit liegt auch kein Grund vor, die Tafelgrenze weit nach Süden zu legen; 2) die Endabschnitte des Urals und Kaukasus können durch eine Gerade nordöstlicher oder fast nord-südlicher Richtung in der Annahme verbunden werden, daß ein gewisses Eindrehen der paläozoischen Falten am Ostende des kaukasischen Paläozoikums auch auf eine Wendung des gesamten Faltungssystems nach Norden hinweisen dürfte. Eine solche Lösung scheint auf den ersten Blick ausgesprochen formal und sogar unlogisch, bei einer tieferen Strukturanalyse beansprucht jedoch diese Lösung großes Interesse, da sie zugleich die Entstehung der eigenartigen Struktur des Donezbeckens erklärt; dieses Becken liegt nämlich in der gleichen strukturellen Beziehung zum Gesamtorogen der Varisciden, wie auch das Wichita-System in den USA und andere Quersyneklisen der Tafeln (Schatski 1945a). Schon v. Bubnoff (1940) hat mehrfach auf die Ähnlichkeit zwischen Donezbecken und Wichita-Zone hingewiesen; nach meiner Meinung jedoch weist das Donezbecken im Vergleich zu Wichita eine Sonderstellung auf, die sich infolge seiner Randlage parallel zum Hauptstamm der jungpaläozoischen Faltung im Krim-Kaukasus-Gebiet ergibt.

Die Angaben über die Südgrenze der Osteuropäischen Tafel reichen also nicht aus, im einzelnen eine variscische und kaledonische Begrenzung der Tafel zu unterscheiden, lediglich am Nordhang des Kaukasus kann eine generelle Parallelität beider Grenzen angenommen werden.

## 5. *Form der Tafel*

Eine möglichst genaue Festlegung der Tafelbegrenzung für den Zeitabschnitt des Altpaläozoikums ist nicht nur für die Klärung der Entwicklungsgeschichte der Tafel in postkambrischer Zeit, sondern vor allem auch zur Beurteilung der Strukturformen von besonderer Wichtigkeit.

Die am Anfang des Altpaläozoikums entstandene Osteuropäische Tafel stellt als großtektonische Grundeinheit ein riesiges Segment der Erdkruste dar und wird durch fast geradlinig verlaufende Grenzen von den kaledonischen Randsystemen abgetrennt. Im Grundriß bildet die Tafel ein sehr unregelmäßiges Rechteck, begrenzt im Osten durch eine nord-südlich verlaufende Linie, im Süden durch eine ost-westliche und im Westen durch eine südwestliche bzw. nordwestlich gerichtete Linie, die offenbar in der Barents-See mit der östlichen Begrenzung konvergiert. Der Gesamtverlauf dieser Hauptgrenzen ist fast geradlinig, so daß es sich um Spuren von Zonen handeln dürfte, die die Erdkruste in Großkreisen oder angenäherten Großkreisen schneiden. Die außerordentlich große Länge dieser generellen Grenzen, die in der Größenordnung von 1500 bis 2500 km liegt, und die Richtungskonstanz weisen zweifellos auf einen außerordentlichen Tiefgang der Begrenzungsflächen hin, welche die Tafel als einen einheitlichen Block umrahmen. Man kann sich dieses Massiv daher schwer als eine verhältnismäßig dünne Sialschicht vorstellen, insbesondere schon nicht wegen der über Tausende von Kilometern verlaufenden Länge der Begrenzungsflächen mit ihrer geringen Breitenausdehnung (50 bis 60 km). Man kommt vielmehr zur Annahme, daß diese Flächen tief in die Erdrinde hinabreichen müssen.

Die vier Hauptrichtungen der Begrenzungsflächen wechseln miteinander unvermittelt ab, häufig rechtwinklig, im Norden der Tafel vielleicht sogar im spitzen Winkel. Jede dieser Hauptgrenzen stellt keine einheitliche gerade Linie dar, sondern setzt sich aus geradlinigen oder fast geradlinigen Teilabschnitten verschiedener Richtung zusammen, die dem generellen Grenzverlauf ein zickzackartiges Aussehen verleihen. Häufig läßt sich dabei beobachten, daß bei Einbuchtungen der Grenze in Richtung auf die Tafel eine Seite des einschließenden Winkels schon im Bereich der Tafel als Bruch- (südlicher Teil der Tschernyschew-Gebirge) oder kompliziertes Dislokationssystem auftritt. Bei der Bildung von tafelauswärts gerichteter Vorsprünge werden manchmal Brüche beobachtet, die schroff das gleichmäßige Streichen der Faltungszone stören (Pai-Choi, Polarer Ural). Der Verlauf der erwähnten Teilabschnitte ist dabei keineswegs zufälliger Art, sondern wiederholt im ganzen die Hauptrichtungen der Tafelbegrenzung.

Wie aus der beigefügten Karte (Abb. 6) zu ersehen ist, hängt die Gleichmäßigkeit der Grenzlinienführung vom Kenntnisstand über den Verlauf der Tafelgrenzen selber ab, denn je ungenauer der geologische Aufbau der Tafelränder bekannt ist, desto gleichmäßigeren Grenzverlauf muß zwangsläufig der Geologe für die Tafelumrandung in seine Karte einzeichnen.

## III. Aufbau der präkambrisch gefalteten Unterlage der Osteuropäischen Tafel

### 1. *Geschichte und Untersuchungsmethoden*

Die Frage nach dem Alter und der Struktur des Fundamentes gehört zu den kompliziertesten und schwierigsten Problemen der Geologie einer Tafel überhaupt, zumal sich die Lösung dieser Probleme noch im Stadium der Diskussion verschiedener „Meinungen“ befindet. Schon allein die Vielfalt dieser Meinungen und Ansichten zeugt von der Schwierigkeit der angeschnittenen Frage sowie der noch wenig entwickelten Lösungsmethodik. Einerseits liegt ein großer Teil der Tafel unter einer mächtigen Sedimentdecke, so daß eine Vorstellung über den Aufbau ihrer Unterlage nur auf indirektem Wege erreicht werden kann, nämlich vorwiegend auf geophysikalischer Basis, deren geologische Interpretation jedoch erfahrungsgemäß noch oft mehrere Lösungen zuläßt; andererseits ist der geologische Aufbau der Gebiete, in denen die präkambrische Unterlage der Tafel ausstreicht (Baltischer Schild, Ukrainischer Block), bis heute noch so unklar, daß diese Kenntnisse als sichere Grundlage für weitere Extrapolationen im bedeckten Teil der Tafel nicht dienen können. Der Grund dafür sind weniger die schlechten Aufschlußverhältnisse einiger präkambrischer Gebiete und deren schwere Zugänglichkeit, als vielmehr die geologischen Eigenarten des ältesten Kristallins, dessen Struktur und Genese methodisch nur mit größten Schwierigkeiten zu entschlüsseln ist. Man kann in diesem Zusammenhang nur seine Bewunderung darüber ausdrücken, wie viel von skandinavischen und sowjetischen Geologen auf diesem Gebiet geleistet worden ist.

Schon A. P. KARPINSKI (1886) hat erstmalig festgestellt, daß sich die metamorphen präkambrischen Gesteine von der Südküste des Finnischen Meerbusens sowie den Ufern des Onega- und das Ladoga-Sees als Fundament unter den horizontal liegenden Sedimentgesteinen der Russischen Ebene bis zum Timan und Ural im Osten sowie bis zum Schwarzen und Asowschen Meer im Süden erstrecken. Die morphologisch am stärksten ausgeprägten Strukturen des Präkambriums in Ost- und Nordfinnland, in Karelien und auf der Halbinsel Kola verlaufen dabei vorwiegend in nordwestlicher Richtung und gehen nach Süden als ein breiter Fächer auseinander. Mit diesem Streichen erscheinen sie auch auf der Halbinsel Kanin sowie Timan und tauchen dann weiter in Richtung Süden und Südosten unter die Sedimentdecke ab; im südlichen Teil der Tafel und am Ural verlaufen sie schon in nord-südlicher und nordöstlicher Richtung.

KARPINSKI und nach ihm auch andere russische Geologen, die die karelischen Formationen als etwa gleichaltrig mit dem Präkambrium von Kriwoi Rog ansahen, waren der Meinung, daß sich die finnischen und karelischen Faltenzüge des Präkambriums bogenförmig und ununterbrochen bis zum Ukrainischen Block fortsetzen, wo sie in dem nord-südlich und nordnordöstlich verlaufenden Ausstrich der Saksagan-Formation am Ingulez und bei Korsak-Mogila erneut erscheinen.

Diese Vorstellungen KARPINSKIS über die Struktur des Tafelfundaments wurden anfangs auch von ARCHANGELSKI voll übernommen. In den zwanziger Jahren durchgeführte magnetometrische Untersuchungen sowie Bohrarbeiten im Bereich der Kursker magnetischen

Anomalie (Massiv von Woronesh) haben hier ausgedehnte „magnetische" Hochgebiete festgestellt, die an Magnetitquarzite vom Typ Kriwoi Rog gebunden sind und die in nordwestlicher sowie nordnordwestlicher Richtung verlaufen; hiermit wurden die alten Konzeptionen von Karpinski über die wichtigsten präkambrischen tektonischen Leitlinien der Russischen Tafel (Archangelski 1924) vollauf bestätigt.

In der Zeit von 1934 bis 1940 jedoch erfuhren die Vorstellungen von Archangelski hinsichtlich dieser Frage erhebliche, z. T. sogar grundlegende Änderungen. Für die Analyse des gefalteten Unterbaues der Tafel hatte nämlich Archangelski das umfangreiche Untersuchungsmaterial über magnetische sowie gravimetrische Anomalien herangezogen. Mit fortschreitender Entwicklung der geophysikalischen Aufnahmemethodik sowie der geologischen Deutung geophysikalischer Beobachtungen veränderten sich natürlicherweise auch die Vorstellungen über die Struktur der Tafel. Im Jahre 1924 nahm Archangelski noch an, daß unter dem sedimentären Deckgebirge im präkambrischen Fundament das gleiche nordwestliche Streichen wie in den Kareliden auf dem Baltischen Schild bestünde. Eine neue Interpretation der magnetischen und gravimetrischen Anomalien führte Archangelski (u. a. 1937b) später durch, wonach sich der Unterbau der Tafel im überdeckten Teil nichtvon dem Ausstrich (Fennoskandia) unterscheiden soll. Auf der Karte von W. W. Koljubakin und A. N. Paderewskaja, die Archangelski als Grundlage für seine Überlegungen diente, sind die magnetischen Anomalien als lange, N–S gestreckte Achsen dargestellt, die zwischen Nordwest und Nordost pendeln. In einigen Gebieten, und zwar am Oberlauf des Dnepr und am Unter- und Mittellauf des Südlichen Bug und des Dnestr sowie auf den breiten, fast E–W verlaufenden Streifen zwischen der Oka (Kassimow) und dem Ufa-Plateau fallen — wie aus der Karte (Abb. 3) ersichtlich — Gebiete mit etwa N–S verlaufenden Achsen magnetischer Anomalien auf, die sich gegenüber den benachbarten Anomalien scharf abheben. Durch Erkundungsarbeiten im Gebiet der Kursker magnetischen Anomalien ließ sich nun sicher feststellen, daß deren allgemeine Erstreckung nicht nur der Verbreitung und dem Generalstreichen der Magnetitquarzite entspricht, sondern daß diese Quarzitzonen von Kursk auch mit positiven magnetischen Hochlagen zusammenfallen. Das generelle Achsenstreichen der magnetischen Anomalien im Nordwestteil der Russischen Tafel entspricht etwa dem Streichen der Kareliden des Baltischen Schildes. Ein gleiches Zusammenfallen von magnetischen Anomalien mit jedoch jüngeren tektonischen Strukturen läßt sich im Bereich des Ural-Orogens beobachten.

Alle diese Daten führten Archangelski „zur Schlußfolgerung, daß der Gesamtverlauf der Anomalien das Streichen des präkambrischen Fundaments der Osteuropäischen Tafel wiedergibt, und daß somit die Untersuchung dieser Anomalien Erkenntnisse über die innere Struktur des Tafelfundaments liefern kann". Ausgehend von dem erwähnten Zusammenhang zwischen magnetischen und tektonischen Achsen folgerte Archangelski, daß der Aufbau des Fundaments in geologischer Hinsicht uneinheitlich sein muß; er unterschied hierbei zunächst als „älteste Schollen" die kleinen Massive 1) am Oberlauf des Dnepr und 2) an den Flüssen Dnestr und Südlicher Bug sowie schließlich 3) die riesige E–W verlaufende Scholle zwischen Oka und Ufa-Plateau. Diese Schollen vorherrschend E–W gerichteter Anomalien (= Gesteine) sah Archangelski als älteste Bildungen mit archäischer Faltung an, deren Streichen etwa mit der Gesamterstreckung des Svioniums in Finnland übereinstimmt. Die gesamte übrige Fläche der Tafel mit fast N-S verlaufenden Anomalien rechnete er zu den jungen präkambrischen Faltenbildungen karelischen Alters.

Später verzichtete dann Archangelski auf die Hypothese einer archäischen Oka-Ufa-Scholle und gab eine vollkommen andere geologische Deutung anhand der Karte der magnetischen Anomalien nach W. P. KOLJUBAKIN und A. N PADEREWSKAJA (ARCHANGELSKI 1940, 1941), wobei er davon ausging, daß die Achsen der magnetischen Anomalien im Moskauer Becken nahezu E–W-Richtung zeigen, während sie weiter nach Nordosten allmählich in die nord-südlich und nordnordöstlich verlaufenden Anomalien des Timans und der angrenzenden Gebiete übergehen. Daraus folgerte ARCHANGELSKI, daß beide ein einheitliches System im Sinne einer Faltungszone im Tafelunterbau bilden. Die metamorphen Serien des Timans stellte ARCHANGELSKI, indem er hierin A. G. WOLOGDIN folgte, zum Kambrium, während er das gesamte Faltungssystem des Timans und der Russischen Tafel als paläozoisch ansah und vorbehaltlich zur takonischen Phase der kaledonischen Orogenese rechnete. Die Tafelstrukturen („Wälle" und Plakantiklinalen) sah ARCHANGELSKI als posthume Deformationen des kaledonischen Tafelunterbaues an und bezeichnete diese auf Vorschlag von E. W. MILANOWSKI als das Timan-Wolga-Faltungssystem (Timano-Wolgiden), Nach dieser Konzeption setzt sich also der Unterbau des westlichen Tafelabschnittes, der fast die Hälfte der Gesamtfläche dieser Struktur einnimmt, aus kaledonischen Faltungsstrukturen zusammen; diese kaledonische Zone verengt sich etwas im Norden sowie im Süden der Tafel und dringt als spitzer Keil nach Westen bis in das Gebiet von Moskau vor, wobei sie schließlich den Oberlauf des Dnepr erreicht und sich mit den eingangs erwähnten, E–W streichenden magnetischen Anomalien am oberen Dnepr vereinigt.

Diese letzte Konzeption ARCHANGELSKIS kann, wie ich (SCHATSKI 1940) nachgewiesen habe, jedoch in keinem Falle akzeptiert werden. Erstens zeigen Aufbau, Zusammensetzung und Lagerungsbedingungen des Ordoviziums am Ural-Westhang (Bezirke des nördlichen, mittleren und besonders südlichen Urals) den Charakter reiner Tafelfazies oder zumindest einen Übergang zur Tafelfazies in westlicher Richtung. Am Osthang des Urals jedoch und überall östlich davon (nordöstliches Kasachstan, Altai) sind ausschließlich altpaläozoische Ablagerungen (Ordovizium, Gotlandium) vom Geosynklinaltyp entwickelt, was ebenfalls gegen die Annahmen von ARCHANGELSKI spricht. Weiter stützt sich die Vermutung einer „takonischen" Faltung des Timans auf die Angaben von WOLOGDIN, die bekanntlich einen großen Unsicherheitsgrad und auch unbegründete Schlußfolgerungen bezüglich der Grenzen des Kambriums und Präkambriums aufweisen. Die gut bekannten faziellen Beziehungen zwischen dem Silur und den Faltenstrukturen des Timans sprechen vielmehr für ein hohes, präkambrisches Alter der Faltung. Bei der zeitlichen Einstufung der untersilurischen Ablagerungen des Timans muß besonders die Zusammensetzung der überlagernden silurischen Sedimente beachtet werden, denn diese weisen alle Züge typischer Tafelformationen auf und zeigen nicht einmal Eigenschaften von Übergangsbildungen, die sonst gewöhnlich nach großen orogenetischen Bewegungen aufzutreten pflegen. Zur gleichen Schlußfolgerung führt auch die Analyse der strukturellen Beziehungen zwischen Timaniden und Hyperboriden einerseits sowie dem Ripheikum des Urals andererseits. Außerdem weisen die Gesteine des Fundaments in Moskau, im Gebiet von Sysran und in Tuimasy, die seit 1940 mit einer Reihe bis ins Präkambrium niedergebrachter Bohrungen erkundet wurden, auf ein hohes archäisches Alter dieser Bildungen hin (W. N. LUTSCHITZKI & N. A. POLOWINKINA 1940). Alle diese Daten zwingen dazu, die Konzeption der sog. Timano-Wolgiden und eines kaledonischen Alters im Unterbau der Osteuropäischen Tafel aufzugeben.

Zusammenfassend können wir feststellen, daß gegenwärtig folgende Tatsachen als sicher bewiesen sind: 1) Das Alter des Tafelfundaments ist innerhalb der eingangs angegebenen Grenzen präkambrisch; 2) der Unterbau der Tafel ist uneinheitlich und umfaßt Faltungssysteme unterschiedlichen präkambrischen Alters. Die historische Entwicklung unserer Kenntnisse vom Fundament der Tafel beweist ebenfalls, daß die wichtigsten Methoden zur Untersuchung des durch Sedimente verhüllten Tafelteils die geophysikalischen sind (Gravimetrie, Magnetik). Hierauf hat übrigens ARCHANGELSKI mehrfach in seinen Arbeiten hingewiesen, letztlich 1940 in sehr kategorischer Form.

Der Erfolg einer derartigen Analyse ist aber in erheblichem Maße von der Entwicklung einer Methodik und Interpretation der geophysikalischen Daten abhängig. In dieser Hinsicht kann als sicher gelten, daß 3) sowohl die gravimetrischen als auch magnetischen Anomalien im Bereich der Osteuropäischen Tafel, d. h. im Gebiet einer ziemlich einheitlichen Sedimentdecke, auf Uneinheitlichkeiten in der Zusammensetzung des kristallinen Unterbaues und nicht auf die Eigenschaften des Deckgebirges zurückzuführen sind, die nur in sehr beschränktem Maße die Intensität der Anomalien beeinflussen. Diese Schlußfolgerung gilt allerdings nur für alte Tafeln und nicht für jüngere Faltenbildungen, wo die starken Mächtigkeitsänderungen einen großen Einfluß auf den Wechsel der Anomalien haben, wie z. B. auch auf den eingangs erwähnten Schwerekarten am Südwest- und Südostrand der Tafel zu erkennen ist. Sehr bewährt hat sich bei der Interpretation das kartenmäßige Zusammenstellen von Anomalien.

Wir müssen in diesem Zusammenhang allerdings auf die von W. W. KOLJUBAKIN und A. N. PADEREWSKAJA benutzten Methoden zur Darstellung magnetischer Anomalien (Auftragung magnetischer Achsen) hier vollständig verzichten, da diese Methode sehr ungenau ist und zu viel Willkür in die Generalisierung von Anomalien hineinbringt. Da ferner die magnetischen Anomalien geologischen Körpern des Fundaments mit erhöhter magnetischer Suszeptibilität entsprechen, gibt der Verlauf magnetischer Achsen in gewissem Maße das Streichen und die Verbreitung präkambrischer Faltenstrukturen des Fundaments wieder, vor allem im Gebiet der Grundmassive und Schieferzonen. Diese Festellung gilt bevorzugt für Effusiva, die viel Magnetit enthalten. Im Endergebnis liefert die ,,Achsenmethode" — wie z. B. bei ARCHANGELSKI — eine so genaue und vollständige Darstellung der Strukturen und ihres Streichens in den präkambrischen Gesteinen unterhalb der Deckgebirgsschichten, wie sie nicht einmal im unbedeckten Teil der Tafel aufgrund geologischer Feldbeobachtungen erreicht werden kann; eine derartige Genauigkeit entspricht aber zweifellos nicht der Wirklichkeit.

## 2. *Aufbauschema der Osteuropäischen Tafel*

Die Überprüfung alter Daten und neue Beobachtungen zum Aufbau der Tafelbasis führen zu keinen wesentlich veränderten Vorstellungen über die Struktur des Präkambriums der Unterlage. Wie aus der beigefügten Karte (Abb. 4) zu ersehen ist, lassen sich im gefalteten Fundament mindestens vier Faltungssysteme unterscheiden. Das jüngste System wird hierbei durch eine Faltungszone jungalgonkischen Alters vertreten, die ich als Timaniden bezeichne, da diese Faltung am deutlichsten in den alten Strukturen des Timans auftritt. Das nächstältere und flächenmäßig am meisten verbreitete Struktursystem ist das der Kareliden, welches im Westen der Tafel zwischen zwei karelischen Tafelmassiven (Ukraine–Woronesh-Massiv im Süden und Svekofennidisches Massiv im Norden) liegt. Es muß in diesem Zusammenhang erwähnt werden, daß die Blöcke keinen einheitlichen Aufbau besitzen, da z.B. das Ukraine–Woronesh-Massiv von dem ausgeprägten Faltungssystem der Saksaganiden geschnitten wird. Anschließend sollen die Struktursysteme und Grundsätze für deren Unterscheidung getrennt betrachtet werden.

Die **Timaniden** oder das **timanische Faltungssystem** sind im Norden und Nordosten der Tafel verbreitet und enthalten hier als jüngste, noch mitgefaltete Sedimente längs ihrer Ränder eine mächtige Serie von Sandsteinen und Schiefern mit starken Dolomit- und Kalksteineinlagerungen. In der Regel fehlen in dieser Serie Vulkanite sowie saure oder basische Intrusionen größerer Ausdehnung, obgleich basische Ganggesteine sehr häufig vorkommen. Diese magnetischen Gesteine befinden sich bevorzugt am Außenrand der skandinavischen Kaledoniden im Gebiet des Mjösen-Sees, Südlapplands, teilsweise auch im Jämtland und in Finnmarken, wo sie die Hauptmasse der Gesteine darstellen (Varanger-Fjord). In den erwähnten Gebieten ist diese gesamte Serie jedoch überall ungleich entwickelt, und es lassen sich Sedimentationsunterbrechungen mit lokalen Diskordanzen feststellen, die von Konglomeraten und von tillitartigen Fanglomeraten begleitet werden. Die Serie ist vorwiegend terrigener Natur und gehört mit Ausnahme der unteren Schichten („Grauer Sparagmit“) zur sog. Krasnozwetnaja-Folge. Die im unteren Teil der Serie entwickelten Dolomite können nach Lage und Typ zu den mächtigen Formationen der Randdepressionen (Vortiefen) gezählt werden. Sehr wahrscheinlich ist (E. B. BAILEY & O. HOLTEDAHL 1938), daß analoge Bildungen auch in Westskandinavien (Trondheimer Mulde) auftreten, wo sie jedoch stark metamorphosiert sowie granitisiert sind, so daß die Zusammensetzung dieser Serie infolge der Einschaltung vulkanogener Elemente starke Veränderungen zeigt. Wir können jedoch keinesfalls alle Veränderungen, die für die „Sparagmite“ des Trondheimer Gebietes bezeichnend sind, ausschließlich als Folge einer kaledonischen Orogenese ansehen, denn sogar im präkaledonischen Randteil der Sparagmit-Zone treten gut erkennbare Falten auf, die — stellenweise von tillitartigen Konglomeraten diskordant überlagert — in der „sparagmitischen“ Zeit gebildet sein müssen. Das Alter der Sparagmit-Serie läßt sich dabei gut durch das mit einer Schichtlücke und konkordanter Überlagerung folgende Unterkambrium bestimmen.

HOLTEDAHL, einer der besten Kenner der Sparagmit-Formation, sieht die Ablagerungen der Fischer-Halbinsel und der Insel Kildin als vollständige Analoga dieser Serien an. Zweifellos stellt die Sparagmit-Formation nach G. VOIGT (Hyperboräisches oder Grönlandisches System nach HOLTEDAHL bzw. Eokambrium nach BROEGGER) einen weit verbreiteten, jedoch noch schlecht untergliederten Abschnitt fossilleeren Folgen der Ural-Westflanke, die auch als Ripheikum zusamengefaßt werden (SCHATSKI 1945b). Die außerordentliche Beständigkeit dieser Ablagerungen in lithologischer Hinsicht über riesige Entfernungen — z. B. die Sparagmit-Formation vom Mjösen-See bis zur Insel Kildin, die timanischen Schiefer und Karbonatgesteine sowie die alten Folgen des Urals, die auch am „Poljudowy kamen" zwischen Ural und Timan nachgewiesen wurden — deutet daraufhin, daß alle diese Serien Randteile eines großen, am Ende des Präkambriums gebildeten Faltungssystems darstellen, das die sog. „Ripheische Tafel" umgibt. In den Zentralteilen dieses Systems erfuhren die ripheischen Sedimente nicht nur im Grad der Metamorphose und Deformation eine erhebliche Veränderung, sondern auch in der Zusammensetzung, denn gerade in dieser Zone treten vulkanogene Gesteine auf (Sparagmite von Trondheim und ein erheblicher Teil der sogenannten metamorphen Gesteine der Ural-Ostflanke). Diese Tatsachen bestätigen noch einmal unsere Definition der oben aufgezählten Gesteine als Ablagerungen aus dem Grenzbereich zwischen Tafel und den alten Timaniden.

Nach einer Unterbrechung zwischen der Insel Kildin und dem Kap Kanin Nos streichen die Randformationen der Timaniden in Form von Dolomitgesteinen mit nordwestlicher Richtung wieder südlich der Halbinsel Kanin aus, deren Gneise und Schiefer den erosiv freigelegten Kern eines der Randantiklinorien der Timaniden darstellen. Auf dem Timan verläuft dieser Streifen in Richtung Norden nahezu nord-südlich, gewöhnlich nordnordwestlich; weiter südlich nimmt er eine nordwestliche, „timanische" Richtung an. Möglicherweise entsprechen die Quarzite und Dolomite im Flußgebiet der Mesen den äußeren Teilen dieser Zone im Vergleich zu den Schiefern des Uchta-Gebiets; nach dem Metamorphosegrad (Epizone) und den am Aufbau beteiligten Formationen gehören jedoch alle diese Bildungen genetisch zur Außenzone des Faltungssystems, worauf übrigens auch die sehr schwache Verformung hinweist.

Aufbau und Tektonik des Ripheikums an der Westflanke des Südurals sind von mir kürzlich in anderem Zusammenhang (SCHATSKI 1945b) beschrieben worden, so daß hier nur auf die wichtigsten Schlußfolgerungen zu dieser Frage verwiesen werden soll.

Die ripheischen Gesteine dieses Gebiets sind Ablagerungen einer ausgedehnten Randsenke (Vortiefe), die weit nach Westen in die Tafel bis zum südlichen Vorural vordringt. Auch der Verlauf der Isopachysen (= Linien gleicher Mächtigkeit) des höheren Ripheikums und der magnetischen Anomalien am Ostrand der Tafel sprechen für diese Tatsache. Die West- und Nordbegrenzung des Verbreitungsgebietes verläuft etwa von der Stadt Tschkalow zur unteren Belaja und von hier aus östlich der Städte Krasnoufimsk und Kungur. Von außen her wird dieser Raum durch viele regionalmagnetische Anomalien vom Typ der Tschkalow- und der Tuimasy-Gruppe sowie durch die Kama- und Kungur-Anomalien begrenzt, während innerhalb dieses Gebietes Anomalien praktisch völlig fehlen. Weiter nach Norden folgen wieder ripheische Ablagerungen längs des Vorurals, wo sie sich dann nach Nordwesten in Richtung auf den Timan verbreitern. Demnach hat das Ufa-Plateau als nach Osten gerichteter Tafelvorsprung schon damals existiert. Möglicherweise war dieser Teil der Tafel aber auch ursprünglich von diesen alten Sedimenten überdeckt gewesen, die hier jedoch nur (im Vergleich zum Osten und Süden) geringe Mächtigkeiten erreichten. An der unteren Belaja und in den Zwischengebieten zur Kama verläuft von dem erwähnten Gebiet, welches keine Regionalanomalien zeigt, ein verhältnismäßig schmaler Streifen über die Kama hinweg, den ich als eine grabenähnliche Einsenkung mit ripheischen Ablagerungen ansehen möchte. Das Ripheikum des Südurals entspricht — gefolgert nach den Formationen und der schwachen präkaledonischen Verformung — einer typischen Randdepression der Ural-Geosynklinale aus diesem Zeitabschnitt, die in Form eines Winkels weit in das Tafelgebiet eindringt. Entsprechend dem Bau analoger Strukturen entwickelten sich an der Spitze dieser winkelförmig einspringenden Zone mächtige ripheische Ablagerungen, die sich gegenwärtig als ein von Anomalien freier Streifen auswirkt. Eine solche Schlußfolgerung trägt natürlich einen stark hypothetischen Charakter; von Interesse ist aber dabei, daß die basischen Syenite des mittleren Urals (Massiv von Miass, Wyschnjowyje gory) in den östlichen Teil der Randdepression und nicht in den Zentralteil der Geosynklinalzone zu liegen kommen; ihre strukturelle Lage entspricht demnach etwa der der Alkalisyenite von Mariupol.

Die Entwicklung der ripheischen Geosynklinale am Timan unterschied sich demnach von dem Werdegang der Geosynklinale in Skandinavien oder am Ural. Im Timan, auf der Halbinsel Kanin, der Insel Kildin, der Fischer-Halbinsel sowie offenbar auch in den nördlich angrenzenden Gebieten fand die ripheische Geosynklinalentwicklung bereits während der vorpaläozoischen Zeit ihren Abschluß; am Ural hingegen sowie in der kaledonischen Zone setzten sich die ripheischen Bewegungen posthum auch in der kaledonischen Geosynklinale fort. So muß also ein kaledonisches Alter des Timans (Bailey & Holtedahl 1938, Polkanow 1939) abgelehnt werden, wie auch der Timan nicht als westlicher Ast des Ural-Faltungssystems angesehen werden kann (D. W. Naliwkin 1943, z. T. auch M. M. Tetjajew 1938). In der Tat sind auch die Sedimente des Devons im nördlichen Timan den devonischen Ablagerungen an den Rändern des Baltischen Schildes recht ähnlich, und die Faziesgrenzen schneiden den Strukturzug des Timans quer; im südlichen Timan liegen daher das Devon und Karbon bereits in typischer Tafelfazies vor. Ferner läßt sich das Silur in der Tscheschskaja-Bucht nicht von den Tafelbildungen Estlands und des Leningrader Gebiets unterscheiden. Zur gleichen Schlußfolgerung führt außerdem eine Analyse der paläozoischen Dislokationen im Gebiet des Timans, die alle typische Tafelstrukturen darstellen. Wenn ein gewisser Unterschied in der Verformungsintensität des Timans (nicht jedoch in den Formen) im Vergleich zu den Dislokationen des unteren Wolgaraumes und der Transwolgagebiete vorliegt, so läßt sich dieser auf das erheblich höhere Alter des Fundaments in den südlicheren Gebieten zurückführen. Ich unterscheide daher die Zeit ripheischer Bewegungen als eine selbständige Periode der Tektogenese, weil während dieses Zeitabschnittes ein sehr erheblicher Zuwachs an Tafelgebiet in Osteuropa erfolgte.

Das **karelische Faltungssystem** ist demgegenüber erheblich schwerer rekonstruierbar, da im unbedeckten Teil der Tafel zwar Strukturen erhalten blieben, während sie im überdeckten Abschnitt der Tafel nur im Bereich der westlichen Tafelhälfte mehr oder weniger genau abgegrenzt werden konnten. Wie aus unserem Schema ersichtlich, nimmt das karelische Faltungssystem Ost- und Nordfinnland, Karelien, die Halbinsel Kola sowie außerdem den gesamten nordöstlichen Teil der Tafel bis zum Außenrand der ripheischen Faltung ein; im Süden begrenzt die Linie Saratow — Südspitze des Oka-Zna-Walles dieses System. Westlich Smolensk verläuft diese Grenze fast ost-westlich, und zwar nördlich der großen magnetischen Anomalie von Barjatino vorbei. Nach Westen müssen die Kareliden über Riga und Kaliningrad (Königsberg) in Richtung auf die Zone der Magnetitgneise und die Dala-Formation (Südwestschweden) fortgesetzt werden. Welche Argumente lassen sich nun im einzelnen für diesen Aufbau anführen?

Zunächst soll der Aufbau der Kareliden im unbedeckten Teil der Tafel, auf dem Baltischen Schild, betrachtet werden. Einen zusammenfassenden Überblick über die Kareliden im östlichen Teil des Schildes gab Polkanow (1939), der hier drei Zonen (Subzonen nach Polkanow) unterschied: 1) die Finnische Zone, begrenzt im Westen durch das Massiv der Svekofenniden Finnlands und im Osten durch den archäischen Finnisch-Karelischen Block, 2) die Karelische Zone, die sich vom Onega-See in nordwestlicher Richtung nach Nordfinnland sowie Norwegen erstreckt und im Nordosten durch den Norwegen-Weißmeer-Block (Marealbiden)[1] des Archäikums begrenzt wird. Er unterschied noch schließlich 3) die Kola-Norwegen-Zone, die in westnordwestlicher Richtung zwischen dem Norwegen-Weißmeer-Block und dem archäischen Murman-Block (Saamiden)[1] verläuft. Wenn alle Zonen von der Finnischen Zone im Westen bis zum Kola-Norwegen-Block oder dem Murman-Block im Nordosten als ein einheitliches Faltungssystem betrachtet werden, das sich aus einer Stammgeosynklinale entwickelt hat, muß der archäische Finnisch-Karelische Block als der Kern eines großen Antiklinoriums dieses Systems und der Norwegen-Weißmeer-Block als ein noch größeres Massiv gleichen Typs betrachtet werden, vielleicht richtiger als ein Zwischengebirge, wie es Polkanow annimmt. Dieser Forscher folgt A. Wegmann (1928) sowie einer Reihe finnischer Geologen und versucht — wenn auch mit Vorbehalt — die beschriebenen Faltungszonen mit den tektonischen Zonen der Alpen zu vergleichen. Ein derartiger Analogievergleich dürfte aber kaum zu zuverlässigen Ergebnissen führen, da die Alpen als schmale Faltungszone ein „Restgebiet“ innerhalb der langandauernden Geosynklinalentwicklung Westeuropas darstellen. Geeigneter wäre daher ein Vergleich der Kareliden mit einem paläozoischen Faltungssystem, etwa mit dem Ural — Altai, da sich hierbei für die großen Blöcke (Norwegen-Weißmeer-Block) analoge Strukturformen (Ulu-tau- oder Koktschetau-Massiv) finden lassen und auch der Finnisch-Karelische Block sich bezüglich seiner Größe wohl kaum von den alten Kernen der großen Antiklinorien der Varisciden

[1] Aus Vergleichsgründen sind hier noch die Bezeichnungen nach Backlund und Väyrynen nachträglich eingefügt worden. (Anm. d. wiss. Redaktion).

des Urals und Kasachstans unterscheiden dürfte. Ein auf diese Weise geführter Analogievergleich kann auch zu entsprechenden Schlußfolgerungen über den Verlauf der Westgrenze der Kareliden führen.

Das Faltungssystem der Kareliden stellt im östlichen Teil des Baltischen Schildes ein nach Südosten divergierendes Bündel von Synklinorien dar, in welchen sedimentäre und vulkanogene Bildungen des Kareliums (Jatulikum, kalevische, ladogische Formation) eine große Rolle spielen; getrennt durch Aufwölbungen des Archäikums, bilden diese Ablagerungen entweder große Antiklinorien oder innergeosynklinale Blöcke. Die letzten dieser positiven Strukturzonen keilen nach Nordwesten aus, so daß das gesamte System das Aussehen einer nach Südosten auseinanderstrebenden Virgation bekommt, während sich im Nordosten die synklinalen Streifen maximal annähern (Abb. 4). Mir scheint diese Anordnung auf ein einheitliches Faltungssystem hinzuweisen, so daß auch die Gesetzmäßigkeit in der Verteilung sedimentärer und vulkanogener Bildungen in den östlichen Kareliden als Ganzes betrachtet werden muß. In der westlichen (Finnischen) Zone treten als vorherrschende Gesteine suprakrustale Sedimente auf; in der nach Westen anschließenden Zone dann effusive Bildungen (Spilite des Kambriums), bis schließlich im äußersten Nordosten (Kola-Norwegen-Block) Extrusivgesteine gegenüber den terrigenen und karbonatischen Sedimenten erheblich überwiegen. Eine analoge Gesetzmäßigkeit besteht in vielen breiten Geosynklinalen so z.B. im Devon und Jungpaläozoikum der Ural-Altai-Zone, im Altpaläozoikum des gleichen Gebiets, im Mesozoikum der Zone von Werchojansk, im Meso-Känozoikum des Kaukasus usw. In den postalgonkischen Geosynklinalzonen ist es sehr häufig so, daß die vulkanogenen Bildungen in den tafelwärts gelegenen Randzonen der Geosynklinale entweder fehlen oder nur schwach entwickelt sind, während sie in den Zentralzonen riesige Mächtigkeiten erreichen und über die Sedimentgesteine ausgesprochen dominieren. Deshalb neigen wir zur Annahme, daß die Kola-Norwegen-Zone den inneren Teil der Geosynklinale darstellt und daß sich die Kareliden noch weit nach Nordosten fortsetzen, wo sie unter jüngere Faltungssysteme abtauchen. Das Überwiegen sedimentärer Formationen in der Finnischen Zone zeugt jedoch davon, daß weiter nach Westen eine Annäherung an die Ränder des Faltungssystems erfolgt; wenn also die Finnische Zone auch noch nicht den eigentlichen Rand der Geosynklinalzone darstellt, so kann in jedem Falle das Archäikum Schwedens und Westfinnlands als Tafel der Kareliden angesehen werden. Das Auftreten von Ophiolithen in der Finnischen Zone widerspricht dieser Deutung des Karelischen Systems nicht, da in vielen paläozoischen Struktursystemen die Ophiolithe besonders in den Randgebieten erscheinen (z.B. im Altpaläozoikum von Neufundland, nördliche Appalachen, südlicher Ural).

Als Westrand der Svekofennidischen Tafel können nach den Untersuchungen von A. G. Högbom (1913) und den neueren Ergebnissen von N. H. Magnusson (1936) die Sedimentärbildungen von Telemark, Dala, Åmal, Västana, Norsjö und die gotidischen Gneise angesehen werden, die älteren, durch die karelische Orogenese metamorphosierten bzw. umgestalteten Bildungen (Altalgonkium) entsprechen.

Der Baltische Schild im ganzen setzt sich also aus einer im Archäikum entstandenen Zentraltafel sowie dem im Osten und Westen angrenzenden karelischen Faltengürtel zusammen. Diese Tafel bezeichnen wir nun als Svekofennidische Tafel.

Anschließend soll versucht werden, die Kareliden unter der Sedimentdecke der Osteuropäischen Tafel weiter zu verfolgen (Abb. 3 u. 4). In Finnland unterscheiden sich die Gesteine der Svekofennidischen Tafel gegenüber den karelischen Bildungen durch das Zurücktreten von Schiefern, basischen Effusiva sowie basischen Linearintrusionen und durch wesentlich geringere magnetische Kennwerte als im Svekofennidenbereich. Im Archäikum, das vermutlich die Fortsetzung des finnischen Archäikums darstellt, können natürlich auch Leptite mit magnetischen Erzen eingelagert sein, jedoch werden diese eher lokale und nicht regionale Anomalien hervorrufen, die sonst für die großen Massive magnetitreicher Gesteine des Karelischen Systems charakteristisch sind. In der Tat finden sich im Bereich der südlich, südwestlich und südöstlich an den Ladoga- und Onega-See anschließenden Kareliden ausgedehnte, bezüglich ihrer Intensität jedoch relativ schwache magnetische Anomalien (bis 1200 $\gamma$). Eine von ihnen, die Nowgorod-Anomalie, erstreckt sich in Form eines langen und verhältnismäßig schmalen Streifens von der Grenze der Lettischen SSR nach Südosten bis nach Nowgorod, verläuft nordöstlich vom Ilmensee vorbei und endet mit einer Reihe kleiner Anomalien südlich des Ladoga-Sees. Nach Archangelski bezeichnet diese Anomalie in hervorragender Weise die Fortsetzung der westlichen Zone der Kareliden unterhalb der sedimentären Tafeldecke. Westlich davon liegen noch mehrere große Anomalien (Riga — Jelgawa, Kaliningrad) sowie einige kleinere.

Östlich der Nowgorod-Anomalie tritt gleichfalls eine Reihe streifen- und fleckenförmiger Anomalien mit vorwiegend nordwestlicher Erstreckung auf (Kostroma- und Kalinin-Anomalie), die auch ein gewisses Eindrehen nach Norden als Verbindung mit den inneren Zonen der Kareliden erkennen lassen. Im westlichen Teil der Tafel beansprucht ferner die Moskauer Anomalie besonderes Interesse, die eine Intensität von 1200 bis 1500 $\gamma$ erreicht und fast in E–W-Richtung mit Abweichungen nach NE und seltener nach NW bis Smolensk verläuft; nördlich davon liegen weitere Anomalien mit gleicher Richtung, aber geringerer Intensität. Nach Osten setzt sich die Moskauer Anomalie als westlichster Teil kettenförmig nach NW gerichteter Anomalie-„Flecke“ über den Oka-Zna-Wall bis zur Wolga bei Saratow fort. Die magnetischen Anomalien stimmen hier mit dem Verlauf der Schwereanomalien überein. Nördlich von dieser Zone folgt schließlich noch eine lange Serie von Anomalien mit E–W-Erstreckung und weiter nördlich endlich mit nordnordöstlicher Richtung.

Die beschriebene Zone der Moskauer Anomalien (Smolensk–Moskau–Saratow) hebt sich als scharf ausgeprägte Grenzzone deutlich gegen das Verteilungsbild sowie die Intensitäten der nördlich und südlich angrenzenden Anomalien ab. Das nördlich vorgelagerte Störungsfeld zeichnet sich, wie schon erwähnt, durch ein Bündel von Anomalien aus, das als breiter Fächer nach Osten auseinanderstrebt, wobei die Intensität aller Anomalien zwischen 200 und 1200 $\gamma$ liegt und nur sehr selten an Einzelpunkten Spitzenwerte von 1500 bis 1800 $\gamma$ erreicht. Südlich der Moskauer Zone ändert sich der Aufbau des Anomalienfeldes jedoch vollkommen: Der östliche Teil (Wolga zwischen Stalingrad und Saratow, Chopjor, Don) zeigt lediglich Werte des normalen Magnetfeldes, die nur selten durch kleinere, häufig lokale Anomalien gestört werden, während sich im Westen dieses Raumes (Oskol-Kursk — Belgorod, Ingulez, Krementschug, Anomaliengruppe von Barjatino) ein schmaler, geradlinig verlaufender Streifen (magnetisches Hoch, mit außerordentlich hohem Intensitätsanstieg der Vertikalkomponente (80 000 bis 200 000 $\gamma$) heraushebt.

Diese Zone hochgradiger Anomalien hat im Süden eine nordnordöstliche, im zentralen Teil eine nordwestliche und schließlich im Norden eine nordnordöstliche und eine nord-südliche Erstreckung, wo sie durch die Moskauer Anomalienzone unvermittelt abgeschnitten wird. Diese Schnittstelle beider Zonen unter fast rechtem Winkel tritt nicht nur durch den unterschiedlichen Verlauf der Anomalien hervor, sondern auch besonders durch die Intensitätsunterschiede. So erreichen z. B. einzelne Anomalien aus der hochgradigen Zone von Kaluga Werte von 60 000 bis 80 000 $\gamma$, indessen dicht nördlich davon in der Moskauer Zone die Intensitäten höchstens nur 1500 $\gamma$ betragen. Besonders muß in diesem Zusammenhang betont werden, daß nach seismischen Erkundungsarbeiten (Barjatino) sowie geologischen Gesichtspunkten die Teufe des kristallinen Fundaments hier in allen Fällen nicht unter 1000 bis 1500 m liegt. Aus diesem Grunde kann die Intensitätsdifferenz der Vertikalkomponente ($Z_0$) nur durch eine unterschiedliche Suszeptibilität der Gesteine erklärt werden, die diese Anomalien hervorrufen. Die geologischen Ursachen für diese hochgradigen Anomalien sind eindeutig in den Magnetitquarziten der Saksagan-Serie zu suchen, ebenso wie das magnetische Normalfeld (Don-Wolga) geologisch auf Granite und Gneise zu beziehen ist. Vergleiche mit magnetischen Richtwerten aus Karelien und dem Leningrader Raum lassen die Anomalien vom Typ der Moskauer Zone als Wirkung von Schiefern, Effusiva und basischen magnetithaltigen Gesteinen deuten. Der unmittelbare Zusammenhang zwischen magnetischen Anomalien und Karelischer Zone im Gebiet des Ladoga- sowie Onega-Sees führt zum Schluß, auch das gesamte ausgeprägte Anomaliensystem mit Gesteinen des Karelischen Komplexes im Zusammenhang zu bringen. Als einzige gegenwärtig mögliche geologische Interpretation der Moskauer Anomalienzone ergibt sich daher: Die Moskauer Anomalienzone i. w. S. entspricht geologisch einer Randzone der Kareliden und wird im Süden durch ein älteres Massiv, die Ukraine-Woronesh-Tafel, begrenzt.

Mit hinreichender Genauigkeit läßt sich jetzt auch im westlichen Teil der Tafel der äquatoriale Verlauf des Karelischen Faltungssystems bestimmen, das dann in Richtung zur Ostsee verläuft und erneut erst wieder in Südschweden und Südnorwegen mit nordnordwestlichem Streichen auftaucht. Demnach wird der Svekofennidische Schild an drei Seiten von Faltenzügen der Kareliden umgeben und somit deutlich von der Ukraine-Woronesh-Tafel abgetrennt.

Erheblich schwieriger ist die Ausdehnung der Kareliden im Osten (Transwolgagebiete) zu klären. Zweifellos sind diese Ablagerungen dort auch sehr verbreitet, doch werden sie offenbar durch ältere Massive vom Typ der Norwegen-Weißmeer-Scholle oder sogar durch noch größere Strukturen unterbrochen, an deren Zusammensetzung sich sowohl archäische als auch möglicherweise saksaganidische Formationen beteiligen. In diesem Zusammenhang muß übrigens darauf hingewiesen werden, daß innerhalb des Karelischen Systems die Leitgesteine nur einen Teil der Gesamtfläche bedecken, da zwischen den streifen- und inselförmigen Vorkommen ausgedehnte archäische Bildungen auftreten.

### *3. Korrelation des Präkambriums auf dem Baltischen Schild und präkambrische Entwicklung der Osteuropäischen Tafel*

Die weiter oben dargelegten Ergebnisse führen zu sehr wesentlichen Schlußfolgerungen. So zeigt vor allem die Beziehung zwischen Saksaganiden und der jüngeren Moskauer Karelidenzone, daß — wie im nachstehenden Schema dargestellt — die gegenwärtig durchgeführte Korrelation der präkambrischen Bildungen des Baltischen Schildes und des Ukrainischen Blocks einer grundlegenden Änderung bedarf.

| Baltischer Schild | Ukrainischer Block |
|---|---|
| Sparagmit-Formation (Ripheikum) | — |
| Jottnium–Hoglandium und Rapakiwi | Owrutsch-Formation und Rapakiwi |
| Karelischer Komplex | — |
| Magnetitgneise (Gotiden) | Saksagan-System |
| Tieferes Archäikum (Svekofenniden, Bottnium, Svionium u. a.) | Tieferes Archäikum (Teterew-Bug-Formation, Dnepr-Formation) |

Danach können wir im Gebiet des Ukrainischen Blocks gegenwärtig nicht die suprakrustalen Formationen des Kareliums sowie der Sparagmit-Formation wiedererkennen. Alle Versuche, diese Lücken durch irgendwelche Intrusivgesteine auszufüllen, lassen sich geologisch nicht genügend belegen.

Wie schematisch und bedingt das oben vorgeschlagene Schema des gefalteten Unterbaues der Osteuropäischen Tafel auch sein mag, so gibt es dennoch die Möglichkeit, einige wertvolle Schlußfolgerungen über die strukturelle Entwicklung der Tafel während der präkambrischen Perioden anzustellen. Insgesamt lassen sich 4 derartiger Perioden festlegen: 1) das Ripheikum, in welchem das Struktursystem des Timans entstand, 2) das Karelium mit nachfolgender Entwicklung zum Jotnium, 3) die Saksagan-Formation und 4) die ältere Entwicklung des tiefen Archäikums.

Im Ripheikum erfolgte, wie bereits dargestellt, ein erheblicher Gebietszuwachs der Tafel im Nordosten (Timan–Fischer-Halbinsel), während sich an anderen Stellen (Ural, Kaledoniden Norwegens) die Geosynklinalentwicklung auch noch bis ins Paläozoikum fortsetzte. Entsprechend ihrer Stellung sind die ripheischen Strukturen als Zwischenglied zwischen den karelischen und paläozoischen Strukturen anzusehen, wobei sie allerdings den letzteren näherstehen.

Im Vergleich zu den Timaniden besaßen die Kareliden eine andere Bedeutung bei der Bildung der Osteuropäischen Tafel, indem sie unter Zusammenschweißung von zwei älteren Massiven (Svekofennidisches Massiv sowie Ukraine-Woronesh-Massiv) den Hauptteil der Osteuropäischen Tafel bildeten. Die neu entstandene Tafel hatte bereits fast die gleichen Dimensionen und möglicherweise auch Umrisse wie die spätere paläozoische Tafel, jedoch fehlte noch der transtimanische Teil.

Die karelische Orogenese, die große Räume der zukünftigen Tafel erfaßt hatte, beeinflußte zweifellos auch in erheblichem Maße die nachfolgende strukturelle Entwicklung dieser Zone. Gut bekannt sind — vorwiegend in der südlichen Hälfte der Svekofennidischen Tafel — die Verbreitung des Jotniums und Hoglandiums, die Entwicklung des Rapakiwi sowie die Gebundenheit der Owrutsch-Serie und der Rapakiwi an den Nordteil des Ukrainischen Blocks.

Ich bin der Ansicht, daß eine derartige Verteilung dieser Gesteine mit dem zwischen ihnen liegenden großen Faltungssystem der Kareliden im Zusammenhang steht. H. G. Backlund (1937, 1938) und S. v. Bubnoff (1941) hatten vollkommen recht, wenn sie die Bildungen des jotnischen Systems als Ablagerung vom Old-Red-Typ ansahen. Nach meiner Meinung können zu den Zentralbildungen des Old Red (vom Typ der schottischen und norwegischen devonischen Rotsandsteine) allerdings nur sehr wenige Aufschlüsse des Jotniums gezählt werden, so zum Beispiel u. a. das Gebiet am Onega-See (Schokscha). Alle anderen Gebiete des Jotniums stehen den Old-Red-Sedimenten vom Typ des östlichen baltischen Devons, d. h. den Tafelablagerungen, näher. Als Abtragungsschutt der Karelischen Zone lagerten sich diese Rotsedimente jedoch nicht in Gebirgsdepressionen ab, sondern wurden weit auf die Tafelebene hinausgetragen und überdeckten mit einem ausgedehnten Fächer die Svekofennidische und Ukrainische Tafel. Deshalb kann man Backlund (1937) darin nicht zustimmen, daß die Kareliden den gesamten Baltischen Schild in seinen heutigen Umrissen bedeckt haben sollen. Das Old Red und demnach auch das Jotnium sowie die Owrutsch-Formation stellen keine typische Molasse dar, denn hierunter werden nur Formationen vom Typ der alpinen Molasse — die für diesen Gesteinstyp ja namengebend war — verstanden. Molassen sind vielmehr charakteristische Formationen der Randsenke und entstanden in der Zeit der Falten- und Gebirgsbildung. Das Old Red stellt demgegenüber eine Bildung dar, die erst nach der Faltung entstand und die weniger für Randdepressionen (Vortiefen) als für weiträumige Ebenen bezeichnend war, d. h. für die seitlich an die abgetragenen Gebirgsrümpfe anschließenden Tafeln sowie die einzelnen Depressionen innerhalb dieser Gebiete. Diese Ablagerungen — manchmal als „Spätmolasse" benannt (v. Bubnoff 1941) — sollten am besten unabhängig von ihrem Alter als Old Red bezeichnet werden.

Größenmäßig wiesen die Tafelmassive in der präkarelischen Periode im Vergleich zum Geosynklinalgebiet einen so geringen Umfang auf, daß sie eher die Eigenschaften von Zwischengebirgen als die von Tafeln besaßen. Diese Tatsache muß bei der Klärung der Besonderheiten vulkanischer Erscheinungen sowie der suprakrustalen Bildungen der karelischen und vorkarelischen Zeit im Gebiet der

Osteuropäischen Tafel berücksichtigt werden, insbesondere bei der Genese des Rapakiwis und der mit diesem Gestein verbundenen Gang- und Intrusivbildungen. So wird der räumliche Zusammenhang vieler Rapakiwi-Massive mit den Verbreitungsgebieten des suprakrustalen Jotniums durch die Tatsache erklärt, daß die jotnischen Sandsteine vor der nachfolgenden Abtragung in durch Bruchzonen begleiteten Depressionen erhalten blieben. Mit den gleichen Brüchen stehen auch die Intrusionen jotnischer Granite in Verbindung (vgl. BACKLUND 1937).

## IV. Über die postripheische Entwicklung der Osteuropäischen Tafel

Die im Verlauf verschiedener präkambrischer Faltungsvorgänge gebildete Osteuropäische Tafel hat seit der kaledonischen Ära mehrfach Deformationen vom Tafeltyp durchgemacht, die wesentliche Veränderungen ihres Aufbaus nach sich zogen und die am besten nach eingreifenden Zeitschnitten der Erdentwicklung untersucht werden. Derartige natürliche Trennschnitte, welche die vorangegangene Tafeltektonik wiederspiegeln, sind z. B. die räumlich fast die gesamte Tafel umfassenden Denudationsflächen. Im Bereich der Osteuropäischen Tafel sind mehrere dieser Flächen bekannt, die zeitlich während der allgemeinen Heraushebung sowie Denudation der Tafel entstanden, als sich die gesamte oder nahezu gesamte Tafeloberfläche über den Meeresspiegel erhob und aus einem Sedimentationsgebiet für lange Zeit zum Festland (Denudationsgebiet) wurde. Seit dem Kambrium stellte die Tafel stets oder zumindest stellenweise und zeitbedingt (z. B. im östlichen Teil vor dem Aktschagyl) eine große ebene Tafelfläche vom Typ der Sibirischen Tafel dar; deshalb geben die aufgrund von natürlichen Aufschlüssen und Bohrungen zusammengestellten geologischen oder paläotektonischen Karten, die auf diese natürlichen Trennschnitte (Flächen allgemeiner Denudation) bezogen werden, die geologische Tafelstruktur aus dem betreffenden Zeitabschnitt recht genau wieder. Im Gebiet der Osteuropäischen Tafel können mehrere derartige Oberflächen unterschieden werden: 1) Die Fläche der präkambrischen Peneplaine, die — wie schon dargestellt (Abb. 4) — ein generelles Bild vom gefalteten Unterbau vermittelt, 2) die prä-mitteldevonische Oberfläche, deren tektonische Karte die Tafelverformung am Ende des Altpaläozoikums bzw. zu Beginn des Devons wiedergibt, 3) die präjurassische Fläche, entsprechend dem großen Denudationsabschnitt Trias/Lias im Anschluß an die variscische Ära, 4) die prä-miozäne Fläche und 5) die pliozänen Einsenkungen, die in den Hauptzügen die Veränderungen der Tafel während der alpidischen Faltungsperiode darstellen.

Diese Methode wurde erstmalig, soweit mir bekannt, von M. BERTRAND (1892) für die Strukturanalyse des Pariser Beckens angewandt. Sie ist auch für die Analyse von Großstrukturen vom Typ der Osteuropäischen Tafel durchaus anwendbar, wobei sich allerdings einige Schwierigkeiten dadurch ergeben, daß die Denudationsgebiete in manchen Fällen, besonders an den Tafelrändern, durch Akkumulationsgebiete sowie Senkungsräume vertreten werden. Da für uns die Klärung struktureller Beziehungen wichtig ist, können diese erwähnten Eigenschaften der Tafeln leicht auf paläotektonischen Karten berücksichtigt werden.

Anschließend sollen im Rahmen der Strukturanalyse nur die tektonischen Grundformen der Tafel — Syneklissen, Anteklisen und Schilder — untersucht werden, deren Definition von mir bereits in anderem Zusammenhang (SCHATSKI 1945b) gegeben wurde, so daß hier auf diese Frage nicht einzugehen sein wird.

## *1. Kaledonische Struktur der Tafel*

KARPINSKI hat durch seine klassischen Untersuchungen zur Paläogeographie und Tektonik des Europäischen Rußlands (1886, 1894) nachgewiesen, daß sich im Untersilur das marine Sedimentationsbecken und damit auch die dazugehörige Einsenkung der Erdkruste als ost–westlich verlaufender Streifen von den Ostsee-Gebieten über Moskau bis zum Ural erstreckten; hier im Vorural teilte sich diese Zone dann in zwei Äste auf, die beiderseits die antiklinalartige Aufwölbung des Ufa-Plateaus flankierten. Durch Hebung dieses Massivs während des Obersilurs erfolgte eine Aufgliederung dieser Senkungszone in zwei Teiltröge, die buchtenförmig in den Bereich der Tafel eindrangen, und zwar nur in ihren westlichen Teil (Dnestr, Ostseegebiete). Zu gleichen Ergebnissen über die Paläogeographie des Altpaläozoikums der Russischen Tafel kam auch ARCHANGELSKI (1923), der jedoch in seinen späteren Arbeiten (1932a, 1940, 1941) seine Vorstellungen über dieses Problem änderte. Weil das Altpaläozoikum im Donezbecken, im nördlichen Teil des Asow-Podolischen Blocks, im Massiv von Woronesh und fast überall im Timan fehlt, nahm ARCHANGELSKI an, daß das Meer im Altpaläozoikum nur die Südflanke des Baltischen Schildes erfaßt habe, und daß das Kambrium und Silur der Ostseegebiete nur Randablagerungen eines großen marinen Beckens darstellten, dessen Zentrum in Westeuropa lag. In gleicher Weise stellten im Anschluß an ARCHANGELSKI auch TETJAJEW (1938), MASAROWITSCH (1938) sowie BELOUSSOW (1944) die Verbreitung des Altpaläozoikums dar, wobei BELOUSSOW diesen Standpunkt durch die Konstruktion entsprechender Isopachysenkarten bekräftigte, mit deren Hilfe sich bekanntlich eine höhere Genauigkeit bei der Lösung tektonischer Fragen erreichen läßt.

Mit der Analyse der altpaläozoischen Struktur wollen wir im nordwestlichen Teil der Tafel beginnen, wobei aber ausdrücklich darauf hingewiesen werden soll, daß wir trotz der oben aufgezählten Vorstellungen eine entgegengesetzte Meinung bezüglich der marinen Randfazies des Altpaläozoikums vertreten und somit im gewissen Umfang wieder auf einige Schlußfolgerungen von KARPINSKI zurückgreifen müssen (s. Abb. 5).

In Estland und im Leningrader Gebiet bilden die Ablagerungen des Gotlandiums, Ordoviziums und Kambriums den Nordrand einer Syneklise, die gewöhnlich als „Baltische Syneklise" bezeichnet wird. In Estland streichen alle diese Schichten zwischen der estländischen Inselgruppe und der Narwa-Bucht ost-westlich. Weiter östlich drehen die Grenze Ordovizium/Kambrium sowie der Streifen mit kambrischen Aufschlüssen unvermittelt nach Nordosten ein, umgrenzen den Ausstrich des Archäikums am Tutusujarwi-See und verlaufen dann über Koisu zur Karelischen Landenge; hier nimmt das Streichen des Kambriums erneut eine

E–W-Richtung an, zieht dann zwischen Ladoga- und Onega-See hindurch und taucht schließlich unter das transgressiv überlagernde Devon ab. Wenn von örtlichen Verbiegungen abgesehen wird, zeigen die altpaläozoischen Sedimente am Rand der Baltischen Syneklise längs ihres gesamten Ausstriches ein Süd- und

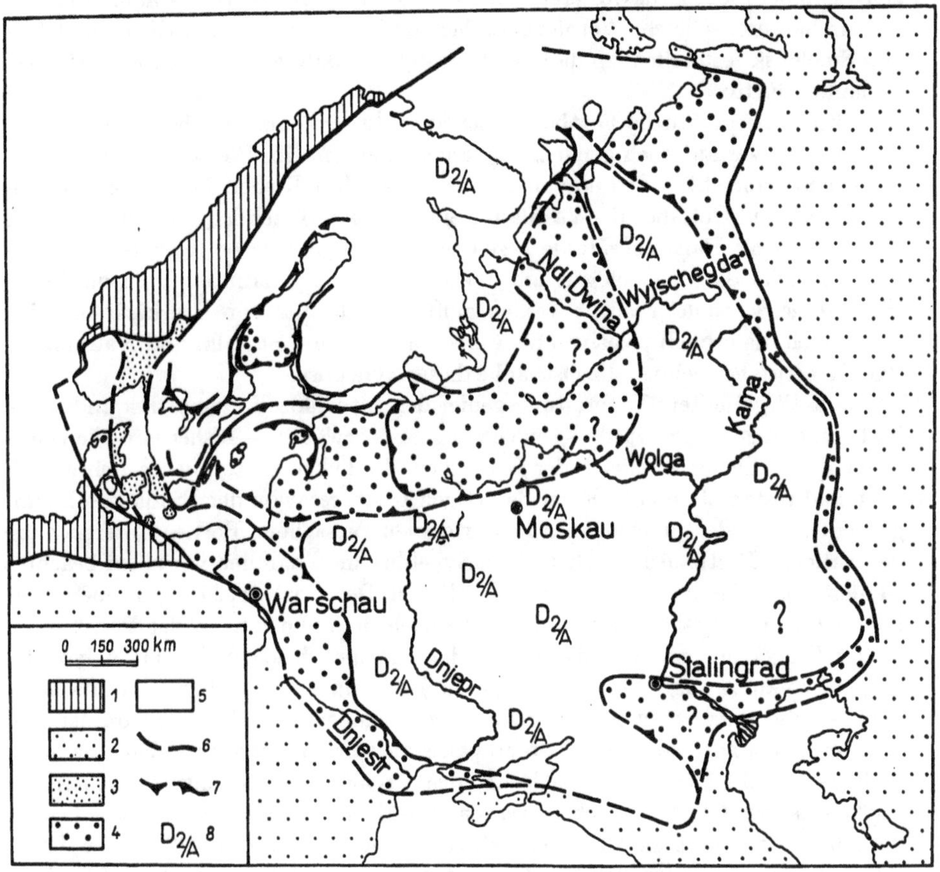


Abb. 5. Kaledonische Struktur der Osteuropäischen Tafel (nach SCHATSKI 1943)
1— Kaledoniden; 2 — kaledonisches Geosynklinalgebiet im Bereich der variscischen und alpidischen Faltungssysteme; 3 — Oslo-Schonen-Depression; 4 — Syneklisen und Randdepressionen (Vortiefen); 6 — Begrenzungen der Tafel; 7 — Begrenzungen der Syneklisen; 8 — Gebiete, in denen Mitteldevon unmittelbar auf Präkambrium aufliegt.

Südost-Einfallen. Diese gesamte Struktur ist kaledonisch, da die altpaläozoischen Schichten diskordant von rotfarbigem Mitteldevon überdeckt werden.

Das Flußtal der Daugava (Dwina) erschließt die entsprechende Südflanke der Syneklise, wo auch in der bekannten Bohrung Daugavpils (Dünaburg) das vollständige Profil von rotfarbigen sandig-mergeligen Schichten des oberen Gotlandiums bis zum kambrischen Blauen Ton nachgewiesen wurde (die Mächtigkeit des Gotlandiums mit Ton-, Mergel- und Gipsschichten beträgt etwa 190 m, die der Kalke der Ordoviziums etwa 140 m, während das Kambrium mit seinen hangenden Sandsteinen und dem Blauen Ton nur 30 m erreicht). Weiter südlich im Njemen-(Memel-)Becken fehlen unter dem Devon altpaläozoische Ablagerungen, denn bei Lida, Druskininkai, Nowogrudok (?) lagert Mitteldevon unmittelbar auf Archäikum. Gleiche Verhältnisse lassen sich auch weiter östlich im Gebiet von Smolensk feststellen, so daß der Südrand der Baltischen Syneklise fast E–W verlaufen dürfte.

Während der westliche Fortbau dieser Syneklise im einzelnen bekannt ist, muß ihr östlicher Verlauf noch genauer untersucht werden. Im Westen erschließen die eingehend erforschten Profile von Kalmar, des schwedischen Festlandes, der Inseln Öland und Gotland die Westflanke einer großen Syneklise, die seinerzeit von v. BUBNOFF als Baltische Mulde bezeichnet wurde und deren flachere Ostflanke nach Ansicht dieses Geologen am Westrand des sogenannten Polessje-Walles (Scythische Schwelle) gesucht werden muß. Die Granite von Druskininkai, vielleicht auch die großen positiven Schwereanomalien von Suwalki und Kaliningrad (Königsberg), bezeichnen die Ostflanke dieser Syneklise.

Das E-W gerichtete Verbreitungsgebiet des Altpaläozoikums in Estland sowie im Leningrader Raum wurde — wie oben bereits erwähnt — bisher von allen Geologen als nördlicher Ausstrich der Baltischen Mulde betrachtet, deren Achse flach nach Südwesten abtaucht. Einer derartigen Interpretation der Profile des Leningrader Glints widersprechen aber die erwiesenen Tatsachen. Bei der Untersuchung des östlichen Fortbaues der Baltischen Syneklise muß nämlich vor allem beachtet werden, daß die inmitten eines einheitlichen Devonausstriches gelegenen Vorkommen von Altpaläozoikum bei Rawanitschi a. d. Lowat, an der Polist sowie in der Umgebung von Leningrad von der stratigraphischen Gesamtanalyse des Altpaläozoikums ausgeschlossen werden müssen, da — abgesehen vom Mischino-Berg — diese Aufschlüsse als große Glazialschollen inmitten pleistozäner Ablagerungen der nordwestlichen Osteuropäischen Tafel angesehen werden müssen.

Zuerst soll die Mächtigkeitsänderung des Altpaläozoikums längs des Baltischen und des Ladoga-Glints betrachtet werden: Die Mächtigkeiten des Unterkambriums verhalten sich im gesamten südwestlichen und estländischen Teil der Baltischen Mulde außerordentlich konstant, wie sich in der Bohrung Visby auf Gotland (104 m), in Tallin (Reval) (150 m) und Aseri (160 bis 170 m) ermitteln ließ. Im Gebiet von Leningrad erhöht sich die Mächtigkeit des Kambriums aber merklich ($>$ 230 m) und erreicht weiter östlich und nördlich Werte von 300 bis 350 m (Seestrorzek); auch im Gebiet von Koltuschi und am Sjasstroi weisen allein die unteren Sandsteine eine Mächtigkeit von 200 bis 150 m auf. Die Maximalmächtigkeit des Kambriums östlich von Leningrad wird von B. P. ASSATKIN (1937) mit 500 bis 530 m angegeben. Umgekehrt ist eine merkliche Mächtigkeitsverringerung des Kambriums nach Osten aus diesen Gebieten unbekannt.

In gleicher Weise verändert sich auch die Mächtigkeit des Ordoviziums, wenngleich auch die Mächtigkeiten der einzelnen Zonen starken Schwankungen unterliegen und sich bald in westlicher, bald in östlicher Richtung reduzieren. Die

Zunahme der Gesamtmächtigkeit dieses Systems erfolgt jedoch sehr gesetzmäßig: In Estland erreicht das Ordovizium zwischen 100 und 135 m, östlich der Narwa sogar 200 m. In der Bohrung Tschudowo beträgt die Mächtigkeit des Ordoviziums ohne die oberen Horizonte (Lyckholmer Sch., Bornholmer Sch. und teilweise auch Wesenberger Schichten) etwa 200 m, so daß die Gesamtmächtigkeit (mindestens 240 bis 250 m) auf fast das Doppelte bis Zweieinhalbfache im Vergleich zum westlichen Estland ansteigt. Für die Mächtigkeitsveränderungen im Gotlandium fehlen genaue Angaben (Estland etwa 100 m, Bohrung Daugavpils etwa 200 m, Insel Gotland etwa 500 m), doch läßt sich ein tiefes Absinken der südlichen Baltischen Mulde im Gotlandium rekonstruieren; faziell stehen die Ablagerungen der Insel Gotland den Schichten von Schonen und Bornholm näher als den äquivalenten Bildungen von Sarema (Ösel) und Chiuma (Dagö). Die am weitesten östlich gelegenen Aufschlüsse von Kambrium treten am Peipus-See auf; östlich davon kommt Gotlandium unter Devon nirgends mehr an die Erdoberfläche. Das Auftreten von Wesenberger Schichten (Caradoc/Asghill) in der Bohrung am Peipus-See weist jedoch darauf hin, daß die gotlandischen Sedimente unter dem Devon auch noch südlich von diesem Punkt liegen können. Deshalb besteht kein Grund für die Annahme, das Gotlandium würde am Peipus-See auskeilen, vielmehr ist seine Fortsetzung nach Osten längs der Achse der Baltischen Syneklise recht wahrscheinlich.

Aus den angeführten Mächtigkeitsangaben über das Altpaläozoikum lassen sich keinerlei Hinweise für ein stratigraphisches Auskeilen dieser Ablagerungen im Leningrader Raum ableiten. Im Gegenteil: Die Mächtigkeitszunahme des Kambriums und Ordoviziums in Richtung Osten (Gesamtmächtigkeit Kambrium und Ordovizium bei Tallin 275 bis 300 m, bei Leningrad 400 m und östlich davon bis 750 m) zeugt von einer großen altpaläozoischen Syneklise im Bereich der Nordflanke des jungpaläozoischen Moskauer Beckens.

In diesem Zusammenhang soll noch einmal auf die Faziesrekonstruktionen und die Isopachysenkarten des Unterkambriums und Ordoviziums im Baltischen Gebiet zurückgegriffen werden, die kürzlich von W. W. Beloussow veröffentlicht wurden. Anhand des Isopachysenverlaufes läßt dieser Forscher die Baltische Mulde am Ladoga-See enden, wofür eine Mächtigkeitsreduktion in dieser Richtung und das Auftreten von Sandschüttungen am Beckenrand sprechen sollen. Dieses ist aber lediglich eine Annahme des Autors, da nirgends, weder im Baltikum noch in Schweden und schon gar nicht in Belorußland (!), irgendwelche Beobachtungen für eine derartige Schlußfolgerung vorliegen. Die Mächtigkeitsangaben, die als Grundlage für die Konstruktion der Isopachysen verwendet wurden, lassen Zweifel aufkommen, zumal in einer Reihe von Fällen (Ordovizium des Ladoga-Glints 30 m, Ordovizium am Wolchow 30 m, Gotlandium des Peipus-Sees 15 m usw.) der Autor nicht die tatsächlichen, sondern nur die sichtbaren Mächtigkeiten benutzte; auch nahm er z. B. beim Ladoga-Glint den unteren Teil des Ordoviziums bis zum Echinosphäriten-Kalk als volle Gesamtmächtigkeit des Ordoviziums an. Den von Beloussow dargestellten Isopachysen des Unterkambriums widersprechen ferner die sehr genauen Angaben von B. P. Assatkin u. a. (1937), die nördlich und östlich von Leningrad eine Mächtigkeitszunahme erkennen lassen, während nach Beloussow eine Abnahme erfolgen müßte. Ich bin auf diese Tatsachen eingegangen, da die Verwendung unrichtiger Mächtigkeitsangaben im Rahmen der geotektonischen Analyse auch zu Zweifeln an der Richtigkeit der Schlußfolgerungen Beloussows bezüglich der Verbreitung des Altpaläozoikums führen muß.

Somit läßt sich abschließend sagen, daß die Baltische Syneklise nicht im Leningrader Gebiet endet. Ihre Achse taucht im südwestlichen Teil zwar tatsächlich nach Südwesten ab, überschreitet aber im Bereich Estlands eine große Achsenkulmination („Queraufwölbung"), setzt östlich davon erneut wieder auf und sinkt schließlich nach Osten hin ein. Ihr weiterer Fortbau ist unbekannt, da im Osten die altpaläozoischen Sedimente unter einer mächtigen Decke von Devon und Jungpaläozoikum liegen. Wir müssen also von der noch herrschenden Vorstellung über den Bau der Baltischen Syneklise Abstand nehmen und bedingt auf die alten Vorstellungen von KARPINSKI — weites Vordringen der altpaläozoischen Sedimentation nach Osten — zurückkommen.

Geht man ferner von einigen indirekten Anzeichen aus (vgl. unten), so dürfte sich diese Syneklise sehr weit nach Osten erstreckt haben, und zwar in jedem Fall noch über den Meridian von Moskau hinaus; weiter östlich biegt sie dann nach Nordosten und Norden ein, wobei sie in den tiefer eingewölbten Teil der Westflanke sowie die Achsenzone der Moskauer Syneklise zu liegen kommt. Die Estländische Queraufwölbung (Achsenkulmination) zeichnet sich nicht nur in den Mächtigkeiten des Altpaläozoikums, sondern auch in einigen faziellen Besonderheiten gut ab, so z. B. sehr auffällig durch die Verbreitung der bekannten, offenbar in einem flachen Beckenteil abgelagerten Kuckersit-Schiefer. Dieser Meeresteil muß reich an Sauerstoff gewesen sein und eine üppig entwickelte Pflanzenwelt sowie Bodenfauna besessen haben. Die maximale Hebung im Bereich der Querstruktur ist gebietsmäßig an den Streifen Peipus-See–Welikaja gebunden, wo die Kuckersite eine besonders große Mächtigkeit erreichen. Zu erwähnen ist außerdem, daß sich östlich von dieser Kulminationszone die Gesteine des Ordoviziums offenbar recht stark verändern, z. B. die Jeweschen Schichten (Caradoc), die in Estland noch durch Kalke vertreten sind und die in Richtung Osten in für geschlossene Tafelsyneklisen ungemein charakteristische Dolomitserien übergehen.

Wie die Verbindung der Baltischen Mulde mit der am südwestlichen Tafelrand gelegenen Vortiefe erfolgt, ist noch unbekannt. Vielleicht sind beide durch eine schwache Schwelle getrennt, die eine Verbindung zwischen diesen Senkungsgebieten zwar nicht verhinderte, dennoch aber strukturell deutlich durch die große positive Anomalien von Druskininkai-Suwalki und Kaliningrad in Erscheinung tritt; hierzu kann man vielleicht auch noch die von v. BUBNOFF nach Schwereanomalien festgelegte Kassubische Erhebung (Nordostpommern) rechnen. Auf das mögliche Vorhandensein einer solchen Schwelle hat schon N. DELLE (1937) hingewiesen, wobei er freilich von der Analyse der devonischen Fauna Lettlands ausgegangen war.

Die mächtigen Ablagerungen des Altpaläozoikums (über 800 m) im südlichen Teil der Baltischen Syneklise werden in Richtung Westen (Südschweden) von äquivalenten Sedimenten abgelöst, die allerdings 150 bis 200 m nicht überschreiten; am Rand der Grampian-Geosynklinale erhöht sich die Mächtigkeit dieser Gesteine aber erneut und steigt auf die sehr großen Werte im Zentralteil der Geosynklinale. Diese Tatsachen führten v. BUBNOFF (1936), SCHATSKI (1937b) und ASKLUND (1938) zur Schlußfolgerung, daß die Baltische Mulde im Laufe ihrer

Entwicklung durch eine breite, parallel zu den Kaledoniden verlaufende Schwelle von der Grampian-Geosynklinale abgetrennt wurde. Diese Erhebung hat ASKLUND von Südschweden und den benachbarten Gebieten Norwegens bis zur nördlichen Grenze Schwedens verfolgt und als „Zentralfennoskandinavisches Kontinentalgerüst" bezeichnet. Nördlich der Ålands-Inseln, d. h. nördlich des Wendepunktes der Baltischen Mulde nach Osten, wurde diese Schwelle durch die flache und schmale (?) Syneklise des Bottnischen Meerbusens vom Tafelbereich abgetrennt, deren altpaläozoische Gesteine schon früher C. WIMAN (1893) und während der letzten Zeit S. GRIPENBERG (1934) erforschten. Die Aufwärtsbewegung dieser Schwellenzone wurde offenbar in Südschweden von Bruchverformungen begleitet (P. THORSLUND 1937, Gebiet von Falbygden), die einen wesentlichen Einfluß auf den Faziesübergang zwischen norwegischer und schwedischer sowie baltischer Fazies im Altpäläozoikum nehmen.

Die äußerste, am NW-Rand der kaledonischen Tafel gelegene Großstruktur ist eine große Senkungszone, die sich von der norwegischen Sparagmit-Formation nach Süden erstreckt und in deren Bereich sich zum Ende des Paläozoikums der Oslo-Graben bildete. Bezüglich ihrer Entstehungszeit gehört diese Senke zweifellos noch zum Sparagmit, wenn man die Maximalmächtigkeiten dieser Ablagerungen am Mjösen-See und deren Reduktion nach Westen und Osten berücksichtigt; auch die große Mächtigkeit des Kambriums und Ordoviziums im Oslo-Graben (bis 600 m) sowie die erheblich geringere Mächtigkeit (etwa 300 m) der entsprechenden Ablagerungen der „Hochgebirgsformation" im Gebiet des Hardanger Fjords weisen ebenfalls auf eine Entwicklung im Altpaläozoikum hin. Regionalgeologisch stellt diese Senke gewissermaßen eine Fortsetzung der Randzone der nördlichen Kaledoniden in Richtung Süden dar, deren Hauptgrenze am Mjösen-See scharf nach Westen abbiegt. Ähnliche Formationen sind möglicherweise auch auf der Halbinsel Schonen und in stark reduzierter Form (am NE-Rand der Senke) auf Bornholm entwickelt. Die in unserem Schema gegebenen Begrenzungen für diese Senkungszone sind allerdings in keiner Weise belegt. Im ganzen hat diese Zone den Charakter einer „Randsenke" und unterscheidet sich von typischen Vorsenken lediglich dadurch, daß sie nicht unmittelbar an den Faltungsstreifen angrenzt, sondern von diesem durch eine schmale Aufwölbung des Gneisfundaments der Tafel getrennt wird.

Auf die unmittelbare Begrenzung der kaledonischen Faltungszone als „Randnaht" wurde schon weiter oben näher eingegangen, so daß hier noch ergänzend auf die vielen Profile der zahlreichen zusammenfassenden Arbeiten (BAILEY & HOLTEDAHL 1938, A. G. HÖGBOM 1913, v. BUBNOFF 1936 u. a.) verwiesen werden soll.

Wesentlich anders verhält sich demgegenüber der südwestliche Tafelrand, denn in Podolien (A. P. LARIN 1936) und Wolhynien (Z. SUJKOWSKI 1939) liegen die altpaläozoischen Gesteine direkt auf der denudierten Fläche des Präkambriums und bilden hier die Flanke des Ukrainischen Massivs. Im Dnestr-Gebiet streichen diese Ablagerungen nordwestlich, in Wolhynien nordnordwestlich bzw. fast nordsüdlich und erreichen innerhalb der bis 200 km breiten Senkungszone sehr erhebliche Mächtigkeiten (bis 1500 m). Bekannt sind uns lediglich die auf dem Ukrainischen Block aufliegenden Schichten, die in typischer (allerdings vom baltischen Ordovizium stark abgewandelter) Tafelfazies entwickelt sind. Wie die äußere Flanke dieser Senke aufgebaut ist und wie ihre Verbindung mit der Faltungszone aussieht, wissen wir nicht. Es ist aber durchaus möglich, daß hier eine den Randdepressionen (Vortiefen) ähnliche Struktur vorliegt. Im Nordwesten geht dieser Streifen in die Baltische Syneklise über, während er im Südosten offenbar allmählich längs des südlichen Tafelrandes auskeilt. Ein derartiger Aufbau des randlichen Ukrainischen Blocks entspricht in seinen Hauptzügen etwa den kaledonischen Strukturen dieses Raumes, da sowohl im Norden als auch im Süden des Ukrainischen Massivs (Kalmius, Taganrog) Devon unmittelbar auf präkambrischem Kristallin aufliegt.

Das Ukrainische Kristallinmassiv ist Teil eines riesigen Schildes, der — schon am Ende der kaledonischen Ära mit einem großflächigen Ausstrich präkambrischer Schichten vorhanden — heute im östlichen, südlichen und nordöstlichen Teil der Osteuropäischen Tafel zu Tage kommt. Das Vorhandensein dieses alten Hochgebiets, das etwa die Hälfte des gesamten Territoriums der Osteuropäischen Tafel umfaßte, läßt sich durch die unmittelbare Transgession mitteldevonischer Schichten über Präkambrium nachweisen. Außer den bereits erwähnten Bohrungen im Njemen(Memel)-Becken und den Transgressionslokalitäten von Devon über metamorphem Fundament des Ukrainischen Massivs müssen in diesem Zusammenhang noch folgende Punkte erwähnt werden: Im Gebiet Barjatino ist auf seismischem Wege die Tiefenlage des Präkambriums mit 800 bis 1000 m bestimmt worden, was übrigens gut mit der geologisch berechneten Gesamtmächtigkeit des Devons und Karbons in diesem Gebiet übereinstimmt. Im gesamten Streifen der Kursker magnetischen Anomalien ist ebenfalls ein Auflagern von Devon auf Schiefer und Granit des Präkambriums nachgewiesen; gleiche geologische Verhältnisse bestehen für Moskau, den oberen Don, Sysran, Tuimasy und die Gesamtfläche des Timan-Gebirges. Es gibt also keinen Zweifel, daß sich dieser herausgehobene Block in vormitteldevonischer Zeit von den Westgrenzen Belorußlands über das Moskauer Gebiet sowie die Gebiete der mittleren Wolga bis zum Ural (Ufa-Plateau) erstreckte. Nach Süden reichte dieses Massiv bis an die Ränder der heutigen Tafel; seine Begrenzung nach Südosten ist noch unklar. Im Nordosten erstreckte sich die beschriebene Struktur über den gesamten Timan bis zur Tscheschskaja-Bucht, wo unter Umständen (Silur !) eine kleine Einsenkung in der Hebungszone der Timaniden bestand.

Über den strukturellen Aufbau am Südwestrand des beschriebenen Schildes, den ich als Sarmatischen Schild bezeichne, fehlen genauere Angaben, so daß lediglich auf dem Wege vergleichender Tektonik einige Schlußfolgerungen erwartet werden können.

Der Aufbau der Ural-Flanke läßt sich demgegenüber recht gut an der Westflanke des Südurals klären. Im Kara-tau-System, in der Suleimasch-Antiklinale und an vielen Stellen längs des Flusses Ai (Pristan) folgt über dem Ripheikum eine geringmächtige Serie von fossilleeren, grauen bis grüngrauen Sandsteinen, die häufig auch in helle kompakte Kalksandsteine überleiten; mit diesen auf große

Entfernung konstant ausgebildeten Schichten beginnt die Karbonatserie des Mittel- und Oberdevons als Basalzone der mitteldevonischen Transgression.

Allgemein wird diese stratigraphische Einstufung anerkannt, zumindest aber die des Liegendteils als Ordovizium und sogar Ascha-Serie. Mit den typischen Leitgesteinen dieser Serie (an der Lemesa, Inser, Belaja) haben diese Sandsteine nichts gemeinsam, da sie offensichtlich dem Ordovizium näher stehen. Das Ordovizium ist jedoch in einer derartigen Faziesentwicklung paläontologisch bisher stets belegbar, während diese Schichten fossilleer sind. Petrographisch bilden sie vielmehr Äquivalente der Kalksandsteine, die an der Belaja als Basis der devonischen Serie auf das Ordovizium folgen, so daß wir geneigt sind, die fossilleeren Sandsteinserie der nördlichen Gebiete zum gleichen Horizont zu stellen (Schatski 1945b).

In Annäherung an den Zentralteil des Urals (Oberlauf der Ufa–Njasepetrowsk–Michailowski sawod) setzt zwischen dem Mitteldevon und Präkambrium eine mächtige Serie von Karbonatgesteinen des Unterdevons und Gotlandiums sowie von Schiefern des (?) Ordoviziums auf. Nach Westen keilen diese Serien rasch aus und zeigen nur einen Ausstrich von geringer Breite (15 bis 35 km), nach Osten hingegen werden sie unvermittelt von terrigen-effusiven Serien des Ural-Altpaläozoikums abgelöst.

Noch besser aufgeschlossen ist die zum Ural gelegene Flanke des Sarmatischen Schildes, wo die Belaja einen E–W-Verlauf einschlägt. So treten am Nugusch in den westlichsten Randstrukturen des Urals unter der Karbonatserie des Devons sowie den darunter befindlichen Sandsteinen die alten ripheischen Ablagerungen hervor; dicht östlich davon und im Gebiet der Belaja schalten sich zwischen Ripheikum und die Sandsteine zunächst Kalksandsteine des Ordoviziums und dann — unter zunehmender Komplizierung des stratigraphischen Gesamtverbandes — Karbonatgesteine des Gotlandiums sowie Unterdevons ein. In dieser Form bildet die genannte Serie ohne nennenswerte Veränderungen längs der Belaja bis nach Belorezk die Westflanke des Silair-Synklinoriums. Generell fallen hier die Gesteine in Richtung auf das Synklinorium nach Osten ein und gehen auf kürzeste Entfernung unvermittelt in terrigene und effusive Gesteine (Ordovizium-Gotlandium) vom Typ der Ural-Ostflanke über; längs dieser schroffen Faziesgrenze komplizieren mächtige Vorkommen ultrabasischer Gesteine den Gesamtverband (D. G. Oshiganow 1943).

Vom mittleren und südlichen Ural bis zum Flußtal der Belaja lassen sich also die Beziehungen zwischen dem Sarmatischen Schild und der Geosynklinalzone des Urals verhältnismäßig einfach rekonstruieren. Näher zum Ural-tau, östlich vom tektonischen Komplex des Kara-tau (Schatski 1945b), war das in prämitteldevonischer Zeit auf dem Schild freigelegte Präkambrium durch eine geringmächtige Sedimentschicht von Ordovizium und Gotlandium (typische karbonatische Tafelbildungen) bedeckt, in unmittelbarer Nachbarschaft des Urals (Achsenteil des Silair-Synklinoriums, Rand des Ufa-Plateaus) werden diese Tafelformationen plötzlich — jedoch ohne tektonische Deckenüberschiebungen — von den typischen Geosynklinalablagerungen des Urals abgelöst. Somit kann in diesem Gebiet eine Strukturstufe in Richtung Osten festgestellt werden, die sich durch ein stratigraphisch vollständigeres Profil (Gotlandium, karbonatisches Unterdevon) auszeichnet. Die Beziehungen zwischen dem Sarmatischen Schild und dem kaledonischen Ural erinnern demnach an das strukturelle Verhältnis zwischen Baltischem Schild und skandinavischen Kaledoniden. In beiden Gebieten fehlt eine Randdepression, und die flachgelagerte Flanke des Schildes geht unvermittelt in eine Stufe mit Geosynklinalformationen über. Demzufolge läßt sich am kaledonischen Ural bedingt das Vorhandensein einer Randnaht rekonstruieren, die dem skandinavischen Typ nahesteht. Wenngleich auch unbekannt ist, ob diese Beziehungen zwischen Schild und Ural-Faltungszone im Streichen noch weiter bestehen, so dürften dennoch gleiche Strukturverhältnisse am nördlichen Ural angenommen werden, während im Polaren Ural und auf Nowaja Semlja — wo eine Mächtigkeitszunahme des Altpaläozoikums mit allmählichem Auftreten terrigener Einschaltungen in Richtung Osten zu beobachten ist — möglicherweise auch eine breite Vortiefe vorhanden sein könnte. Wichtig ist in diesem Zusammenhang der Hinweis, daß hier die kaledonische Tafel offenbar stärker eingesunken und weiträumig von Altpaläozoikum in Tafelfazies bedeckt wird.

Das gegenwärtig vorliegende Aufnahmematerial ermöglicht also die Abgrenzung folgender Großstrukturelemente im Bereich der Osteuropäischen Tafel am Ausgang der kaledonischen Ära: 1) Im Nordwesten der Baltische Schild, kompliziert längs der Kaledoniden durch die flache Bottnische Syneklise und die tief eingesunkene Mjösen-Schonen-Depression; 2) der Sarmatische Schild, dessen Südostabschnitt möglicherweise durch eine Senkungszone am Ostende des Donezbeckens kompliziert wird; 3) zwischen beiden eine breite und tief abgesenkte (300 bis 1500 m) Syneklise, die sich von der Baltischen Mulde bis fast (?) zum Timan erstreckte. Diese Syneklise ist in ihrem westlichen Teil deutlich erkennbar, während sie im nordöstlichen Abschnitt noch nachgewiesen werden muß. Im Westen berühren sich die Schilder mit den Kaledoniden, im Osten mit dem kaledonischen Ural, und zwar unter Bildung von Randnähten. Im Südwesten und Nordosten dürften sich zwischen Tafel und Faltungszone u. U. Randdepressionen einschalten, während die Grenzstrukturen am Südostteil der Tafel noch unbekannt sind.

### 2. *Variscische Struktur der Tafel*

Die zweite große Unterbrechung in der Sedimentation der Osteuropäischen Tafel erfolgte in der Zeit zwischen Unterer Trias und Mittlerem Jura, wenn man von einzelnen besonders intensiv abgesenkten Teilzonen (Nordwestrand des Donezbeckens, Emba-Gebiet) absieht. Die über dieser Trennfläche liegenden Schichten setzen mit einer gut ausgeprägten Diskordanz ein, unter der die Tafelstruktur, welche sich zu Beginn der altmesozoischen Schichtlücke gebildet hatte, im Einzelnen sehr leicht bestimmt werden kann. Diese Struktur muß als variscisch im weiten Sinne dieses Wortes bezeichnet werden, denn bei genauerer Untersuchung stellt sich heraus, daß sich die Gebiete östlich und westlich vom sogenannten Polessje-Wall im Strukturbau deutlich voneinander unterscheiden. Im außerrussischen Europa (Polnisches Mittelgebirge, Varisciden Mitteleuropas u. a. m.) folgen nämlich bereits Perm und stellenweise auch höheres Oberkarbon in einer dem Tafeltyp nahestehenden Fazies; somit verläuft hier der Trennschnitt, der die variscischen Faltungsstrukturen zum Hangenden begrenzt, zwischen den permischen und karbonischen Ablagerungen. Dieser Unterschied wird bei einem Strukturvergleich mit den Uralgebieten und dem Heiligen-Kreuz-Gebirge besonders deutlich. An der Ural-Westflanke werden die mittel- und oberkarbonischen Schichten durch eine mächtige Flyschserie vertreten, während die darüberliegenden Ablagerungen der Artinsk-Stufe schon typische Molassen darstellen. Außerordentlich mächtige Sedimentanhäufungen im Gebiet der Ural-Vortiefe (Randsenke) erfolgten während der Kungur-Stufe und im Süden des Urals auch im Oberen Perm sowie in der Unteren Trias. In der rhenoherzynischen Zone dagegen wurde die Randdepression durch mächtige Vortiefenablagerungen zum Ende des Karbons ausgefüllt. Im Polnischen Mittelgebirge (D. N. Sobolew 1926a) sind die Zechsteinablagerungen, die mit starker Diskordanz über das Liegende hinweggreifen, durch epikontinentale Bildungen geringer Mächtigkeit vertreten; eine analoge Zusammensetzung findet sich in den Senken (Nida-Synklinale, Randsenke von Lwow); lediglich im Bereich der nördlichen Absenkungsgebiete war die Abwärtsbewegung stärker und wurde von einer salinaren Akkumulation in Form von Steinsalz begleitet (Tempelburger Achse).

Damit muß innerhalb der variscischen Strukturen 1) eine uralische Strukturentwicklung unterschieden werden, die im Perm (nördlicher Ural) bzw. zu Beginn der Trias (südlicher Ural) beendet wurde, und 2) eine variscische i. e. S., die älter war und vor dem Zechstein erfolgte. Im Donezbecken schließen z. B. die permischen Schichten einen einheitlichen Geosynklinalkomplex ab, so daß hier die Tektogenese prätriadisch war. Demnach läßt sich ein gewisses Wandern der Faltung im Zuge der Umwandlung einer Geosynklinalzone in ein Tafelgebiet von West nach Ost beobachten. Für unsere Fragestellung besitzen diese Altersunterschiede jedoch keine wesentliche Bedeutung, vielmehr kann die variscische Tektogenese i. w. S. für den Westen und Osten des Untersuchungsraumes als ein einheitlicher Vorgang aufgefaßt werden.

Fast überall auf der Tafel, mit Ausnahme des äußersten Südostens und Südwestens, weist die meso-känozoische Sedimentdecke eine so geringe Mächtigkeit auf, daß das Liegende auf Grund der vielen Bohrergebnisse leicht bestimmt werden kann. Der große nördliche und nordöstliche Tafelabschnitt besitzt allerdings überhaupt keine meso-känozoische Sedimentdecke, wodurch die variscischen Tafelstrukturen erheblich besser als die kaledonischen bekannt sind.

Über die Varisciden der Tafel habe ich bereits drei Publikationen vorgelegt, die sich vorwiegend auf den östlichen Teil der Tafel beziehen (Schatski 1937b, 1941, 1945b); somit soll hier nur auf einige neue Daten der variscischen Entwicklung im östlichen Tafelabschnitt verwiesen werden, während der Strukturbau der westlichen Hälfte ausführlicher darzustellen ist.

An der Westflanke des Ukrainischen Blocks ist über den Gotlandkalken durch Bohrungen eine mächtige Serie von Devon und Karbon festgestellt worden (Z. Sujkowski 1939), die mit nur 0°30′ bis 1°30′ in westlicher Richtung einfällt. Die devonischen Sedimente setzen sich im Liegenden aus kupferführenden

(Dnestr, Ussujetschko, Gorodniza) rotfarbigen Gesteinen des Old Red ($D_1$ ?), marinen Kalken, Dolomiten und Mergeln des Mittel- und Oberdevons und ganz im Hangenden aus rotfarbigen Ablagerungen gleichfalls vom Old-Red-Typus zusammen. Vom Karbon sind bis heute nur die oberen Horizonte des Visés und des Namurs erschlossen, die beide im Gebiet von Sokal eine relativ große Mächtigkeit bis zu 450 m (Raum Lwow) erreichen. Während die unteren Horizonte bevorzugt durch Kalksteine vertreten werden, führen die oberen Tonschiefer, Sandsteine und Kalksteine mit dünnen Steinkohlenflözen vom Doneztyp. Das Devon liegt hier also analog dem Altpaläozoikum in typischer Tafelfazies vor, etwa ähnlich den Ablagerungen des Hauptverbreitungsgebietes und den Profilen an der Dwina. Im Profil des Karbons läßt sich von unten (Visé) nach oben (Namur) ein allmählicher Übergang von karbonatischen Serien zur Donezformation mit mächtigen terrigenen Bildungen sowie Kalksteineinschaltungen verfolgen. Das Profil von Lwow erreicht in dieser Hinsicht die größte Ähnlichkeit mit Profilen des Donezbeckens, die im vom Mesozoikum überdeckten Nordrand des kohleführenden Feldes liegen. Somit kann die Senke von Lwow vor dem Mittelweichsel-Graben als karbonische Randsenke aufgefaßt werden, die mit typischen Sedimenten der Donezformation erfüllt ist.

Das Karbon wird hier stellenweise durch bunte Tonmergelserien und Kalksteine mit Gipsen und tonigen Sandsteinen überlagert, deren Altersstellung allerdings noch nicht eindeutig ist. Obwohl die Geologen der Kohlenindustrie diese zum Jura rechnen, scheint mir wahrscheinlicher, diese Schichten besser zum Zechstein zu stellen, auch wenn J. Czarnocki (1939) in der nordwestlichen Senke des Heiligen-Kreuz-Gebirges gipsführende buntfarbige Schichten des Rhäts beschrieben hat (Radoszyce, nordwestlich von Kielce).

Das hier beschriebene paläozoische Profil zeigt nochmals, wie unterschiedlich das Devon und Karbon der Senke von Lwow im Vergleich zu den Gesteinen der Famenne-Stufe und des Kulms des Heiligen-Kreuz-Gebirges ausgebildet sind, was nur die Richtigkeit der von uns gezogenen Tafelgrenze bekräftigt.

Das Vorhandensein einer breiten karbonischen Senkungszone im Norden und Osten des Polnischen Mittelgebirges ließ sich jetzt auch im Bereich der Baltischen Senke bestätigen. J. A. Dalinkevičius (1939) hat nämlich im Grenzgebiet zwischen der Litauischen und Lettischen SSR (Flußgebiet der Wenta, südwestlich von Jelgaw sowie zwischen Jelgawa und Lepaja) in der Serie des Jungpaläozoikums eine 25 bis 30 m mächtige Folge von Dolomiten, sandigen Dolomiten und Tonen festgestellt, die *Spirifer cf. tornacensis* Kon., *Sp. julii* Denée und *Pr. ex gr. mesolobus* Phill. führen. Diese zum Tournai gehörenden Schichten befinden sich im Achsenteil der Baltischen Mulde und werden — vollkommen konkordant zum darunter folgenden Famenne liegend — transgressiv vom Zechstein überdeckt. Alle diese Schichten zeigen eine deutlich ausgeprägte zentriklinale Lagerung infolge des Achsenanstieges der Baltischen Depression nach Nordosten. Die Senke von Lwow und die Baltische Mulde stellen regionalgeologisch den südwestlichen bzw. nordöstlichen Ast des kompliziert aufgebauten Ostdeutsch-Polnischen Beckens dar und besaßen im Devon, Karbon, Perm und der Trias (?) generell den gleichen Aufbau und Umriß wie bereits im Altpaläozoikum. Der Unterschied besteht nur darin, daß alle diese Schichten offenbar mit umlaufenden Streichen in der Mulde von Lwow (Gebiet des oberen Dnestr bei Galitsch, Saleschtschiki) enden, denn weiter südwestlich in Podolien, d. h. an der engsten Stelle zwischen Ukrainischem Block und der herausgehobenen paläozoischen Faltungszone der Karpaten erscheinen nur altpaläozoische Ablagerungen, die sich aber weit in Richtung Osten erstrecken. Diese Vermutung bedarf freilich noch weiterer Bestätigungen.

Einen anderen Aufbau zeigt der nordöstliche Teil der Baltischen Mulde, da jungmesozoische Gesteine nur im Südteil der Syneklise die Kernschichten bilden. In diesem Zusammenhang sei daran erinnert, daß auch die altpaläozoischen Sedimente im Südteil der Baltischen Mulde ihre maximalen Mächtigkeiten erreichen. In der Lettischen SSR ändert die Baltische Mulde der variscischen Ära ihr nordöstliches Streichen in ein ostnordöstliches bis fast östliches. Ihr Kern läßt sich von der unteren Dwina bis zur Welikaja nachweisen, wo eine Vereinigung mit der Moskauer Syneklise erfolgt. Diese E-W streichende Einmuldung (Lettische Syneklise) zeichnet sich im geologischen Kartenbild sehr deutlich ab, denn im Norden (entlang dem Ausstrich des Altpaläozoikums) und im Süden längs der Dwina (Polozk–Daugavpils) und weiter im Flußgebiet der Wilija sowie am Njemen (Grodno, Druskeniki) kommen unter dem Quartär die Rotsandsteine (Old Red) des Mitteldevons als Flanken der Mulde hervor; die Muldenfüllung besteht aus Oberdevon. Die für das Altpaläozoikum nachgewiesene Quersenke der Syneklise ist während des Devons noch markanter ausgeprägt. Der am stärksten gehobene Teil dieser Mulde liegt etwa im Flußgebiet des Peddes, eines rechten Nebenflusses der unteren Dwina, wo sogar die oberen Horizonte des mitteldevonischen Old Red freigelegt sind. Östlich der Welikaja erfolgt wiederum an der Flanke der Moskauer Syneklise ein schnelles Einsinken des Devons in Richtung Osten. Der Aufbau der Lettischen Mulde wiederholt posthum also vollständig die Strukturen der kaledonischen Ära, wobei Verlauf und wichtigste Besonderheiten beider Strukturen völlig übereinstimmen, lediglich die variscische Lettische Syneklise ist im Vergleich zur kaledonischen Baltischen Mulde etwas nach Süden versetzt.

Der Fortbau der Lettischen Mulde im Bereich der oberen Krasnozwetnaja-Serie des Devons und des karbonischen Glints erfordert eine besondere Beschreibung, da hier der Schlüssel für die Analyse der von variscischen Strukturen überdeckten kaledonischen Depression liegt.

Vorher müssen jedoch einige allgemeine Untersuchungsergebnisse über die kaledonische Struktur erwähnt werden: Ich habe (Schatski 1937b) aufgrund der Strukturanalyse des Gebietes von Gorki festgestellt, daß die Moskauer Syneklise wegen ihrer selbständigen Synklinalstruktur nicht als Randbezirk der Ostrussischen Senke angesehen werden kann; es läßt sich nämlich nachweisen, daß 1) der Oka–Zna-Wall nicht die östliche Grenze der Moskauer Syneklise bildet, und daß 2) ihre Südflanke bis zur Wolga und sogar noch östlich davon wiedererkannt werden kann. Im Zusammenhang mit weiteren Untersuchungen habe ich auch die Woronesh-Anteklise, die als positive Struktur die Moskauer Syneklise im Süden bis zur Wolga begrenzt, verfolgt und dabei auf die Existenz des Wolga–Ural-Gewölbes zwischen der Woronesh-Anteklise und dem Ufa-Plateau hingewiesen (Schatski 1945b).

ARCHANGELSKI (1940, 1941) und v. BUBNOFF (1940) haben meine Schlußfolgerungen in dieser Frage kritisiert, wobei besonders ARCHANGELSKI diesem Problem große Aufmerksamkeit widmete; er bestätigte (1940), daß „wenn alles in der betrachteten Publikation von N. S. SCHATSKI (die Arbeit vom Jahre 1937, N. Sch.) Dargestellte der Wirklichkeit entsprechen würde, müßte die Moskauer Syneklise als das wichtigste und als ein vollkommen selbständiges Strukturelement der Russischen Tafel angesehen werden". Seine Einwände begründete ARCHANGELSKI damit, daß der Alatyr-„Wall" und das Paläozoikum von Kasan „noch nichts Gemeinsames mit der Südflanke der Moskauer Syneklise haben". Gegenwärtig kann die Selbständigkeit dieser Struktur aber wohl kaum noch von irgendjemand abgelehnt werden, da ihre südliche Begrenzung genau untersucht wurde (SCHATSKI 1945b.)

Es soll im Folgenden eine kurze Charakteristik des Moskauer Beckens gegeben werden.

Die Moskauer Syneklise hat im Grundriß die Form eines unregelmäßigen Dreiecks mit abgerundeten Ecken. Die Spitze des Dreiecks liegt am Fuß der Halbinsel Kanin, der Nordwestflügel (gefolgert nach dem Jungpaläozoikum) läßt sich von der Mündung der Nördlichen Dwina über den Oberlauf der Onega mit nördöstlichem Streichen bis zur oberen Wolga verfolgen. Hier dreht bei Selisharowo der Verlauf der Flanke unvermittelt nach Nordnordosten ein und wendet sich schließlich bei Brjansk scharf nach Osten. Die Südbegrenzung des Moskauer Beckens ist im westlichen Teil an der Nordflanke der Woronesh-Anteklise (Zentrale Achse nach R. MURCHISON) gut erkennbar; weiter nach Osten übernimmt vom Fluß Chopjor ab das Wolga–Ural-Gewölbe die Begrenzung der Moskauer Syneklise gegen die Kaspisenke. Der Nordostrand der Moskauer Syneklise, deren Kern reliefartig als ein verhältnismäßig schmaler Streifen von Trias und Jura hervortritt, wird durch die Höhenzüge des Timans und des mittleren Urals begrenzt. Dieser Muldenkern streicht von Jaroslawl nach ENE über Rybinsk und die obere Unsha und dann weiter in Nord–Süd-Richtung zur Wischera und schließlich zum Timan, wo er parallel zum Südwestrand verläuft und dann das Scharnier der Mulde im Raum der Tscheschskaja-Bucht erreicht.

Einige Besonderheiten des triadisch-jurassischen Muldenkerns müssen in diesem Zusammenhang erläutert werden: ARCHANGELSKI (1940) und A. N. MASAROWITSCH widersprachen meiner Interpretation dieses Trias-Jura-Ausstriches als Muldenkern und wiesen dabei darauf hin, daß das Mesozoikum nur infolge seiner hohen Lagerung in Gebieten der Wasserscheide vor der Erosion bewahrt werden konnte. Diese Behauptung entspricht jedoch keineswegs den Tatsachen, denn die triadischen Ablagerungen blieben hier vielmehr nur deshalb erhalten, weil sie in einer Muldenzone lagen. Höhenmäßig befinden sie sich hier unter dem Niveau der Talanschnitte, während sie in Rybinsk mit ihren Basalteilen bis auf +36 m NN hinabreichen[1], d. h. etwa 150 bis 200 m tiefer als die Höhen, auf welchen an den Flanken der Syneklise das Jungpaläozoikum ausstreicht. Auch die Form dieses Trias-Jura-Streifens weist schon auf eine tektonische Anlage als Synklinalkern hin. Zu gleichen Schlußfolgerungen kam übrigens im Jahre 1944 auch A. E. KONSTANTINOWITSCH[2] bei der Untersuchung des Paläozoikums in diesem Gebiet. Insgesamt zeigt der mesozoische Streifen die Form einer Sichel, deren konvexe Seite durchaus parallel zu den entsprechenden Grenzen der Moskauer Syneklise verläuft; auf der konkaven Seite fehlt jedoch eine diesbezügliche Übereinstimmung, da in der Mitte (untere Suchona, Suga und Wischera sowie

[1] Nach persönlicher Mitteilung von W. ASSONOW.

[2] Arbeiten des Instituts für Geologie der Akademie der Wissenschaften der UdSSR.

der dazugehörige Teil des Flußgebietes der Nördlichen Dwina) die triadischen Ablagerungen stark zurückspringen. Die Ursache für diese Erscheinung liegt darin, daß hier im Zuge einer Hebungszone (Suchona-Wall) permische Schichten emporbewegt wurden, und somit die Trias zur Denudation gelangte. Wird dieser ausgesparte Teil der Synklinale im Kartenbild gedanklich rekonstruiert, so kommt auch der jetzt konkave Rand mit den Umrissen der Nordostflanke der Syneklise angenähert zur Deckung. Eine Besonderheit der triadischen Muldenfüllung bleibt jedoch, daß der westliche Muldenkern gegenüber der Nordwestflanke der Syneklise stark versetzt ist und daß das schmale Ausspitzen der Mulde nach Westen durchaus nicht der breiten Kastenform der Karbon-Umrisse entspricht, wie sie im Westabschnitt der Moskauer Syneklise auftritt.

Eine derartige Form des Kernstreifens und dessen asymmetrische Lage sind jedoch durchaus gesetzmäßig, denn die Konturen des zentriklinalen Endes der triadischen Depression werden z. B. weiter westlich in vollem Maße durch das umlaufende Streichen der oberpermischen Depression wiederholt; auch diese Achsenlinien finden sich wiederum im Bereich des Karbons (Gebiet von Selisharowo) und Oberdevons als deutliche synklinale Einbuchtung wieder. Auf diese Weise wird die mesozoische Depression aufs engste mit der Achse der Lettischen Mulde verbunden, so daß Baltische Mulde, Lettische Mulde und Moskauer Syneklise zu einer einheitlichen Struktur verschmelzen.

Die oben dargelegte Strukturanalyse führt zu der außerordentlich wichtigen Schlußfolgerung: Die Lettische Mulde folgt in Richtung und Gesamtlage posthum dem Ostteil der kaledonischen Baltischen Mulde. Die genetisch untrennbare Verbindung von Lettischer Syneklise und triadischem Kern der Moskauer Syneklise weist darauf hin, daß die kaledonische Depression am tieferen Aufbau der Moskauer Syneklise beteiligt sein muß. Derartige Beziehungen lassen sich — wie eingangs gezeigt — auch auf anderem Wege anhand von Mächtigkeitsänderungen und Fazieswechseln im Kambrium sowie Ordovizium (Estnische SSR, Gebiet von Leningrad) beweisen. Diese Schlußfolgerung diente zugleich als Grundlage für die Darstellung des überdeckten Teiles der Baltischen Syneklise im Rahmen des kaledonischen Strukturschemas (Abb. 5).

Die asymmetrische Lage des Achsenteils am Westende der Moskauer Syneklise führt auch zu einer weiteren Schlußfolgerung bezüglich der Uneinheitlichkeit im Aufbau der Syneklise: Längs des karbonischen Glints läßt sich von Norden nach Süden ein Wechsel in den Liegendschichten unter dem Karbon beobachten. So liegen bei Borowitschi und Tichwin die kohleführenden Schichten unmittelbar auf Tonen und Sandsteinen des Oberdevons, während im Gebiet von Selisharowo (Zone der Trias-Jura-Synklinale) fossilführende Tone und Kalksteine des Tournais erscheinen; weiter nach Süden und in Annäherung an Smolensk hören auch die Ablagerungen des Tournais auf, erlangen jedoch eine große Verbreitung in dem südwestlich anschließenden Gebiet sowie im Raum von Koselsk und Lichwin. Während bei Selisharowo das Vorkommen von Tournai gut mit dem Auftreten äquivalenter Gesteine am Westrand der Lettischen Mulde vergleichbar ist, dürfte ihr südliches Verbreitungsgebiet möglicherweise mit der Mulde von Roslawl in Zusammenhang stehen (Romanowski 1846). Das Fehlen derartiger Erscheinungen im Gebiet von Smolensk und weiter östlich (z. B. Bohrungen bei Moskau) scheint auf das Vorhandensein einer flachen Schwellenzone in dieser Richtung hinzuweisen, die mit dem Belorussischen Massiv im Zusammenhang steht. Dieses Massiv und die Smolensk–Moskau-Schwelle bilden die Südgrenze der kaledonischen Baltischen Mulde. Östlich von Moskau läßt sich die Smolensk–Moskau-Schwelle nicht weiter verfolgen, so daß die Moskauer Syneklise jenseits des Oka-Zna-Walles eine symmetrische Form bekommt.

Die südliche Begrenzung der Moskauer Syneklise wird vom Woronesh-Block und dem Wolga-Ural-Sattel gebildet, die als gut untersuchte Strukturen hier nicht näher beschrieben werden sollen.

Zum Aufbau des variscischen Donezbeckens sind jedoch einige Bemerkungen anzuführen, zumal die Entstehung und Stellung des Donezbeckens unter den anderen Tafelstrukturen durchaus unterschiedlich gedeutet werden (Archangelski 1923, Tetjajew 1926, Schatski 1937a). Einige neue Grunderkenntnisse zum tektonischen Charakter dieses komplizierten Senkungsgebietes können bei der vergleichenden tektonischen Analyse leicht im Zusammenhang mit der Gesamttektonik der Tafel dargestellt werden.

Das Donezbecken entwickelte sich mit Sicherheit schon im Mittel- und Oberdevon, wie sich mittels der Verbreitung salinarer devonischer Sedimente ableiten läßt. Bereits vor Jahren habe ich nachgewiesen (Schatski 1931), daß die schon seit längerem bekannten Salinarbildungen von Issatschkowski Cholm und die Gipse von Romny den Hutgips („cap rock") von Salzstöcken darstellen und daß die Salzfolgen in Analogie zum Donezbecken stratigraphisch ins Perm zu stellen sind. Die 1935 und 1936 von mir vorgenommene Deutung der Struktur innerhalb dieses Gebietes wurde später durch Bohrungen bestätigt; seitdem ist die Nordukrainische Mulde ein Objekt intensiver Erkundungen ukrainischer Geologen geworden. Von diesen Untersuchungen sind die Arbeiten von A. M. Kuziba & P. A. Schulga (1938) sowie von L. Pitkowska (1940) und D. P. Nasarenko (1940) durch den Nachweis besonders beachtenswert, daß 1) das Alter des nordukrainischen Salzes nicht permisch, sondern devonisch ist, und daß 2) die devonischen Salinarfolgen sowie die damit zusammenhängenden Strukturen in Richtung Südosten bis zum Westrand des Donezbeckens verfolgt werden können (Kuppel von Petrowsk, Diabase von Slawjansk). Die weite Verbreitung des devonischen Steinsalzes und der fazielle Vergleich mit dem Devon des Woronesh-Blocks bzw. dem am Südrand des Donezbeckens zeigen, daß während des Devons im Bereich der Nordukrainischen Mulde sowie des Donezbeckens ein deutlich abgegrenztes Becken bestanden haben muß, das als Senkungszone in Richtung der Karpinskischen Leitlinien verlief. Diese Depression quert im Flußgebiet des Pripjat das Ukrainische Kristallinmassiv, wofür die dort entwickelten salzführenden Devonablagerungen sowie die mächtigen Tonfolgen des Karbons in der Bohrung Dawydowka (zwischen Shlobin und Kalinkowitschi) sprechen; auch die Entwicklung einer karbonisch-devonischen Übergangsfolge weist darauf hin. Eventuell können zu dieser Zone auch die Karbonsedimente in der Bohrung Dawid-gorodok (am Fluß Goryn) im Westteil der Depression gerechnet werden (Z. Sujkowski 1939).

Diese devonische Salinardepression dürfte sich m. E. nicht nur nach Westen, wo sie sich mit der Lwow-Senke vereinigt, sondern auch weit nach Osten erstrecken, zumal sich einige indirekte Hinweise auf ihren Fortbau im Transwolgagebiet finden lassen. Im Jahre 1926 hat nämlich A. N. SEMICHATOW (1929) am Baskuntschak-See und Elton-See in Grobkiesen der Chwalynischen Stufe (Quartär) große Kalksteingerölle (bis zu 0,5 m Durchmesser) gefunden, die eine typische Fauna der Semiluki-Schichten (Oberdevon von Woronesh) enthielten. Diese Blöcke liegen inmitten gut abgerollter, meist feinkiesiger Schotter der Chwalyn-Kiese, die sich aus Jaspis und anderen uralischen Gesteinen zusammensetzen. Die Größe der Kalkblöcke weist auf kurzen Transport, d. h. lokale Herkunft, hin, jedoch spricht die Zusammensetzung der Fauna — ebenso wie das Vorkommen einiger anderer paläozoischer Gerölle — gegen eine Herkunft aus dem Ural. Deshalb bin ich der Ansicht, daß diese Schollen oberdevonischen Kalkes am Baskuntschak-See durch Abtragung dieser Gesteine in unmittelbarer Nachbarschaft entstanden sein müssen; hieraus ergibt sich wiederum als 2. Annahme, daß einige Gesteine und möglicherweise auch die Salze von Baskuntschak, Elton, Tschaptschatschi und anderer Kuppeln an der Wolga devonisches Alter haben.

Die devonische Syneklise, die zwischen Woronesh-Block und Ukrainischem Massiv hindurchzieht, läßt sich also auf eine Entfernung von fast 1600 bis 1700 km verfolgen, von denen nur die östlichen 400 bis 500 km ungenügend erkundet sind. Den Nordrand dieser Syneklise begleitet eine Kette von tektonischen Hochgebieten, nämlich im Westen das Belorussische Massiv sowie die Woronesh-Anteklise, die an der Medwediza rasch nach Osten abtaucht; vielleicht könnte hierzu auch eine in der tief abgesunkenen Kaspisenke vermutete Erhebung (u. a. Chobda-Massiv) gerechnet werden (J. A. KOSSYGIN 1940, 1941).

Die Entwicklung des Donezbeckens während des Karbons wurde mehrfach in der sowjetischen Literatur diskutiert und ist in den Grundzügen auch hinreichend bekannt. Nachstehend daher nur einige Bemerkungen zur Genese der gesamten Senkungszone. Wenn die weiter oben angestellten Überlegungen bezüglich der südöstlichen Tafelbegrenzung richtig sind, so wird — analog der Wichita-Depression — ein Zusammenhang zwischen Depression und der winkelförmig in die Tafel eindringenden paläozoischen Faltungszone bestehen. In diesem Falle muß aber der Fortbau des Nordstreifens des produktiven Karbons (Donezbecken) in Richtung Osten im Emba-Gebiet gesucht werden; dieses bedeutet jedoch, daß das Emba-Gebiet eine Randsenke vom Typ des Arkansas-Kohlenbeckens darstellt, selbst wenn es im Vergleich zu diesem sehr stark abgesunken und von einer mächtigen Serie salzführenden Perms bedeckt ist. Das Chobda-Massiv kann in Analogie zu den Strukturen in Texas als ein homologes Gegenstück des Llano-Massivs angesehen werden, enstprechend das meridional verlaufende Hebungsgebiet, welches die Ural-Vortiefe im Bereich Tschkalow-Salmysch begrenzt, als homolog zur Bend-Aufwölbung in Osttexas. Trotz aller dieser Ähnlichkeiten unterscheidet sich jedoch das Donezbecken sehr erheblich vom Wichita-System dadurch, daß es über weite Entfernungen parallel zur variscischen Faltungszone verläuft und nur durch einen schmalen Streifen im südöstlichen Teil des Ukrainischen Blocks von diesem abgetrennt ist; deshalb hat sich der Einfluß der Geantiklinalen im Bereich der südlichen Geosynklinalzone des Paläozoikums (Krim, Kaukasus) sehr stark auf Fazies und Mächtigkeiten des Karbons im Donezbecken ausgewirkt. Damit kann auch das konstante Durchhalten der Karbonfazies längs des Donezbeckens trotz der raschen Mächtigkeitsreduktion von Ostsüdost nach Nordnordwest erklärt werden.

Welche tektonischen Hauptelemente lassen sich nun in der variscischen Tafelstruktur unterscheiden?

1. Von den großen positiven Strukturen treten zunächst am deutlichsten der Baltische Schild mit den angegliederten Skandinavischen Kaledoniden hervor, die während der variscischen Ära sicher noch intensiven Deformationen unterlagen. Diese Verformungen machen sich nicht nur in einer starken Absenkung der einzelnen Muldenzonen (Trondheim-Fjord, Röraas (Röros), Bergen u. a.) — in denen die Mächtigkeit des Devons ($D_1$ — $D_3$) einige tausend Meter erreicht — bemerkbar, sondern auch durch Brüche und kräftige Verfaltungen; parallel dazu erfolgten Granitintrusionen und die Bildung von Quarzkeratophyrgängen im Gebiet von Bergen (Bailey & Holtedahl 1938). Die variscischen Deformationen erfaßten nicht nur die Kaledoniden Norwegens, sondern auch einige Teile des präkambrischen Schildes. Die mächtigen Eruptivfolgen des Oslo-Grabens bildeten sich im Perm, verbunden mit den Hauptabsenkungsvorgängen in diesem Gebiet. Möglicherweise setzt sich ein Teil dieser Bruchstrukturen auch nach Südschweden und der Halbinsel Schonen fort, wenngleich auch viele der dortigen Störungen zweifellos ein jüngeres Alter besitzen dürften.

2. In Richtung Süden folgt als nächstgröße positive variscische Struktur der Tafel das Belorussische Massiv, das — im einzelnen zwar noch nicht hinreichend genau begrenzt — nach der Hochlage des Mitteldevons in Belorußland und den benachbarten Gebieten (Litauische und Lettische SSR) bestimmt wird. Die Mächtigkeit des unmittelbar auf der präkambrischen Unterlage aufliegenden Devons wird hier mit 35 m (Druskeniki), 82 m (Lida), 150 bis 200 m (Nowogrudok), im allgemeinen mit maximal 200 bis 250 m angegeben. Nach allen Seiten sinkt das kristalline Fundament von diesem Massiv rasch ab, so z. B. im Norden (Lettische Mulde) und Osten (Westrand der Moskauer Syneklise) auf eine Teufe von 900 bis 1000 m. Entsprechend liegt auch die Unterlage des Paläozoikums im Süden des Massivs (Pripjat-Depression) in mehr als 1000 m Teufe und senkt sich in Richtung auf die Baltische Mulde noch weiter ab, so daß schließlich die Mächtigkeiten des Paläozoikums die oben angeführten Werte noch erheblich überschreiten.

3. Das Belorussische Massiv steht über eine schmale Brücke mit der Woronesh-Anteklise in Verbindung, die sich nach Osten zu verbreitert und schließlich durch eine tiefe Absenkungszone im Bereich der Wolgagebiete begrenzt wird. Diese Anteklise zeigt einen asymmetrischen Bau mit einer steilen Südflanke zur Donezsenke und einer flachen Nordflanke zur Moskauer Syneklise; ihre Kernzone (Präkambrium im Ausstrich bzw. unter einer Bedeckung von Mesozoikum) streicht im SE-Teil der Anteklise aus. Nach Nordosten sinkt die Woronesh-Anteklise ab und bildet gemeinsam mit dem Ufa-Plateau das

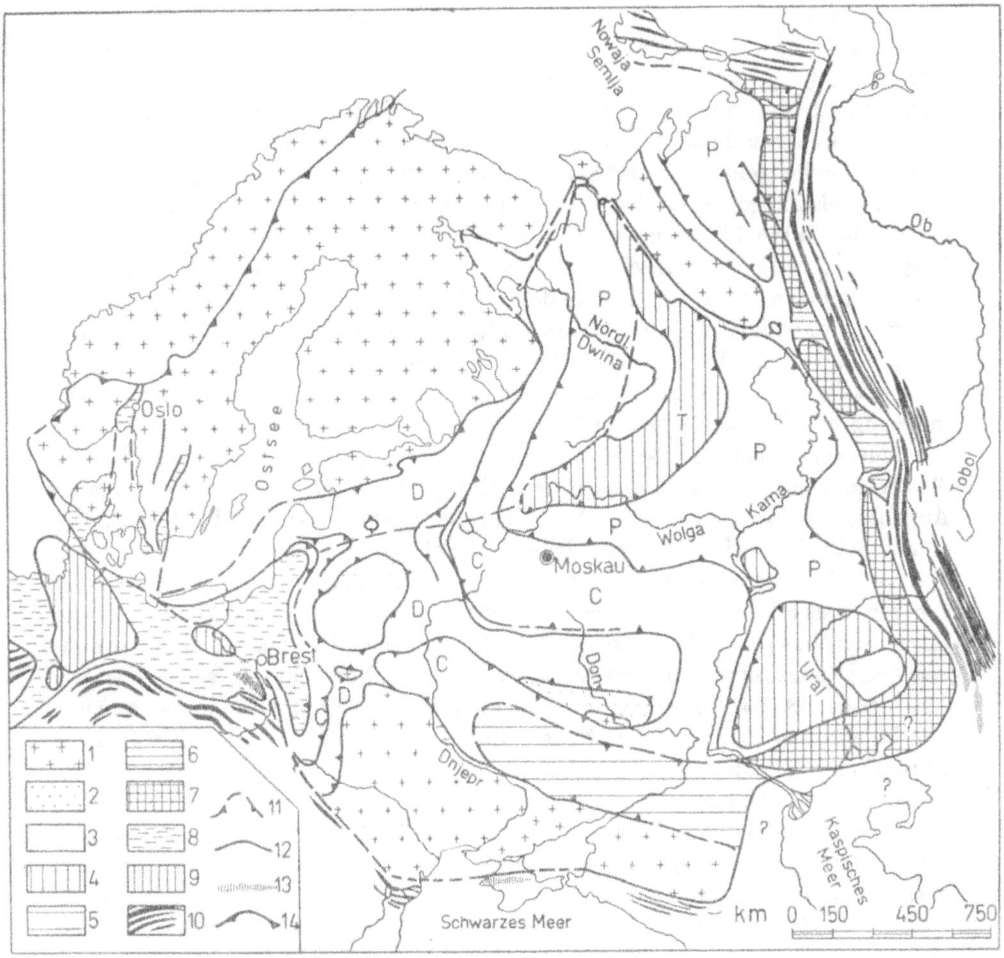


Abb. 6. Variscische Struktur der Osteuropäischen Tafel (nach SCHATSKI 1943)

1 — gehobene Massive mit Ausstrich von Präkambrium (Baltischer Schild, Ukrainischer Block, Timan-Erhebung, Kern des Woronesh-Blocks); 2 — gehobene Massive (überdeckt von Mitteldevon, Belorussisches Massiv, Woronesh-Anteklise); 3 — Verbreitungsgebiet von Devon (D), Karbon (C) und Perm (P); 4 — Vorkommen von Trias (T) im Bereich tiefer Syneklisen (Moskauer Syneklise, Kaspisenke, Melekessker Mulde); 5 — Senkungszone des Großen Donezbeckens; 6 — gehobene Gebiete der Ural-Randdepression (Vorsenke); 7 — tief eingesunkene Tröge der Ural-Vortiefe; 8 — Perm der Baltischen Mulde und der benachbarten Tröge der Norddeutschen Senkungszone; 9 — Gebiete vollständigster Salinarfolge im Bereich des Ostdeutsch-Polnischen Beckens; 10 — Variseiden und Uraliden (Faltungsgebiete); 11 — Begrenzung der Syneklisen sowie Anteklisen der Tafel; 12 — Bruchzonen; 13 — Gebiete mit posthumer alpidischer Deformation der Uraliden und Variseiden; 14 — Rand der Kaledoniden.

4. Wolga–Ural-Gewölbe, das von mir (Schatski 1945b) näher beschrieben wurde.

5. Ostsüdöstlich von der Woronesh-Anteklise schließt sich das Chobda-Massiv an, das als Chobda-Wall von Kossygin (1940, 1941) nach folgenden indirekten Merkmalen festgelegt wurde: 1) Fehlen oder nur sehr schwache Ausbildung von Salztektonik längs eines E–W verlaufenden Streifens (= Wallzone), welcher seitlich von intensiver Diapirtektonik begrenzt wird; 2) Ausbildung einer Zone ausgeprägter Schweremaxima im Bereich eines regionalen Minimums, das für das gesamte Salzdomgebiet an der Emba bezeichnend ist, 3a) unterschiedliche petrographische Entwicklung des südlich der Chobda-Erhebung liegenden Perms im Vergleich zu den oberpermischen Ablagerungen des Gebietes von Tschkalow sowie 3b) starke Faziesänderung der Kreide des Emba-Gebietes in Annäherung an den westlichen Chobda-Wall (sandige Einschaltungen, Auskeilen einzelner Horizonte).

Alle diese Tatsachen sprechen für das Vorhandensein eines Walles sowohl während der Kreide als auch des Perms. Kossygin vergleicht in diesem Zusammenhang das Chobda-Massiv mit dem Zentralplateau in Westtexas. Wenn die von uns vorgenommene Begrenzung der Tafel richtig ist, so hat das Chobda-Massiv in seiner geotektonischen Situation große Ähnlichkeit mit der Llano-Aufwölbung; dieses streicht jedoch zu Tage aus, während das Chobda-Massiv unter einer mächtigen Serie von Mesozoikum und Paläozoikum liegt.

6. Der Ukrainische Block, der die Tafel im Süden begrenzt, hat sich während der variscischen Ära möglicherweise weit nach Südosten erstreckt, so daß die Platte von Stawropol (Archangelski 1923) wahrscheinlich nur einen in der alpiden Ära abgetrennten östlichen Ausläufer darstellt. Nach Norden ist der Ukrainische Block (Schild) durch eine in der westlichen Pripjat-Senke verlaufende Brücke mit dem Belorussischen Massiv verbunden, wobei die steilen Flanken des Ukrainischen Massivs gegen die Pripjat- und Lwow-Senke von großen Bruchzonen begleitet werden (Sujkowski 1939).

Die letzte positive Struktur der variscischen Tafel wird von den variscischen Strukturen des Timans gebildet, die allerdings infolge der Kompliziertheit der dortigen Gebiete nur ungenügend untersucht sind. Nach Mitteilung von P. E. Offman handelt es sich um eine Reihe großer Horstschollen, die zueinander und auch gegenüber den benachbarten tektonischen Senkungszonen der Moskauer- und Petschora-Syneklise unterschiedlich stark herausgehoben wurden.

Alle positiven tektonischen Strukturen der Osteuropäischen Tafel, die in der variscischen Ära entstanden, lassen sich in zwei Gruppen unterteilen, wobei die großen Massive (Baltischer Schild und Ukrainischer Block) zur ersten Gruppe gehören, während zur zweiten Gruppe Anteklisen vom Typ des Woronesh-Massivs zu rechnen sind. Die erste Gruppe vereinigt dabei komplizierte Strukturen, die — wie z. B. beim Baltischen Schild — aus einer Reihe von Syneklisen (Syneklise des Bottnischen Meerbusens) und Anteklisen (Zentraler Skandinavisch-Finnischer Wall nach Asklund) bestehen.

Die übrigen von uns beschriebenen Strukturen weisen einfachere tektonische Formen auf, für die ich die Bezeichnung Anteklisen vorgeschlagen habe (Schatski 1945b).

Als synklinale Hauptstruktur der Osteuropäischen Tafel ist die Moskauer Syneklise anzusehen, die im westlichen Teil mit zwei Spezialsynklinalen (Selisharowo- und Roslawl-Vorsprung) in die Lettische Mulde im Norden bzw. die Pripjat-Senke im Süden übergeht und dadurch eine Verbindung mit der tiefen jungpaläozoischen Senkungszone des Ostdeutsch-Polnischen Beckens erhält. Die Pripjat-Senke setzt sich zwar mit ihrem Hauptteil in der Depression des Großen Donbass fort, doch wird sie auch durch die Quermulde von Roslawl (auf dem Belorußland-Woronesh-Hebungsgebiet) mit der Moskauer Syneklise verbunden. Aus diesen Gründen geht das Belorussische Massiv gewissermaßen als eine antiklinalähnliche Komplikation in die synklinale Hauptzone der Tafel ein: Moskauer Syneklise — Lettische Mulde und Pripjat-Senke — Baltische Syneklise und Lwow-Senke, die sich schließlich mit dem Ostdeutsch-Polnischen Becken vereinigen. Der sogenannte Polessje-Wall, der sich aus dem Belorussischen Massiv und den am stärksten herausgehobenen Teilen der benachbarten Syneklisen zusammensetzt, stellt also eine N–S streichende Querverbiegung dar, die fast die gesamte äquatorial verlaufende Synklinalzone zwischen Baltischer und Moskauer Syneklise überspannt. Diese Aufwölbung kann man durchaus mit der Pompeckjschen Schwelle vergleichen, die in ganz analoger Weise den paläozoischen Sedimentationsraum Norddeutschlands und Polens aufteilt.

Abgesehen von der Senkungszone des großen Donezbeckens lassen sich als weitere Synklinalstrukturen der Tafel noch die Petschora-Syneklise im Norden (Ural) sowie die Kaspisenke im Süden anführen, welche einen der am stärksten abgesunkenen Tafelteile mit einem sehr vollständigen stratigraphischen Profil darstellt.

In der variscischen Zeit änderten sich also die Beziehungen zwischen Osteuropäischer Tafel und Ural-Faltenzone gegenüber denen der kaledonischen Ära: Während am Ausgang des Altpaläozoikums der Ostrand der Tafel aus dem gehobenen Sarmatischen Schild bestand, an den sich seitlich die tiefe Geosynklinalzone des Urals anschloß, kehrten sich die Verhältnisse am Ende der variscischen Zeit um, indem die stark abgesunkene Russische Tafel mit einer mächtigen Sedimentdecke (über 1500 bis 2000 m) von nun an terrigenes Akkumulationsgebiet für die Randerhebungen des Urals wird. Der schmalen Randnaht, die während der kaledonischen Ära die Grenze zwischen Tafel und Faltungszone gebildet hatte, entsprachen nun am Ende der variscischen Ära gut ausgeprägte Strukturen der Randdepression (Vortiefe) mit typischen strukturellen sowie lithologischen Merkmalen („Übergangsgebiet“ zwischen Geosynklinalzone und Tafel).

Im Vorural erstreckt sich die Randdepression (Vortiefe) als durchgehende Zone vom Pai-Choi bis zu den Mugodshar-Gebirge, wobei sie jedoch kein einheitliches und homogenes Geosynklinalgebiet oder Synklinorium darstellt, sondern vielmehr in eine Kette von Trögen zerfällt, die voneinander durch Queraufwölbungen getrennt sind. So ist z. B. im Norden zwischen den Höhenzügen der Insel Dolgi, dem Kap Sinkin Nos und dem Pai-Choi-Gebirge eine tiefe jungpaläozoische Randdepression nachweisbar, die im Norden des Polaren Urals vom Workuta-Becken mit seinen mächtigen kohleführenden Sedimenten ersetzt wird. Der südliche Teil des Tschernyschew-Gebirges trennt dieses Becken von dem ganz entsprechend gebauten, jedoch N–S streichenden Petschora-Becken. An der Verbindungsstelle von Timan zu Ural (Poljudow Kamen) folgt eine Zone, die die nördlichen kohleführenden Randbecken von den südlichen Salinartrögen scheidet. Die nördlichste dieser Salzsenken, das Becken von Solikamsk, liegt zwischen Wischera und Sylwa; weiter südlich schließen sich als gehobener Teil der Randdepression (Vorsenke) das Ufa-Plateau und der tektonische Komplex des Kara-tau an (vgl. SCHATSKI 1945b). Vom sog. Ascha-Bruch beginnt ein neues großes salzführendes Absenkungsgebiet, das Baschkirische Becken, das sich mit den mächtigen Oberperm führenden Senken im Gebiet von Tschkalow vereinigt. Der Aufbau der einzelnen Tröge innerhalb der Randdepression ist allerdings recht kompliziert, zumal sie teilweise von Querstrukturen durchzogen werden (SCHATSKI 1945b). Von Aktjubinsk ab und längs der sich hier anschließenden paläozoischen Zone läßt sich die Randdrepession dann nur noch bedingt verfolgen.

Es ist sehr wahrscheinlich, daß auch vor den variscischen Faltungsgebieten des Polnischen Mittelgebirges eine große Randdepression besteht (produktives Karbon in Bohrungen am oberen Bug). Entsprechend den Verhältnissen am Ural kann als Ausdruck der Beziehungen zwischen Tafel und Faltungszone hier ebenfalls das Vorkommen einer tiefen kohleführenden Randmulde vor der Mittelweichsel-Aufwölbung vermutet werden.

### *3. Alpidische Struktur der Tafel*

Die Struktur der Tafel in der alpidischen Ära, d. h. zum Ausgang des Mesozoikums und während des Tertiärs, unterschied sich erheblich von dem variscischen Bauplan, wie sich schon aus der geologischen Karte entnehmen läßt.

Das beigefügte Schema (Abb. 7) wurde hier nur deshalb angefügt, um die wichtigsten tektonischen Formen herauszustellen, die sich zum Ende des Mesozoikums (Oberkreide) und im Tertiär entwickelten.

Zunächst muß betont werden, daß die Hauptbewegungen in der alpidischen Ära nur im Südteil der Tafel und ihren südöstlichen sowie südwestlichen Ausläufern erfolgten. Der flächenmäßig größere Nordteil der Tafel blieb hingegen während dieser gesamten Zeit verhältnismäßig ruhig, was sich besonders gut an der geringen Mächtigkeit der meso-känozoischen Sedimente sowie deren außerordentlich großen Lückenhaftigkeit erkennen läßt (Oberjura; relativ vollständige, aber sehr geringmächtige Unterkreide; äußerst lückenhafte Oberkreide; Santon-Stufe; vollständiges Fehlen tertiärer Ablagerungen). Im Gegensatz zum Norden weisen die südlichen Gebiete demgegenüber eine bemerkenswerte Vollständigkeit des Profils und erheblich größere Mächtigkeiten der meso-känozoischen Ablagerungen auf. Erwähnt werden müssen in diesem Zusammenhang die Verbreitung von Trias im südöstlichen und südwestlichen Teil der Tafel (marine Fazies), die Entwicklung von Lias im gleichen Gebiet sowie im Donezbecken, das flächige Vorkommen von Dogger und schließlich die vollständige Entwicklung sowie die große Mächtigkeiten der Oberkreide, des Paläogens usw. Nur im südlichen Teil der Tafel haben sich während der alpidischen Ära Großstrukturen gebildet, die sich im heutigen geologischen Kartenbild am stärksten ausprägen. Im Norden lassen sich im Vergleich dazu die alpidischen Strukturen der präkambrischen Tafel nur mit großen Schwierigkeiten erkennen. Anders verlief aber die alpidische Entwicklung des variscischen Transurals in den nördlich der Osteuropäischen Tafel anschließenden Gebieten, denn östlich des Urals entstanden in dieser Zeit auf der variscischen Unterlage die außerordentlich großen und tiefen Syneklisen des Ob und Irtysch (mit einer bis zu 2000 m mächtigen meso-känozoischen Decke unverfestigter Gesteine).

Die Moskauer Syneklise hat während der alpidischen Ära posthum zu den variscischen Bewegungen möglicherweise eine sehr schwache Einsenkung durchgemacht, die zur Abtragung jungmesozoischer Gesteine in ihrem Zentralteil sowie selbst von Santon (Gebiet von Jaroslawl) führte. Einen guten Einblick in die mesozoischen Absenkungsvorgänge einzelner Strukturen vermitteln die Untersuchungen von A. A. Tschetyrkina & A. A. Schugin (1937) im Phosphoritbezirk von Werchnekamsk, wo Mächtigkeiten des Phosphorithorizonts (Valendis) und Ergiebigkeit engste Abhängigkeit von der Strukturentwicklung der Mulde von Werchnekamsk zeigen. Trotz eines direkt erkennbaren Zusammenhanges zwischen Oberjura- und Unterkreide-Sedimentation und den strukturellen Elementen der Moskauer Syneklise müssen jedoch diese mesozoischen Bewegungen hier sehr schwach gewesen sein. Gleiche, allerdings etwas intensivere Bewegungen sind in der mesozoischen Petschora-Syneklise und besonders in der Santon-Mulde von Workuta zu erkennen, die posthum der Randdepression dieses Gebietes folgen. Besonders die Kreidemulde von Workuta setzte die Entwicklung des Zentralteils in der permischen Workuta-Senke in komplizierter Form fort; die engen Beziehungen zwischen diesen altersmäßig verschiedenen Strukturen fanden dabei vor allem in der Fortsetzung der Einsenkung der Randsynklinalen während des höheren Mesozoikums, d. h. sehr lange Zeit nach Beendigung der Uralfaltung, ihren sichtbaren Ausdruck. Im Aufbau unterscheiden sich die mesozoischen Strukturen dieses Gebiets aber stark von den Randdepressionen dadurch, daß sie keine Ablagerungen der Randdepression, sondern typische Tafelsedimente führen. Analoge Bewegungen der Ural-Vortiefe sind auch weiter südlich in Baschkirien sowie in den Uralgebieten bei Tschkalow bekannt (Vorkommen von Jura, Oberkreide und Alttertiär im Bereich der Randdepression). Diese posthumen Strukturen sind infolge einer gesteigerten Absenkungsintensität in der Uralzone bei Aktjubinsk, d. h. südlich vom Ufa-Plateau, besonders stark ausgebildet, also im gleichen Gebiet, in welchem die Randdepression bereits schon während des Jungpaläozoikums eine stärkere Absenkung aufwies.

Im Süden der Tafel vereinigen sich alle alpidischen Strukturen zu zwei parallel verlaufenden Zonen mit westnordwestlichem Streichen. Die nördliche dieser beiden Zonen setzt sich aus typischen Tafelsyneklisen zusammen, die mit meso-känozoischen Ablagerungen — darunter mächtige höhere Oberkreide und Paläogen — enthalten sind. Demgegenüber weist das örtlich im südöstlichen und südwestlichen Tafelteil anzutreffende Jungtertiär gewöhnlich keine großen Mächtigkeiten auf, ausgenommen allerdings das Pliozän der Kaspisenke. Die zweite, südliche Zone entspricht einer typischen Randdepression (Vortiefe) des alpidischen Faltengürtels mit sehr mächtiger Kreide und besonders Tertiär in der Fazies von Randsenken (Molasse, Flysch, Schiefertonserien u. a. m.).

Unter den einzelnen Syneklisen der nördlichen Zone tritt vor allem das Nordukrainische Kreidebecken hervor, das fast die gesamte Fläche des westlichen Großen Donbass einnimmt und eine asymmetrische Form mit einer flachen Nord- sowie steiler einfallenden Südflanke besitzt. Die Nordflanke wird durch eine flexurartige Umbiegung kompliziert, die im Querprofil der Mulde bei Belgorod gut zu erkennen ist. Der maximal eingesunkene Teil dieser Syneklise (nordwestlich des Donezbeckens) fällt mit einem durchgehenden Verbreitungsgebiet von mächtigem und vollständig entwickeltem Paläogen zusammen. Wie erstmalig von A. D. Archangelski, W. N. Krestownikow & N. S. Schatski (1926) geklärt, liegt die Achse der Paläogensenke im Vergleich zu der vorausgegangenen Kreidesenke etwas nach Süden versetzt.

Der gebietsmäßig größere Westteil der Syneklise ist sehr kräftig abgesunken (Mächtigkeit der Kreide und des Paläogens über 600 m, Vorkommen von Jura — der auch im Nordwestteil des Donezbeckens vollständig abgelagert ist — sowie stellenweise von Unterkreide ?) und wird von der alpidischen Randdepression durch das Ukrainische Massiv und das Donezbecken abgetrennt. Im Westen vereinigt sich diese Syneklise in Form einer schmalen grabenförmigen Einsenkungszone, in der über Paläozoikum Oberjura, geringmächtige Kreide und Paläogen liegen, mit der Kreidesenke von Lublin (bzw. Lwow). Im östlichen, d. h. zum Donezbecken gelegenen Teil, ist die Nordukrainische Syneklise intensiv herausgehoben („Slobodski most“ nach D. N. Sobolew 1934), so daß in tiefen Taleinschnitten überall Oberkreideschichten erschlossen werden, die direkt über Paläozoikum transgredieren. Diese Syneklise wird schließlich am Don von der großen Kaspisenke abgelöst, die ebenfalls stratigraphisch vollständige Profile des Meso-Känozoikums aufweist.

Der Aufbau der Kaspi-Syneklise (Kaspisenke) ist sehr kompliziert. Ihre Westflanke — aufgeschlossen in den Flußtälern des Chopjor und der Medwediza — zeigt ein sehr flaches Einfallen, das allerdings zwischen der Medwediza, Ilowlja und Wolga durch die Aufwölbungszone des Don-Medwediza-Walles örtlich unterbrochen wird. Östlich von diesem Wall schließt sich das tiefe Stalingrader Becken an, wo die Sohle des Paläogens auf —200 m NN absinkt (= Streifen negativer Schwereanomalien). Diese Senke, die die vollständigste Serie von Paläogen sowie Kreide enthält, wird von Osten her durch die Useni-Chobda-Zone begrenzt, einer positiven, zur Kaspi-Syneklise gehörenden Großstruktur. Nach meinen Untersuchungen (Schatski 1945b) stellt der im Transwolgagebiet liegende Teil der Kaspisenke eine Struktur dar, die bereits variscisch angelegt wurde; hierauf weisen z. B. die außerordentlich große Vollständigkeit des paläozoischen und altmesozoischen Profils sowie die große Übereinstimmung von paläozoischen und mesozoischen Strukturen hin. Der nördliche Teil der Syneklise (Senkungsgebiet von Pensa) jedoch und der gesamte westliche Flügel an der unteren Wolga stellen

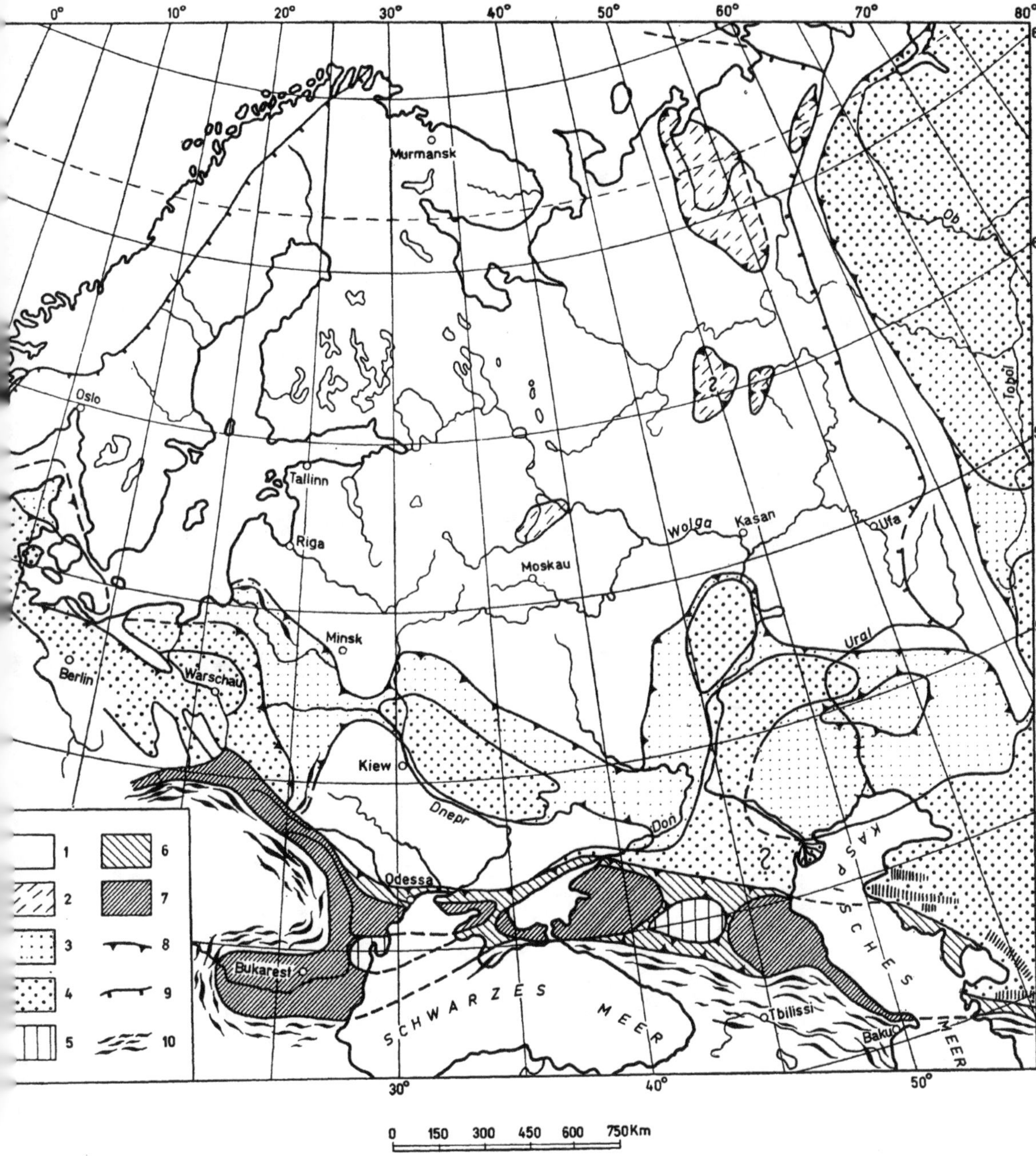


Abb. 7. Alpidische Struktur der Osteuropäischen Tafel (nach SCHATSKI 1945)

— gehobener Teil der Tafel (Schild); 2 — schwache Einsenkungsgebiete auf dem gehobenen Teil der Tafel; 3 — Syneklise; — besonders stark abgesenkte Teile der Syneklise; 5 — Hochgebiete in der alpidischen Randdepression; 6 — alpidische nddepression; 7 — maximal eingesunkene Teile der Randdepression (Vortiefe); 8 — Grenzen der Syneklisen; 9 — Grenzen der Kaledoniden und Uraliden; 10 — alpidische Faltungszone.

Neubildungen aus der alpidischen Ära im Sinne „überlagerter Strukturen“ dar; so verläuft z.B. die Senke von Pensa (Ausfall von Dogger unterhalb des Meso-Känozoikums) fast querschlägig zum westlichen Ende des Woronesh-Blocks. Aber auch hier lassen sich einige posthume Strukturmerkmale feststellen.

Die Kaspisenke ist gewissermaßen in ihrer Gesamtheit zusammen mit der Ural-Hebung nach Westen versetzt worden; hierdurch lassen sich auch das Auskeilen des älteren Mesozoikums nach Westen sowie das transgressive Übergreifen verschiedener Horizonte des Perms über Paläozoikum im Osten (Wolga) bis über Devon im Westen (Chopjor) erklären. Das Senkungsgebiet von Pensa sowie die paläozoische synklinale Umbiegung der Wolga–Ural-Zone (Melekess-Senke) sind erheblich nach Westen hin abgewandert.

Im Süden wird die komplizierte Kaspi-Syneklise von der alpidischen Vortiefe abgelöst und bildet gleichzeitig die Nordflanke dieser Depressionszone.

Die große Mulde aus der Oberkreide, die längs des Südwestrandes der Tafel von Lwow nach Koszalin (Köslin) streicht, zeigt sowohl bezüglich der Mächtigkeiten der Oberkreide sowie des Paläogens (über 1000 m), als auch der stratigraphischen Vollständigkeit in den Hauptabsenkungsgebieten große Ähnlichkeit mit der Nordukrainischen Senke.

Diese Senkungszone stellt eine meso-känozoische Wiederholung der paläozoischen Randdepression von Lwow, der Baltischen Syneklise und des Ostdeutsch-Polnischen Beckens dar, indem alle diese paläozoischen Großstrukturen im Meso-Känozoikum zu einer einheitlichen in nordwestlicher Richtung streichenden Kreidesyneklise zusammengefügt wurden. Analog den Verhältnissen im Mugodshar-Gebirge greift der Ostrand der Kaspisenke auf die Ural-Faltungszone über.

Bezüglich des speziellen Aufbaues der alpidischen Randdepression wird hier auf die ausführlichen Untersuchungen von N. W. Muratow (1946a, b) verwiesen.

## V. Einige Schlußfolgerungen über Aufbau, Entstehung und Entwicklung der Osteuropäischen Tafel

Anhand der beigefügten Abbildungen lassen sich die wichtigsten Veränderungen erkennen, die im Strukturaufbau dieser einzelnen tektonischen Einheiten während der kaledonischen, variscischen und alpidischen Faltungsära erfolgten. Gleichzeitig können an diesen Schemata auch einige Gesetzmäßigkeiten abgeleitet werden, die für die strukturelle Entwicklung der Tafel bezeichnend sind.

1. Das dargestellte Untersuchungsmaterial spricht tatsächlich dafür, daß das Moskauer Becken als „das wichtigste, vollkommen selbständige sowie charakteristischste Strukturelement der Russischen Tafel“ angesehen werden muß.

Die geologischen Arbeiten der letzten fünf Jahre lassen an dieser Tatsache keinen Zweifel mehr. Das im Altpaläozoikum entstandene Becken machte während der variscischen Zeit eine ganz besonders intensive Entwicklung durch, die als posthume Einsenkung noch bis zum Ende des Mesozoikums anhielt. Im Westen vereinigt sich die Moskauer Syneklise über die Lettische Mulde direkt mit der Baltischen Syneklise zu einer einheitlichen Großstruktur, welche weiter südwestlich im Gebiet der NW-SE streichenden paläozoischen Randdepression (Schonen —

Podolien) ihr Ende findet. Als Besonderheit dieser Struktur macht sich im westlichen Teil (Baltische Syneklise und westlicher Teil der Moskauer Syneklise, d. h. Moskauer Becken i. e. S.) eine Asymmetrie bemerkbar, die im Zuge der Strukturentwicklung auf ein gewisses Abwandern der Trogachse nach Süden zurückzuführen ist. Vermutlich dürfte diese Erscheinung mit einer Hebung des Baltischen Schildes und den relativ geringeren Bewegungen am Südrand der Syneklise (Belorussisches Massiv sowie Woronesh-Block) in Zusammenhang gebracht werden. Diese Migration wurde übrigens von mir schon 1937 erwähnt und dann durch v. BUBNOFF (1940) nochmals bestätigt. Im nordöstlichen Teil ist die Moskauer Syneklise ebenfalls asymmetrisch gebaut, allerdings in umgekehrter Richtung, da hier als beeinflussende Struktur das komplizierte Schollenmassiv des Timans mit einem sehr beweglichen und verhältnismäßig jungen Unterbau in Erscheinung tritt.

Im Süden der Tafel, d. h. südlich der Woronesh-Syneklise und deren positiven Strukturen, schließt sich eine zweite fast E–W streichende Reihe negativer Strukturen an, die einen anderen Aufbau sowie eine andere Entwicklung als die Strukturen der nördlichen Reihe erkennen lassen (Kaspisenke, Senkungszone des Großen Donbass, Nordukrainische Senke sowie Pripjat-Senke als posthume Strukturen zum Großen Donbass). Diese Depression (die Ammodezische Senke nach D. N. SOBOLEW) macht in der variscischen Ära eine besonders intensive Absenkung durch, der eine weitere Abwärtsbewegung im Mesozoikum und im Paläogen folgte. Das Abwandern der Trogachse nach Süden und die Ausbildung einer Asymmetrie (mit flacher Nordflanke) machen sich während des Meso-Känozoikums hier noch deutlicher als im Norden der Tafel bemerkbar. Über die altpaläozoische Entwicklung dieser Zone liegen keinerlei Unterlagen vor. W. B. PORFIRJEW, der hauptsächlich von geochemischen Überlegungen ausgeht, rechnet mit dem Vorkommen von Altpaläozoikum besonders im Absenkungsbereich des Großen Donbass. Ich nehme hingegen an, daß nur im östlichen „Vorgebirgsteil“ des Großen Donbass Altpaläozoikum verbreitet ist. Im Westen vereinigt sich die Nordukrainische Senke über die Pripjat-Senke mit der Randsenke von Lwow, die sich in der variscischen Zeit ($D_2$) entwickelte und während der alpidischen Ära noch etwas weiter abgesenkt wurde.

Noch komplizierter ist der Aufbau der erst wenig erforschten Kaspisenke, die möglicherweise schon im Ordovizium und Gotlandium angelegt wurde und die ohne Zweifel dann in der variscischen Ära ihre Hauptentwicklung durchmachte. In diesem Zeitabschnitt entstanden im weiteren Bereich der Kaspisenke: 1) die Randdepression (Emba-Senke), 2) die Hebungszone nördlich der Kaspisenke (Chobda-Massiv und ähnliche Strukturen westlich davon), 3) die nördliche Senke (Obschtschi Syrt) und — möglicherweise zur gleichen Zeit entstanden — auch 4) die tiefe und schmale Stalingrader Senke, die m. E. als Querstruktur genetisch mit der variscischen Entwicklung des Donezbeckens zusammenhängen dürfte. Alle diese Strukturen haben sich sowohl im Mesozoikum als auch Paläogen intensiv herausgebildet. Obgleich unsere Vorstellungen über den Strukturaufbau der Kaspisenke noch sehr lückenhaft sind, läßt sich jetzt schon vollkommen deutlich ableiten, daß dieses Becken keine einheitliche Depression darstellt, sondern eine komplexe Struktur, die sich künftig bei neuen Untersuchungen sicherlich in eine Reihe von Teilformen aufgliedern lassen wird.

Die Randsenke von Lwow stellt eine typische Struktur dieser Art dar, denn obgleich ihr Aufbau bisher nur ungenügend bekannt ist, weisen jetzt schon alle Daten auf eine langandauernde Entwicklung dieser Struktur hin. Die im Altpaläozoikum angelegte Senke vertiefte sich während der variscischen Orogenese besonders in ihrem südöstlichen Teil (Donez-Formation des oberen Bug!), ein Vorgang, der sich mit gleicher Intensität auch im Mesozoikum sowie Paläogen (Lubliner Senke) fortsetzte. In der variscischen und alpidischen Ära verläuft die tektonische Entwicklung des Großen Donbass also vollkommen ähnlich.

Diese Randdepression (Vortiefe) unterscheidet sich demnach außerordentlich stark von der Ural-Randsenke, jedenfalls von dem größten Abschnitt dieser Senke (Südteil des nördlichen Urals, mittlerer Ural und Baschkirischer Teil des südlichen Urals), die variscisch angelegt wurde und speziell im Karbon und Unterperm eine ausgeprägte Umgrenzung erhielt. Die nachfolgende meso-känozoische Entwicklung dieser Senke ist demgegenüber bemerkenswert schwach ausgeprägt, wenn von den alpidischen Trögen des Workuta-Beckens und des Raumes von Aktjubinsk abgesehen wird, wo aller Wahrscheinlichkeit nach die Ural-Vortiefe bereits früher als in den oben erwähnten Bezirken des Urals angelegt wurde.

Die ausgedehnten negativen Hauptstrukturen der Tafel, ihre Syneklisen und Saumsenken (Vortiefen), haben sich also im Zuge einer längeren Entwicklung gebildet, wobei posthume Vorgänge eine besondere Rolle spielten. Den gleichen Werdegang weisen auch die positiven Strukturen der Tafel auf. In diesem Zusammenhang lassen sich nicht nur komplizierte Großstrukturen (Baltischer Schild), sondern auch die kleineren Formen (Ufa-Massiv) seit dem Altpaläozoikum und z. T. sogar seit dem Ripheikum als positive Strukturen erkennen. Der im Devon, teilweise vielleicht sogar schon im Altpaläozoikum entstandene Woronesh-Block sowie das Ukrainische Massiv bewahrten ihre positive Entwicklungstendenz bis zum Ende der alpidischen Ära. Auch das Belorussische Massiv, das als fest begrenzte Struktur bereits während der variscischen Faltung im Zusammenhang mit erheblichen Abwärtsbewegungen der benachbarten Lettischen Mulde, Moskauer und Baltischen Syneklise sowie der Pripjat-Senke bestand, stellt in dieser Hinsicht keine Ausnahme dar; insgesamt bildet es aber nur ein Teilstück der N–S streichenden Hebungszone, die sich vom Ukrainischen Block über das Belorussische Massiv und die Queraufwölbung der Lettischen Mulde bis zum Rand des Baltischen Schildes erstreckt.

Nur in diesem Sinne kann auch gegenwärtig der Begriff des „Polessje-Walles“[1] beibehalten werden, nicht aber als geologische „Grenze“ zwischen dem russischen und dem außerrussischen Europa bzw. als posthume „Skythiden“ oder auch als „westliche Uraliden“ usw.

---

[1] Oft in der deutschsprachigen Literatur auch als „Polessje-Brücke“, „Scythischer Wall“ oder „Scythische Schwelle“ bezeichnet (Anm. d. wiss. Redaktion).

2. Es resultiert folgende Fragestellung: Wie sieht nun die gegenwärtige Struktur der Osteuropäischen Tafel aus? Welche Synthese läßt sich für die langandauernden Deformationen geben, die diese Tafel seit dem Kambrium durchgemacht hat?

•Die beste Antwort auf diese Frage würde eine Reliefkarte des präkambrischen Tafelunterbaues geben, die allerdings nur auf der Annahme einer präkambrischen Peneplaine konstruiert werden könnte. Obgleich das Relief des Fundaments in präkambrischer Zeit recht kompliziert gewesen sein dürfte, erreichen die nachfolgenden Deformationen im allgemeinen solche Größenordnungen, daß Einzelheiten der ursprünglichen präkambrischen Oberfläche keinen wesentlichen Einfluß mehr auf die Grundzüge der heutigen Tiefenlage des Unterbaues haben können. Gegenwärtig gibt es jedoch noch so wenig direkte bzw. auch indirekte Daten über die Lagerungsteufen des Präkambriums im Gebiet der Osteuropäischen Tafel, so daß ich vorläufig von der Konstruktion einer derartigen Strukturkarte noch Abstand genommen habe.

Einige Einzeldaten und Tatsachen sollen dennoch erwähnt werden:

Am stärksten gehoben ist der westliche Teil der Tafel, der an den Baltischen Schild sowie das Ukrainische Massiv grenzt. Die Höhenlage des Gneisfundaments im Gebiet des Belorussischen Massivs liegt zwischen NN und +250 m NN, doch dürfte das Präkambrium selbst in den maximal abgesenkten Teilen der Lettischen Mulde noch auf eine Teufe von mindestens —800 m NN abgesunken sein; in der Pripjat-Senke, jedenfalls in ihrem östlichen Teil, sind es mindestens 1000 m und mehr. Südwestlich und östlich der Schwellenzone des sogenannten Polessje-Walles erfolgt ein erhebliches Absinken des Fundaments, ausgenommen allerdings in der Scheitelzone des Woronesh-Blocks und im östlichen Teil des Ukrainischen Schildes. Im Westen, im Bereich der Lublin–Lwow-Senke, erreicht diese Abwärtsbewegung auf kurze Horizontalerstreckung Teufenwerte von 2500 bis 3000 m und darüber. Im Osten hingegen verläuft das Absinken ruhiger, denn in den zentralen Teilen der Moskauer Syneklise liegt das Fundament bei 2000 bis 3000 m Teufe. Im Bereich des Donezbeckens überschreiten die Teufen die oben gegebenen Zahlenwerte aber erheblich und erreichen offenbar einige Kilometer. Eine große Mächtigkeit weist ferner die Sedimentdecke im Gebiet der Kaspisenke auf, wo stellenweise die Teufe des gefalteten Fundaments gegenwärtig mit mindestens 3500 bis 4000 m angenommen wird.

Zwischen diesem tief abgesunkenen und komplizierten südlichen Streifen sowie der Moskauer Syneklise streicht eine Zone von Anteklisen, in deren Bereich das Fundament ansteigt (Woronesh-Block 0 bis 1000 m, Wolga–Ural-Gewölbe 1500 bis 2000 m) oder örtlich nur etwas anhebt (Melekess-Senke).

Obgleich eine regelmäßige Mächtigkeitszunahme des Deckgebirges und damit auch ein Absinken der präkambrischen Unterlage in Richtung auf den Ural erfolgt, lassen sich jedoch im östlichen Teil der Tafel mit genügender Genauigkeit einzelne Tafelstrukturen von generell N–S-Erstreckung unterscheiden. So liegt zunächst im Norden 1) die außerordentlich „flache“, d. h. sehr schwach abgesunkene Moskauer Syneklise, welche im mittleren Teil des Gebietes von dem 2) etwas mehr gehobenen Wolga–Ural-Gewölbe und schließlich 3) von dem im Süden sehr stark abgesunkenen Strukturkomplex der Kaspisenke begleitet wird. Die Moskauer Syneklise erhält damit den Rang der wichtigsten und auch typischsten Tafelstruktur.

Deshalb kann die Ostrussische Senke nach ARCHANGELSKI, worauf ich schon mehrfach hingewiesen habe, nur als ausgesprochen künstliche Zusammenfassung von stark abgesunkenen Strukturteilen längs des Urals angesehen werden, die fast E–W streichen.

Diese Schlußfolgerungen lassen sich nicht nur aus den Teufenlagen des Fundaments, sondern auch aus der weiter oben dargestellten Entwicklungsgeschichte der Struktur seit der kaledonischen Zeit sowie aus ihrem gegenwärtigen geologischen Aufbau ableiten. In der Tat sind die „geologisch“ am stärksten abgesunkenen Bezirke auch nach der Verbreitung von Mesozoikum in den Achsenteilen der Moskauer Syneklise und der Kaspisenke gut abzugrenzen; zwischen beiden Strukturen erstreckt sich wiederum ein ausgedehnter, geologisch herausgehobener Streifen ohne altmesozoische, teilweise auch ohne jungmesozoische Ablagerungen. Wenn eine Struktur vom Typ der Ostrussischen Senke vorhanden wäre, müßten wir mit Recht ein umgekehrtes geologisches Kartenbild erwarten, d. h. eine durchgehende Verbreitung von Mesozoikum in der Achse der Ostrussischen Senke, was tatsächlich aber nicht der Fall ist.

Diese Frage wurde hier deshalb so genau behandelt, weil die von mir schon 1937 angestellten Schlußfolgerungen von ARCHANGELSKI und v. BUBNOFF bezweifelt wurden. Die neuen geologischen Daten bestätigen aber nochmals das hier dargelegte Schema für den Aufbau des östlichen Tafelabschnittes. In diesem Zusammenhang ist jedoch vollkommen eindeutig, daß dem am Ural liegenden Bereich der Tafel in seiner Gesamtheit auch ein sehr starkes Absinken des Fundaments entsprechen muß, welches nicht nur die schmale Vortiefe, sondern auch einen breit angrenzenden Tafelstreifen (Gebiete der mittleren und unteren Wolga sowie der Kama) erfaßte.

3. Ein Vergleich der Strukturbaupläne der Tafel zu verschiedenen tektonischen Verformungsabschnitten zeigt, daß die Tafel während der variscischen Ära stark zergliedert war und somit im Vergleich zur kaledonischen Struktur wesentlich komplizierter erscheint. In der alpidischen Ära setzten nicht nur die früher variscisch angelegten Strukturen ihre Entwicklung posthum fort, sondern es entstanden auch einige neue Strukturen, von denen besonders der nahezu quer zum Ostende des Woronesh-Blocks verlaufende Nordteil der Kaspisenke (Pensa-Senke) genannt sei. Möglicherweise bildet auch die große Rjasan-Kostroma-Senke eine derartige überlagernde Querstruktur.

Die stärksten und tiefsten Veränderungen während der alpidischen Ära sind regional aber an die Vortiefe der eigentlichen alpidischen Faltungszone (Tethys) gebunden, wo sich weitere tektonische Komplizierungen im Südteil der Tafel feststellen lassen, der direkt an die alpine Zone anschließt.

Bei diesen Betrachtungen tritt deshalb zwangsläufig die Frage auf, ob die relative Einfachheit der kaledonischen Struktur nicht vielleicht nur eine scheinbare ist und u. U. nur durch das äußerst lückenhafte Grundlagenmaterial, welches über die Deformationen des Altpaläozoikums besteht, vorgetäuscht wird.

Meiner Meinung nach dürfte das tatsächlich in erheblichem Maße zutreffen, zumal schon der komplizierte Aufbau der altpaläozoischen Strukturen im Bereich des Baltischen Schildes darauf hinweist. Auch für den Sarmatischen Schild lassen sich die Vorstellungen über den Strukturaufbau nur im nördlichen Teil ableiten (Woronesh-Block und Südflanke der Moskauer Syneklise). Wie schon erwähnt, können mit einiger Wahrscheinlichkeit große Senkungszonen im südlichen Teil (Donezbecken und Kaspisenke) vermutet werden. Außerdem waren die sich auf dem Sarmatischen Schild bildenden positiven Strukturen wesentlich stärker der Erosion ausgesetzt (Denudationszone!) als die Akkumulationszone in den Absenkungsgebieten, die mitunter die entstehenden tektonischen Formen in allen ihren Einzelheiten erhalten haben.

4. Insgesamt sind also die Tafeldeformationen in erheblichem Maße abhängig 1) von der Form, d. h. von den Tafelumrissen, 2) von den Deformationsvorgängen in den angrenzenden Faltungsgebieten und 3) von den Eigenbewegungen der Tafel bzw. den Bewegungen großer Erdkrustenteile, die geotektonisch sowohl Abschnitte von Faltungszonen als auch von Tafeln umfassen. Die Abhängigkeiten der Tafelstrukturen von den Deformationsvorgängen in den Faltungszonen läßt sich an der allmählichen Entwicklung der Randdepressionen (Vortiefen) sehr gut erkennen, denn die Bildung und geotektonische Entwicklung hängt aufs engste mit dem Typ und dem Charakter der Bewegungen in der benachbarten Geosynklinale zusammen. Es besteht zweifellos außerdem auch noch eine umgekehrte Beziehung, indem die Struktur der Tafel auch die Strukturentwicklung in den Randzonen der Faltungsgebiete beeinflußt; derartige Wechselwirkungen sind z.B. zwischen Baltischem Schild und Skandinavischen Kaledoniden einerseits sowie Sarmatischem Schild und Zentralteil des altpaläozoischen Urals andererseits bekannt geworden. Mit anderen Worten: Anlage, Typ und Entwicklung der Randstrukturen von Faltungsgebieten sind davon abhängig, ob sie an aktive Senkungszonen der Tafel oder aber an noch in Aufwärtsbewegung befindliche Hebungsgebiete der Tafel angrenzen. Damit besteht also eine wechselseitige und nicht etwa nur einseitige Verbindung zwischen Tafel und Faltungsgebiet. Ferner gibt es darüber hinaus aber auch Unabhängigkeiten zwischen Deformationen auf der Tafel und den Bewegungen im Geosynklinalbereich, wie sich aus der variscischen Entwicklungsgeschichte der Moskauer Syneklise im Zusammenhang mit der Aufwärtsbewegung des Baltischen Schildes und den benachbarten Kaledoniden zeigen läßt; ebenso kann das Absinken des östlichen Tafelabschnittes (Ostrussische Senke) nicht mit der Hebung der Uralzone in Zusammenhang gebracht werden.

Nahezu in allen Abschnitten der vorliegenden Untersuchung wurden mehrfach Strukturen erwähnt, die enge Beziehungen zur Form der Tafel aufweisen, so z. B. der Oslo-Graben, das Tschernyschew-Gebirge, das Chobda-Massiv und — als Prototyp dieser Struktur — das System des Großen Donbass.

Auf die Bedeutung der Tafelumrisse für die Verteilung sowie für die Typen der Tafeldeformationen wird noch in anderem Zusammenhang zurückzukommen sein, da m. E. gegenwärtig die regionale und allgemeine Tektonik diesen Formenbeziehungen — Umrisse und genaue Grenzen der Tafelgebiete — zu wenig Aufmerksamkeit widmet. Die Tafeln werden nämlich häufig entweder als bereits bestehende starre Massive angesehen, zwischen denen die Geosynklinalzonen zusammengestaucht und ausgefaltet werden, oder aber als Geantiklinalgebiete, die bezüglich Verbreitung sowie Gesamtumriß sich „passiv" den Faltungsgebieten unterordnen und nur zu Zeiten der Faltenbildung bestanden. Eingehende Felduntersuchungen führen aber zum Schluß, die Tafeln als einen Typ von Großstrukturen zu betrachten, der sich im Verlauf der geologischen Geschichte bildete und weiterentwickelte.

Für die Untersuchung einer Tafel wie auch für die Erforschung jeder beliebigen Struktur ist daher die genaue Bestimmung ihrer Form und ihrer Umrisse der wichtigste und erste Schritt, der zur Klärung ihres Charakters, Aufbaues, ihrer Herkunft und auch ihrer geologischen Entwicklung führt.

6. Abschließend noch einige Bemerkungen zum Aufbau des gefalteten präkambrischen Fundaments und dessen Beziehung zur Sedimentdecke:

Das hier dargestellte Schema für den Aufbau der Tafelbasis betrachten wir allerdings nur als erste Näherungslösung dieser sehr schwierigen Frage, wenngleich auch die vorhandenen Unterlagen bereits recht genau die Grundzüge der Fundamentstruktur erkennen lassen. Sicher ist wenigstens bisher, daß am Aufbau der Unterlage nur gefaltete Systeme präkambrischen Alters teilnehmen, so daß die Vorstellungen über ein kaledonisches Alter der Basis im östlichen Teil der Tafel endgültig revidiert werden müssen. Weiterhin zeugen die vorhandenen Daten eindeutig für ein strukturell uneinheitliches Fundament, das sich aus einer Reihe von Faltungssystemen verschiedenen Alters zusammensetzt; unter diesen Struktursystemen entspricht das zeitlich letzte (ripheisches System) in seiner regionalen Verbreitung am meisten noch den kaledonischen Strukturen, die die Osteuropäische Tafel umgeben. Wir kommen damit zur Schlußfolgerung, daß im Präkambrium die Entwicklung der Faltungssysteme und deren Umwandlung zu Tafeln in den Grundzügen genau so verlief wie während der postripheischen „historischen" Perioden der Erdgeschichte. Je älter jedoch diese betreffende Periode ist, um so kleinere Flächen nahmen die Tafeln ein; so stimmen z. B. die Karelidentafeln (u. a. Svekofennidische Tafel) in ihren Dimensionen mehr mit innergeosynklinalen Massiven der Faltungsperioden als mit den riesigen Tafelgebieten der postkambrischen Perioden überein.

Beim Vergleich des Fundamentaufbaues mit den Strukturen der Sedimentdecke kann festgestellt werden, daß einige der ältesten Gebiete im Unterbau (Svekofennidischer Schild, Woronesh-Ukraine-Schild) auch in den nachfolgenden Entwicklungsabschnitten positive Strukturen bleiben; umgekehrt sind die stark abgesunkenen Gebiete der Osteuropäischen Tafel — bezogen auf das Alter des Fundaments — häufig jünger, z. T. sogar ripheisch. Nicht minder häufig lassen sich jedoch auch umgekehrte Beziehungen zwischen Unterbau und Sedimentdecke ableiten.

Deshalb gibt es keine direkte Posthumität zwischen alten Strukturen der Unterlage und den postkambrischen jüngeren Strukturen im Deckgebirge. Eine gewisse Posthumität deutet sich u. U. in dem ost-westlichen Verlauf der paläozoischen Syneklisen im Westteil der Tafel an, die mit ost-westlichem Streichen längs der Karelidenzone zwischen dem Svekofennidischen Schild und Ukrainischem Massiv liegen.

---

Als neuere Literatur für den Abschnitt des Ostdeutsch-Polnischen Beckens benutze auch: „Atlas géologique de Pologne", 1:2 Mill., herausgegeben vom Instytut Geologiczny Warszawa, 1956. [Speziell: Carte gravimétrique de Pologne; Carte géologique de Pologne — sans formations quarternaires et tertiaires]. (Anm. d. wiss. Redaktion).

# Das Große Donezbecken und das Wichita-System
## Vergleichende Tektonik alter Tafeln 2

Iswestija AN SSSR, ser. geol., 1946, 6, 57—90, 7 Abb.; Moskau 1946

INHALT



Diese Arbeit bildet den zweiten Teil einer Untersuchung über die vergleichende Tektonik alter Tafeln und befaßt sich mit der Gesamtheit des Großen Donezbeckens, zu dessen Klärung vergleichsweise der Bau des Wichita-Systems, d. h. einer bekannten geologischen Struktur der Nordamerikanischen Tafel, herangezogen wird. In diesem Zusammenhang soll das Wichita-System lediglich in einem vom Verfasser gewählten Umfang beschrieben werden, wobei seine Wechselbeziehungen mit dem Ouachita-Faltengürtel eine Klärung erfahren. Fernerhin werden Strukturen vom Typ der „Randquersenken" beschrieben, zu denen das Wichita-System gehört, sowie deren allgemeine Entstehungsbedingungen an den Rändern von Tafeln besprochen. Auf dieser Grundlage lassen sich die Strukturgrenzen des Großen Donezbeckens, der Strukturtyp und sein Entwicklungsgang bestimmen.

## I. Geschichte des Problems[1] und Aufgabenstellung

A. P. Karpinski (1883) hat das Donezbecken als Teil einer „embryonalen Gebirgszone" definiert, der von der Łysa Góra (Kielce-Sandomierz) über die Dislokationen von Kanew sowie der unteren Wolga zum Mangyschlak — Kara-tau

[1] In diesem Abschnitt ist nur die historische Entwicklung der wichtigsten Vorstellungen über die allgemeine Tektonik des Donezbeckens zusammengefaßt worden, da die Geschichte der tektonischen Untersuchungen in diesem Raum kürzlich bereits ausführlich von P. I. Stepanow (1944b) dargestellt wurde.

verläuft. Auf die Möglichkeiten einer südöstlichen Fortsetzung dieser Zone bis nach Asien hin (Sultan-Uis-Dag) bzw. eines nordwestlichen Fortbaues bis zum Teutoburger Wald und Wesergebirge verwies KARPINSKI hierbei bereits.

„Das Auffinden gestörter Sedimentverbände zonarer Anordnung, der einförmige Charakter dieser Störung und die richtungsmäßige Übereinstimmung der Hauptstörungselemente mit dem Verlauf des Verformungsstreifens weisen auf gemeinsame genetische Ursachen hin. Mit großer Wahrscheinlichkeit lassen sich diese Erscheinungen auf tektonische Vorgänge zurückführen, die in verschiedenen Teilen des betrachteten Streifens mit unterschiedlicher Intensität und auch nicht zur gleichen Zeit erfolgten. Als Beispiel eines Gebietes, wo eine erste Anlage von Gebirgsstrukturen eintrat, können die Donez-Höhen und der sogenannte Donez-Höhenzug angesehen werden ... Stellenweise entstanden im Zuge dieses Prozesses Gebirgszüge, an anderen Stellen trat jedoch nur eine geringe Störung der Schichtenverbände auf; wiederum in anderen Gebieten sind die Ergebnisse dieser Beanspruchung von uns überhaupt noch nicht bemerkt worden. In einigen Abschnitten der Zone endeten diese Vorgänge vor Ablagerung der Kreide, während sie sich an anderen Teilen fast bis zum Beginn des Neogens fortsetzten. Vermutlich dürften — wenn später in den Störungsabschnitten mit flachgelagertem Deckgebirge altmesozoische oder besonders paläozoische Ablagerungen gefunden werden — Längsstörungen bestimmter Richtung in diesen Liegendschichten zu erwarten sein. Wenn bisher auf der recht großen Erstreckung dieses Streifens keine ungestörten metamorphosierten Schichten beobachtet werden konnten, so ist dieses allein auf den Umstand zurückzuführen, daß sich die Sedimente schon in Zeitabschnitten bildeten, als die tektonischen Vorgänge entweder im gesamten Streifen oder in einem großen Teil davon beendet waren. Ich nehme also das Vorhandensein einer embryonalen Gebirgsstruktur in der Südhälfte des Europäischen Rußlands an, die sich morphologisch durchaus nicht bemerkbar machte und die von der Westgrenze des Landes in diagonaler Richtung, parallel zur Richtung des Kaukasus zur Halbinsel Mangyschlak streicht" (KARPINSKI 1883).

Mit diesen Worten formulierte KARPINSKI seine wichtigste Schlußfolgerung über den „embryonalen Höhenzug" im Süden des Europäischen Teiles der Sowjetunion.

KARPINSKI war sich dabei durchaus bewußt, daß die von ihm gegebene Zusammenfassung in gewissem Sinne hypothetisch war; sie verband jedoch die damals bekannten Einzeltatsachen so gut, daß sie unter der Bezeichnung „Karpinskische Linien" (= Störungslinien längs dieser Zone, nach E. SUESS) für lange Zeit in die russische, sowjetische und ausländische geologische Literatur einging.

KARPINSKI selbst hat dann später im Verlauf seiner langjährigen geologischen Arbeiten diese Frage nicht weiter untersucht und auch in einigen späteren Publikationen, die sich auf das gleiche Gebiet beziehen, nicht auf seine Ansichten noch einmal zurückgegriffen; bis zur letzten Zeit hat er — abgesehen von einigen geringfügigen Änderungen — seine Vorstellungen über den „embryonalen Faltungsstreifen" beibehalten [vgl. „Tektonische Karte des Europäischen Rußlands und des angrenzenden Teiles des Asiatischen Rußlands" (KARPINSKI 1919)].

Die zitierte Arbeit von KARPINSKI über die Natur des Donez-Höhenzuges wurde zu einer Zeit geschrieben, als die heutigen Vorstellungen über die tektonischen Grundelemente der Erdkruste und deren Entwicklung noch nicht bestanden, so daß die Ansichten KARPINSKIS über das Donezbecken später erhebliche Veränderungen durchmachten. So hat z. B. D. N. SOBOLEW vorgeschlagen, den Gedanken dieser Karpinskischen Linien als lineare tektonische Zone zwischen Sultan-Uis-Dag und Polnischem Mittelgebirge (Kielce-Sandomierz) in seinem ursprünglichen Sinne zu erhalten und darüber hinaus auch noch weiterzuentwickeln. Er betrachtete diesen ganzen Streifen als Teil der Mitteleuropäischen Geosynklinale, die wiederum einen Abschnitt der Mitteleurasischen Geosynklinale (Tethys) zwischen Pazifik und Atlantik darstellt. SOBOLEW verstand dabei unter der Bezeichnung Geosynklinale „einen instabilen Typ einer mobilen, sich durchbiegenden und mehr oder weniger flexiblen Geostruktur, die sich im Zuge ihrer Entwicklung in ein Orogen umwandelt (oder umgewandelt hat) und die bei einer sehr großen Länge nur eine verhältnismäßig geringe Breite aufweist". Am Aufbau der Mitteleuropäischen Geosynklinale beteiligt sich als eine der Grundeinheiten das Ammodezische Becken (Ammodezische Geosynklinale), das „im Westen durch den Polessje-Wall und im Osten offenbar durch die sog. Kimmerische Leitlinie" begrenzt wird. Diese Leitlinie wurde von SOBOLEW festgelegt und verläuft in nordöstlicher Richtung von der Krim über den Ostrand des denudierten Teiles des Donezbeckens zur Wolga bei Stalingrad, ohne daß ihr allerdings vorläufig ein konkreter geologischer Sinn zukommt. Den Donez-Abschnitt dieser Geosynklinale hielt SOBOLEW für „eine charakteristische innerkontinentale Geosynklinale (nach Ch. SCHUCHERT: Monogeosynklinale — N. Sch.) vom amerikanischen Typus mit allen erforderlichen Merkmalen: 1) einer rückwärtigen Randebene, die vom Donez-Schelf gebildet wird (schwach dislozierter Nordteil des Beckens unter Kreidedeckgebirge, — N. Sch.), 2) gefalteter Eogeosynklinale, vertreten durch den Donez-Höhenzug, und 3) einem vorderen Randmassiv, wie es im Ukrainischen Kristallinblock erscheint" (SOBOLEW 1936).

In einer anderen Publikation vergleicht SOBOLEW das Donezbecken sowie den Ukrainischen Block mit dem System der Appalachen.

In den Vorstellungen SOBOLEWS bestehen jedoch einige Widersprüche, denn er übernimmt z.B. vollständig die Vorstellung KARPINSKIS von einem embryonalen Strukturzug bestimmter Erstreckung (Karpinskische Linien). Bekanntlich verläuft nach KARPINSKI dieser Streifen in einem kontinentalen Gebiet (Tafelgebiet), wobei KARPINSKI den Nordwest-Horst (Baltischer Schild) und den Asow-Podolischen Block (Ukrainischer Block), bzw. Schilder und Massive als gleichwertige tektonische Formen ansah. Diese Tatsache kommt besonders klar schon in einer früheren Arbeit von KARPINSKI über die Sedimentformationen des Europäischen Teiles der Sowjetunion zum Ausdruck (KARPINSKI 1880). Ferner vergleicht SOBOLEW das Ukrainische Massiv mit den Appalachen (Borderland) und rechnet somit das Ukrainische Massiv zum rückwärtigen Teil der gefalteten Zone. Bei der gegenwärtigen Auffassung von der Struktur der Appalachen bedeutet dieses aber eine noch krassere Diskrepanz. Ein Vergleich mit dem Appalachen-System im alten Sinne der amerikanischen Geologen kann aber auch nicht akzeptiert werden, denn dann müßte nach den Vorstellungen von SOBOLEW südlich vom Ukrainischen Massiv eine Faltungszone liegen; die Borderlands trennen nach SCHUCHERT und anderen Autoren aber stets die Geosynklinalen vom Ozean.

Im Schema von SOBOLEW bestehen also Unklarheiten und Ungenauigkeiten; möglicherweise hängt diese Tatsache mit den eigenen Ansichten dieses Forschers über Geosynklinalen überhaupt zusammen, die sich von den herkömmlichen Auffassungen stark unterscheiden.

Erheblich näher den Schlußfolgerungen von KARPINSKI über den tektonischen Charakter des Donezbeckens stehen die Vorstellungen von ARCHANGELSKI, dessen Untersuchungen zur Tektonik der Russischen (Osteuropäischen) Tafel eine Weiterentwicklung der klassischen Arbeiten KARPINSKIS darstellen. Sowohl in seiner ersten Arbeit (1923) als auch in seiner letzten Zusammenfassung (1941) weist ARCHANGELSKI ähnlich wie KARPINSKI nach, daß das Donezbecken während der Mitte des Devons im Zusammenhang mit dem Absinken eines langen, durch Bruchzonen flankierten Streifens, im Kristallinmassiv der Russischen Tafel entstand. Diese Einbruchsvorgänge waren der Beginn einer langandauernden und intensiven Absenkung, die später zur Ansammlung von außerordentlich mächtigen Trümmergesteinen während des Karbons führte. Wie KARPINSKI so sah auch ARCHANGELSKI anfangs das gefaltete Donezbecken als Fortbau der Faltungsstrukturen des Kara-tau und des Sultan-Uis-Dag an, änderte jedoch in seinen letzten Publikationen auf Grund einer Analyse gravimetrischer Aufnahmen diese Auffassung etwas, indem er den nördlichen Teil des Donezbeckens unmittelbar mit dem Ural verbindet. Das Donezbecken wird nach ARCHANGELSKI in seiner gesamten Erstreckung sowohl im Norden als auch Süden durch das Tafelmassiv flankiert, woraus Rückschlüsse auf die Anlage einer echten Geosynklinale im Tafelbereich abzuleiten sind. Nach WNW erstreckt sich das Donezbecken etwa bis zur Desna und keilt dann — erkennbar an Mächtigkeitsreduktionen des Jungpaläozoikums — langsam aus; in Annäherung an den Polessje-Wall geht es in eine Mulde vom Tafeltyp über, schneidet den Polessje-Wall und taucht schließlich in das Ostdeutsch-Polnische Becken ein. Das Donezbecken i. w. S., d. h. das Große Donezbecken, stellt eine allmählich auskeilende, variscisch gefaltete Geosynklinale dar, die mit zunehmender Entfernung von den gefalteten Stammassiven des Urals und Mittelasiens sowie mit dem Einschneiden in den Tafelbereich abklingt. ARCHANGELSKI hat damit die Schlußfolgerungen KARPINSKIS über das Donezbecken vollauf bestätigt, ohne allerdings dabei den „Karpinskischen Linien“ besondere Bedeutung zuzumessen, die nach seiner Auffassung genetisch sehr unterschiedliche Elemente vereinigen.

Diese Vorstellungen sind — abgesehen von geringfügigen Veränderungen — von vielen westeuropäischen Geologen später übernommen worden (H. STILLE, S. v. BUBNOFF u. a.).

Im Gegensatz zu KARPINSKI und ARCHANGELSKI sieht M. M. TETJAJEW (1926, 1938) das Donezbecken und den Ukrainischen Block im ganzen als Randzone der variscischen Faltung an, deren Grenze zur Russischen Tafel seiner Ansicht nach vom Wolgadelta in nordwestlicher Richtung bis zum Oberlauf des Nördlichen Donez verläuft, hier etwas nach Süden abbiegt und dann längs der Nordukrainischen Kreidesenke nach Kiew zieht. Nördlich von Kiew schneidet diese Zone den Ukrainischen Block, der nach TETJAJEW auf seiner gesamten Länge zwischen Asowschem Meer und Wolhynien ein einheitliches großes, nach Nordwesten ausklingendes Antiklinorium bildet; das Donezbecken stellt demgegenüber, bezogen auf die Struktur des Ukrainischen Blocks, ein Synklinorium dar. Ein weiteres Synklinorium vermutet TETJAJEW südlich des Ukrainischen Massivs (u. a. Aufschlüsse von Paläozoikum am Dnestr). Die Zone der kleinen und komplizierten, nach Norden (?) überkippten Falten am Nordrand des Donezbeckens deutete Tetjajew als Außenrand der variscischen Faltung, der im Zusammenhang mit großen Überschiebungen über flach gelagertes Paläozoikum bewegt wurde (östliche Ufergebiete des Nördlichen Donez).

Eine andere Deutung des Donezgebietes habe ich gegeben (Schatski 1937a): Aufgrund der faziellen Besonderheiten des Karbons im Bereich des Donezbeckens und der gesetzmäßigen Mächtigkeitsveränderung (Schatski 1924) ließ sich die Schlußfolgerung ableiten, daß das Donezbecken eine große Randsenke des Krim-Kaukasus-Astes der variscischen Faltungszone darstellt; das Ukrainische Massiv spielt dabei — ähnlich der Stellung des Brabanter Massivs — eine komplizierende Rolle. Der Tafelcharakter des Ukrainischen Blocks tritt sogar in den am Asowschen Meer liegenden Teil deutlich hervor, denn dieser Abschnitt wurde durch intensive Senkungsvorgänge im Karbon metamorphosiert, wie sich an den ultrabasischen Gesteinen des Gebietes von Mariupol und den Gangbildungen (Karbon) im Süden des Donezbeckens ableiten läßt. Die Faltung des Donezbeckens läuft nach Nordwesten aus; entsprechend fehlt im Ukrainischen Massiv eine Randsenke, die erst weiter nordwestlich in der Westukraine und in Polen zu suchen ist. Später hat der Wiener Geologe L. Kober (1942) ein neues tektonisches Schema dieses Gebiets vorgeschlagen, indem er zwischen der Russischen Platte und dem nördlichen Orogen eine besondere tektonische Zone als „Randorogen" ausschied. Das Randorogen besteht dabei aus 1) einer eingesunkenen Zone vom Charakter einer Randgeosynklinale (produktive Karbonzone Englands und der Niederlande im Westen, Donezbecken im Osten), und 2) einer gehobenen oder Horstzone (Massiv von Brabant und Ukrainischer Block), die als Randantiklinalen anzusehen sind. Regional führt Kober das Randorogen sehr weit nach Osten bis zur Tarim-Senke nach Asien; strukturgeologisch nimmt das Randorogen eine Mittelstellung zwischen Orogen und Platte (bzw. Kraton) ein. Außer der bereits erwähnten Ausgliederung von Randantiklinalen und -geosynklinalen werden ferner im Bereich des Randorogens Quersenken (produktive Becken des Ostens und Westens) und Queraufwölbungen (Scythischer Wall) erkannt. Kober weist in diesem Zusammenhang darauf hin, daß das Randorogen genetisch eine vollkommen selbständige Struktur darstellt, die sich sowohl von den typischen Kratogenen und Kratonen als auch von den typischen Orogenen unterscheidet; die alte Hauptrichtung im Randorogen verlief Ost–West. Diese Ansichten Kobers lassen zwar nicht in der Terminologie, wohl aber im Wesen Beziehungen zu den Ansichten von Tetjajew erkennen.

Insgesamt unterscheiden sich die tektonischen Vorstellungen Tetjajews, Kobers und z. T. auch Sobolews sowie anderer Forscher über das Donezbecken recht erheblich von den ursprünglichen Schlußfolgerungen Karpinskis. Gleichzeitig zeigt diese historische Übersicht, daß Charakter des Donezbeckens, Entwicklung und tektonische Stellung zu Nachbarstrukturen noch ungelöst sind.

Die außerordentlich großen Differenzen in den Schlußfolgerungen der angeführten Geologen lassen sich nicht nur durch die grundsätzliche Schwierigkeit dieser Frage oder

**infolge unterschiedlicher theoretischer Vorstellungen der Forscher erklären, vielmehr scheint das Fehlen einer Untersuchungsmethodik und der Mangel an erforderlichen Unterlagen der Hauptgrund zu sein.**

Gegenwärtig sind folgende Ansichten und Schlußfolgerungen über den geologischen Aufbau des Donezbeckens am meisten verbreitet:

1. Das Donezbecken stellt eine lokale, blind endende Abzweigung der variscischen Faltungszone dar, die als schmaler Streifen in den Bereich der Osteuropäischen Tafel eindringt (Karpinski, teilweise Archangelski, Stille, v. Bubnoff, teilweise Sobolew u. a.).

2. Das Donezbecken bildet eine Randsenke der Variseiden, welche unter Komplizierung der Tafelstrukturen in Richtung Westen auskeilt (Schatski).

3. Das Donezbecken ist als Randteil der Varisciden aufzufassen, der auf das flachgelagerte Karbon nördlich vom Nördlichen Donez überschoben ist (Tetjajew, teilweise Kober u. a.).

Außerhalb des frei ausstreichenden Teiles des Donezbeckens, im sogen. Großen Donbass, ist das Paläozoikum unter einer mächtigen Serie von Meso-Känozoikum bedeckt, die von nur wenigen — auch nur in geringer Entfernung vom Ausstrich des produktiven Karbons liegenden — Tiefbohrungen durchteuft wurde. Außerdem können die gegenseitigen Beziehungen zwischen dem Donezbecken und den angrenzenden tektonischen Strukturen nicht durch unmittelbare geologische Beobachtungen geklärt werden, so daß die Anwendung vergleichender tektonischer Methoden am zweckmäßigsten erscheint.

Viele Geologen haben daher in ihren Arbeiten sowohl das Donezbecken als auch den Ukrainischen Block mit dem Appalachen-Orogen verglichen, jedoch keiner dieser nur zu generellen Folgerungen benutzten Vergleiche kann als selbständige vergleichende tektonische Untersuchung bewertet werden, zumal keine auf genauer Analyse beruhende Klärung homologer Baueinheiten erfolgte. Inwieweit diesen sporadischen Vergleichen keine entscheidende Bedeutung beigemessen wurde, zeigt die von v. Bubnoff über die Struktur Osteuropas erschienene Publikation (v. Bubnoff 1940), in der folgender sehr wichtiger Gedanke ausgesprochen wird: „. . . ich möchte daher annehmen, daß das jungpaläozoische Donezbecken ein selbständiges Gebilde ist, keine Geosynklinale, sondern eine Schelffurche, eher mit dem Arbuckle-Wichita-System, als den Appalachen vergleichbar". Weiter schreibt er jedoch: „Der Podolische Block (d. h. das Ukrainische Massiv) und vielleicht auch Ust-urt sind dann Analogien der z. T. tief versenkten „Borderlands" wie Llanoria usw., eine Vorstellung, die auch Sobolew für Podolien und Stille für die moldanubische Kernzone erwogen hat".

Jeder Forscher, der eine Vorstellung mit der Tektonik der USA verbindet, wird leicht feststellen können, daß ein Vergleich des Donezbeckens mit dem Wichita-System den Vergleich des Ukrainischen Blocks mit den „Borderlands" und umgekehrt ausschließt. Wenn wir das Ukrainische Massiv (den Podolischen Block nach v. Bubnoff) als das Analogon irgendeines „Borderlands" ansehen, so müssen wir — wie es Sobolew auch getan hat — das Donezbecken als das Analogon der Appalachen-Geosynklinale betrachten. Demnach schließt ein Vergleich des Ukrainischen Massivs mit dem Borderland auch den Vergleich des Donezbeckens mit dem Wichita-System aus.

In den Jahren 1944 und 1945 machte ich den ersten Versuch, die Tektonik des Donezbeckens und des Wichita-Systems miteinander zu vergleichen (SCHATSKI 1945a), wobei ein neuer Strukturtypus (Randquersenken und Randquersyneklisen) und dessen Entstehungsbedingungen (u. a. die enge Verbindung dieser Strukturen mit den sogenannten „inneren Winkeln" der Tafelränder) nachgewiesen wurde. Ein Vergleich homologer Elemente zwischen Donez- und Wichita-System mußte jedoch noch unterbleiben, da „das Wichita-System eine Querstruktur in der Faltungszone bildet, während das Donezbecken parallel zu den paläozoischen Faltungsstrukturen des Krim-Kaukasus-Gebiets liegt". Bei der Benutzung sowohl eigener alter Arbeiten über die Osteuropäische Tafel als auch der Publikationen von ARCHANGELSKI und TETJAJEW nahm ich an, daß bei dieser Tafel „innere Winkel fehlen, und mußte somit zwangsläufig zu falschen Schlußfolgerungen über die großen Unterschiede zwischen dem Wichita-System und Donezbecken kommen.

Im vergangenen Jahr führte ich eine Untersuchung durch, um die Grenzen der Osteuropäischen Tafel einschließlich der angrenzenden Faltungsgebiete eingehend zu überprüfen. Diese Untersuchung (SCHATSKI 1946a) ergab insofern ein etwas unerwartetes Ergebnis, als sich auch im Bereich dieser Tafel „innere Winkel" nachweisen ließen, so daß sich im Großbild bereits strukturelle Vergleichsmöglichkeiten zwischen dem Wichita-System und seinem paläozoischen Faltungsgürtel einerseits sowie dem Donezbecken und der variscischen Zone andererseits andeuteten.

Zu den oben bereits erwähnten Grundvorstellungen über die tektonische Struktur des Donezbeckens müssen noch folgende hinzugefügt werden:

4. Das Große Donezbecken ist tektonisch eine Randquerstruktur, die sich mit dem Wichita-System in den USA vergleichen läßt (v. BUBNOFF 1940, 1941; SCHATSKI 1946a).

Allerdings ist diese Frage sowohl im theoretischen als auch praktischen Sinne so kompliziert und wichtig, daß die seinerzeit von mir angeführten Vergleichsdaten keinesfalls für die endgültige Klärung des tektonischen Charakters des Donezbeckens ausreichen. Deshalb habe ich die Untersuchungen in dieser Richtung weiter fortgesetzt.

Mit dem Wichita-System vergleiche ich nicht das Donezbecken, sondern das „Große Donezbecken" (Großer Donbass) in tektonischem Sinne. Dieser in die sowjetische Wissenschaft von P. I. STEPANOW eingeführte Terminus wird hauptsächlich in praktischem Sinne mit dem „Problem des Großen Donezbeckens" gleichgesetzt, d. h. mit der Erkundung von Kohlenlagerstätten unter den mesozoischen Gesteinen in der Nachbarschaft des variscischen Donezbeckens („Altes Donezbecken"). STEPANOW (1944a) hat jedoch bei der Formulierung dieser Frage und bei seinen Arbeiten überzeugend nachgewiesen, daß „es sich nicht nur um das Problem des Donezbeckens und der Kohle handelt, sondern vielmehr um ein weitreichendes Regionalproblem in der südlichen Hälfte des Europäischen Teiles der UdSSR". Eine derartige Fassung erweitert die Problemstellung der Untersuchungen erheblich und gibt diesem Problem einen neuen theoretischen, aber auch neuen praktischen Sinn (Erdöl, Erdgas u. a. m.), so daß ich in vorliegender Untersuchung unter der Bezeichnung „Großes Donezbecken" die gesamte tektonische Struktur verstehe, von der das „Alte Donezbecken" nur einen Teil bildet.

Die Hauptproblematik des Großen Donbass liegt vor allem in der Feststellung der natürlichen tektonischen Strukturgrenzen sowie der Klärung der Lagerungsbedingungen des Paläozoikums im Bereich dieser Struktur.

## II. Wichita-System

Als Wichita-System werden die komplizierten tektonischen Tafelstrukturen (Anadarko-Becken, Amarillo-Aufwölbung, Wichita-Berge sowie E–W streichende Red-River-Aufwölbung) zusammengefaßt, die sich in Form eines breiten Streifens mit westnordwestlichem Streichen von den Ouachita-Bergen (Waschita-Bergen) in Oklahoma bis zur Amarillo-Aufwölbung in der Nordwestecke von Texas erstrecken (Abb. 1). Nach Osten endet das System mit dem Ardmore-Becken sowie der Arbuckle-Aufwölbung, die unmittelbar an die geosynklinale Faltenzone von Ouachita anschließen und unter diese abtauchen. Das gesamte System hat eine Breite von etwa 200 km sowie eine Länge über 640 km und stellt damit eine sehr große Störungszone im südwestlichen Teil der Nordamerikanischen Tafel dar.

Einige Forscher (W. A. J. M. VAN WATERSCHOOT VAN DER GRACHT 1938, 1939; C. W. TOMLINSON 1933 u. a.) sind der Ansicht, daß sich die Strukturen des Systems Arbuckle — Wichita unter den Überschiebungseinheiten von Ouachita sowohl weit nach Südosten (Louisiana) als auch nach Nordwesten (Westcolorado) erstrecken; die Länge dieses Systems gibt TOMLINSON mit 1600 km an, doch dürfte m. E. diese Längenangabe zu groß sein, denn tatsächlich wird der unter den Ouachita-Bergen verborgene Teil des Systems wohl kaum mehr als einige zehn Kilometer betragen. Die Strukturen in Colorado jedoch sind, wie es leicht zu ersehen ist (Tectonic Map of the United States, 1944), sehr eng mit dem westlichen Geosynklinalgebiet verbunden und durch eine Reihe von Senken sowie Schwellen längs der Ostseite der Rocky Mountains deutlich vom Wichita-System abgetrennt.

Alle Strukturen des Wichita-Systems und der benachbarten Teile der Ouachita-Berge sind eingehend erforscht, denn sie liegen im Gebiet des Midkontinents, dessen Westteil reich an großen Erdöllagerstätten ist und folglich auch von einer großen Anzahl von Tiefbohrungen durchteuft wurde. Nicht weniger sorgfältig ist auch der östliche Teil untersucht, wo das industriell wichtige Kohlenbecken von Arkansas und die verschiedenen Lagerstätten des Ozark-Massivs liegen. Ausgenommen vom Südosten und Westen des Raumes streicht überall Paläozoikum an der Oberfläche dieses Gebietes aus, was die Untersuchung der jungpaläozoischen Strukturen vielfach erleichtert. Trotzdem ließen sich die Beziehungen zwischen den erwähnten Strukturen noch nicht ausreichend klären.

Nachstehend in Kürze eine Beschreibung der einzelnen Strukturen des Wichita-Systems:

### *1. Anadarko-Becken*

Dieses Becken bildet eine breite, in nordwestlicher Richtung streichende Synklinale mit asymmetrischem Aufbau. Ihre Nordflanke ist flach und zeigt ein Einfallen von 25 m auf 1 km (Hangendfläche Unterkarbon) bzw. 5 bis 10 m auf

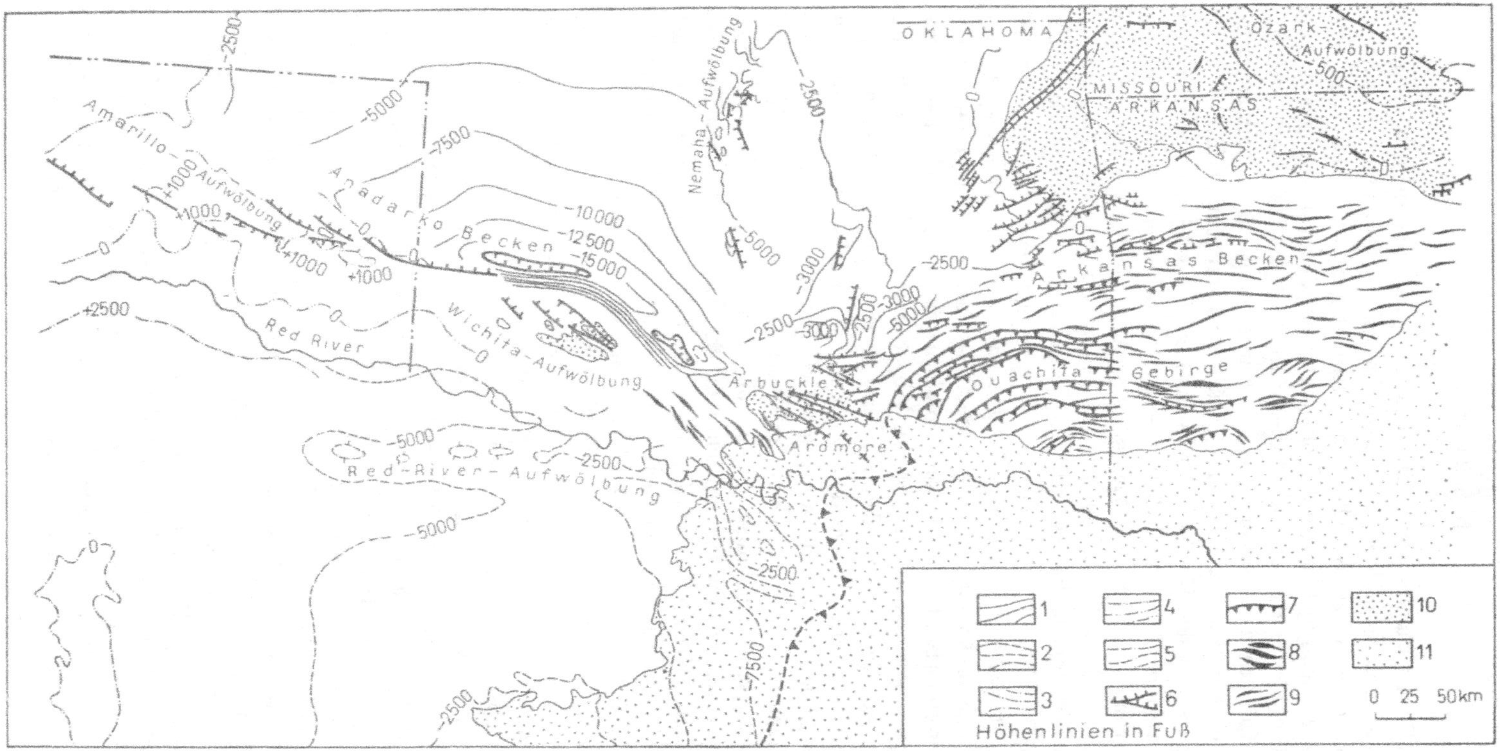


Abb. 1. Wichita-System und Ouachita-Faltungszone (schematisiert nach „Tectonic Map of USA", 1944)

1 — Isohypsen, bezogen auf Hangendfläche des Mississippians; 2 — Isohypsen, bezogen auf Basis des Mississippians; 3 — Isohypsen, bezogen auf Hangendfläche Yates-Sandstein (Perm); 4 — Isohypsen, bezogen auf Hangendfläche der „panhandle big lime"-Formation; 5 — Isohypsen, bezogen auf Hangendfläche Kambrium; 6 — Abschiebungen; 7 — Überschiebungen; 8 — ausgeprägte lineare Antiklinalen; 9 — ausgeprägte Antiklinalen; 10 — Aufschlüsse prä-pennsylvanischer Gesteine; 11 — Kreide.

1 km (Hangendfläche Paläozoikum). Nach Norden vereinigt sie sich allmählich mit der noch flacheren Einmuldung im nördlichen Teil von Oklahoma und Kansas, so daß die Nordgrenze dieser Synklinale nur bedingt gezogen werden kann. Die Südflanke besitzt demgegenüber mit Höhenunterschieden von 300 m auf 1 km ein stärkeres Einfallen; entsprechend ist die Achse der Synklinale stark nach Süden versetzt, wo auch das Anadorko-Becken durch die große Aufwölbungszone von Amarillo und die Wichita-Berge eine natürliche Begrenzung erfährt.

In Abhängigkeit von den Umrissen der Hochstrukturen verändert sich fernerhin das Streichen an der Südflanke und im Zentralteil des Anadarko-Beckens: im Osten nordwestlich, nördlich der Wichita-Berge dann fast ost-westlich und in Annäherung an die Amarillo-Aufwölbung wiederum nordwestlich.

Sofern nach der Nordflanke des östlichen Beckenabschnittes geurteilt werden kann, beteiligen sich an der Beckenfüllung sehr mächtige Serien paläozoischer Gesteine, die Mächtigkeiten von 8000 bis 9000 m erreichen. An der Basis liegt unmittelbar auf dem präkambrischen Fundament — oder abgetrennt durch einen geringen Sandsteinhorizont — die Dolomit- und Quarzitserie der Arbuckle-Formation (Kambrium und unteres Ordovizium). Abgetrennt durch eine Schichtlücke folgt darüber eine Serie von Sandsteinen und Sanden sowie sandig-schiefrigen Argilliten, in die sich zum Hangenden Dolomit- und Kalksteinpakete aus dem Ordovizium, Gotlandium (Silur der amerikan. Geologen) sowie Devon einschalten. Die Gesamtmächtigkeit dieser Gesteine erreicht 2500 bis 3000 m. Über Devon, z. T. auch auf älteren Ablagerungen bis einschließlich Ordovizium, liegen 500 bis 800 m mächtige Kalke mit Zwischenmitteln von schwarzen bituminösen Schiefern des Mississippians. Nach oben werden diese Gesteine durch außerordentlich mächtige Serien von Sandsteinen, Schiefern und Kalken des Pennsylvanians (3500 bis 4000 m im Zentralteil) überdeckt. Mit Schichtlücken und Winkeldiskordanz folgen schließlich wieder rotfarbige Gesteine des Perms, die in den mittleren Teilen des Beckens, wo mächtige Gipsserien entwickelt sind, Mächtigkeiten von 1300 — 1400 m erreichen. Perm und nahezu das gesamte Pennsylvanian sind im Beckenzentrum von einer Tiefbohrung mit etwa 4500 m Teufe durchsunken worden (Ouachita-Bezirk, Oklahoma; SCHUCHERT 1943).

Alle Ablagerungen des Anadarko-Beckens liegen in für Tafelstrukturen ausgesprochen typischer Ausbildung vor, ausgenommen jedoch das Pennsylvanian, das besonders im östlichen Teil des Beckens eine für Randsenken charakteristische Entwicklung aufweist. Entsprechend dem Beckencharakter reduziert sich die Mächtigkeit aller Schichten im Bereich der flachen Nordflanke allmählich von Süden nach Norden. Analoge Mächtigkeitsabnahmen bestehen offenbar auch auf der steilen Südflanke, wenngleich auch — ausgenommen wieder im Pennsylvanian sowie Perm — wesentlich schwächer ausgeprägt. Außerdem sind die Profile an den Flanken weniger vollständig entwickelt als im Achsenteil.

Alle diese Tatsachen sprechen dafür, daß das Anadarko-Becken eine synklinale Tafelstruktur darstellt, die sich seit dem Kambrium längere Zeit hindurch in Abwärtsbewegung befand. Ein besonders intensives Absinken des Beckens erfolgte dabei während des Pennsylvanians; auch im nachfolgenden Perm dauerten diese Bewegungen an, wie nicht nur aus der Ablagerung von Salinarserien im Beckenzentrum, sondern auch aus dem geologischen Kartenbild zu entnehmen ist. Die Grenzen des Perms ($Cpm_2$ und $Cpm_3$ auf der Karte der USA; Tetjajew 1938) zeigen im Gebiet des Anadarko-Beckens einen Verlauf, der einer breiten, nach Westen geöffneten Syneklise mit steiler Südflanke sowie nach Süden versetzter Achse entspricht.

## 2. *Ardmore-Becken und Arbuckle-Aufwölbung*

Südöstlich vom Anadarko-Becken folgen im streichenden Fortbau dieses Beckens zwei eng miteinander verbundene Strukturen: das Ardmore-Becken und die Arbuckle-Aufwölbung. Geologisch setzen sich diese Strukturen aus den gleichen Sedimenten wie das Anadarko-Becken zusammen, jedoch mit verändertem lithologischem Aufbau und auch anderen Mächtigkeiten. So enthält z. B. das Perm (oberes Pennsylvanian ?) im Liegenden mächtige Serien von Konglomeraten und Arkosen (Pontotoc-Gruppe) und auch im Pennsylvanian sind grobe Kalkkonglomerate und viele kräftige Sandsteinzonen entwickelt. Grobkörnigkeit der Sandsteine und Schiefer sowie die Mächtigkeit der Konglomeratbänke nehmen in südöstlicher Richtung zu, während umgekehrt der Anteil der Kalkzwischenmittel nach Nordwesten ansteigt. Die Gesamtmächtigkeit des Unter- und Mittelpennsylvanian (Bent-, Strawn-, Canyon-Serie) verringert sich von 5500 m im südöstlichen Teil des Gebietes auf 4000 bis 3500 m im nordwestlichen Beckenabschnitt. Die Ablagerungen des Mississippians bestehen hier aus (bis 1500 m) mächtigen Serien schwarzer bituminöser Schiefer (Caney-Schiefer) mit eingelagerten blaugrauen Kalkzonen; im Ardmore-Becken und südöstlichen Teil der Arbuckle-Aufwölbung ist die lithologische Entwicklung des Karbons ähnlich wie im Ouachita-System.

Im Bereich der beschriebenen Strukturen treten zwei deutlich begrenzte Schichtlücken mit kräftigen Diskordanzen auf: So folgen z. B. im Zentralteil des Ardmore-Beckens (Synklinalen von Ardmore, Pleasant Hill u. a.) alle Ablagerungen vom Kambrium bis zur oberen Abteilung des Pennsylvanians konkordant aufeinander, und zwar — zumindest vom Mississippian ab — mit allmählichen Übergängen. Im gleichen Becken jedoch (Criner-Hills-Antiklinale) überlagern die Dornick Hills Gruppe und das obere Pennsylvanian mit ausgeprägter Diskordanz die darunterliegenden Sedimente bis zur Arbuckle-Formation (Unterordovizium). Diese oberkarbonische Diskordanz wird bei den amerikanischen Autoren (R. C. Moore 1935, van Waterschoot van der Gracht 1935, 1938; Schuchert 1943 u. a.) als die Arbuckle-Orogenese bezeichnet. Tomlinson (1933) beobachtet, daß sich diese Diskordanz weit nach Westen bis zum östlichen Ende des Anadarko-Beckens verfolgen läßt. Im Norden und im Westteil der Arbuckle-Aufwölbung greifen mit starker Diskordanz und mit Schichtlücken bis einschließlich des Mississippians grobe Konglomerate der Pontotoc-Gruppe über, die gegenwärtig (Schuchert 1943) stratigraphisch zum Unterperm gestellt werden (Marathon-Orogenese der amerikan. Geologen = asturische Faltung i. S. von Stille).

Im nördlichen Teil der Arbuckle-Aufwölbung sind aber auch noch die roten Konglomerate des Pontotoc zu flachen Falten zusammengeschoben (Freilegung des Scheitels am rechten Ufer des Ouachita-Flusses südlich der Stadt Davis; TOMLINSON 1933). Zunächst machte das Perm eine Abwärtsbewegung im Anadarko-Becken durch, wurde dann aber an Brüchen im Bereich der nordnordöstlich streichenden und kulissenförmig absetzenden Verwerfungszone (nördlich der Arbuckle-Aufwölbung) nochmals versetzt. Diese tektonischen Bewegungen werden gewöhnlich zur appalachischen Orogenese der amerikan. Autoren gerechnet.

Der tektonische Aufbau des Ardmore-Beckens und der Arbuckle-Aufwölbung ist erheblich komplizierter als die Tektonik des Anadarko-Beckens. So bringt im nordöstlichen Abschnitt der Arbuckle-Aufwölbung ein vertikal emporbewegtes Massiv rosafarbene und graue grobkörnige Granite sowie Felsitporphyre (Präkambrium), die von kleinen Diabas-Trümchen durchsetzt werden, an die Erdoberfläche; die Sedimentserien bilden demgegenüber eine steile Monoklinale[1]. Im Gesamtbild entspricht der NE-Teil dieser Aufwölbung einer gestreckten und nach Norden hin abtauchenden unregelmäßigen Kuppel, die durch ein System ost-westlich sowie nordwestlich und ostnordöstlich streichender Brüche zerlegt wird. Den „unterirdischen" Fortbau dieser Zone stellt die Hunton-Aufwölbung dar, die das Arbuckle-Massiv mit der Ozark-Kuppel verbindet und — als typische Tafelstruktur („Wall") ausgebildet — ebenfalls durch Ost–West- und nahezu Nord–Süd-Brüche aufgegliedert ist. Mehrere asymmetrische Antiklinalen und Kuppeln vom üblichen Tafeltyp komplizieren die Ostflanke dieser Aufwölbung, unter denen die erdölführenden Antiklinalen von Seminole, Wewoka und Cushing am bekanntesten sind. Analog gebaute Antiklinalen vom Tafeltyp finden sich auch an der Nordflanke des östlichen Anadarko-Beckens (z. B. Antiklinale von Oklahoma City und andere Strukturen des Midkontinents; W. E. WRATHER 1933).

In seinem südlichen Teil setzt sich das Arbuckle-Massiv aus zwei kulissenförmig gestaffelten, kompliziert gebauten Brachyantiklinalen zusammen, die in nordwestlicher Richtung streichen. Die Kernzone dieser weitspannigen Brachyantiklinalen nehmen Präkambrium und „kompetente" Gesteine (Kalke) der Arbuckle-Formation ein, die Flanken bauen sich aus mächtigen Sand- und Kalksteinen des Altpaläozoikums, Devons sowie Mississippians auf und sind stellenweise zu einem komplizierten Faltenbau verformt worden. Die östliche Brachyantiklinale geht in das nördliche Massiv über.

Die Südflanke dieser Brachyantiklinalen leitet bereits regionalgeologisch in das Ardmore-Becken über, das als Synklinorium sich aus einer sehr mächtigen Serie von Paläozoikum (11000 bis 12000 m), speziell im Hangenden aus produktivem Pennsylvanian, zusammensetzt. Nach TOMLINSON (1933) sind die Falten des Synklinoriums steil und werden durch große antithetische Brüche kompliziert. In den größten dieser Faltenzüge (z. B. Antiklinale von Criner Hills) streichen im

---

[1] Monoklinale: Nach dem Geologischen Wörterbuch, Moskau 1955, tektonische Struktur, bei der das Einfallen der Schichten nach einer Seite gerichtet ist. Entspricht dem Begriff der „Flexur" im deutschen Sprachgebrauch. (Anm. d. wiss. Redaktion).

Kern Ordovizium und Kambrium aus. Das Ardmore-Becken bildet aber nur den östlichen Teil des Synklinoriums, denn südlich und westlich davon schließen sich unterhalb der Permtransgression analog gebaute Antiklinalstrukturen an, die sich mit Tiefbohrungen bis zur Red-River-Aufwölbung und bis zu den Wichita-Bergen verfolgen ließen (Tomlinson 1933).

Die Strukturen der Arbuckle-Aufwölbung und des Ardmore-Beckens sind also miteinander eng verbunden, jedoch beginnt die Arbuckle-Aufwölbung im Norden mit typischen Tafelformationen und Strukturen, die in Richtung Süden von echten Faltenzügen und Geosynklinalablagerungen abgelöst werden.

### *3. Aufwölbungen von Wichita, Red-River und Amarillo*

Nach Süden schließt sich an das Anadarko- und Ardmore-Becken ein breiter Streifen von Tafelstrukturen an: Im Westen zunächst die Amarillo-Aufwölbung (Texas), die im Streichen in die Aufwölbung der Wichita-Berge (Oklahoma) übergeht. Weiter südlich davon folgt der langgestreckte „Wall" der Red-River-Aufwölbung, dessen östlichste Strukturen von Süden her das Synklinorium des Ardmore-Beckens unmittelbar begrenzen. Im Osten ist dieser Streifen schmal, während er sich nach Westen hin stark verbreitert, indem sich zwischen Amarillo- und Wichita- einerseits sowie Red-River-Aufwölbung andererseits eine kleine, flache, nach Westen offene Senke einschaltet. Abgesehen vom Wichita-Gebiet sind alle diese Strukturen an der Erdoberfläche praktisch nicht erkennbar und lediglich durch die vielen Tiefbohrungen bekannt. Die Wichita-Aufwölbung erscheint im morphologischen Relief als eine Reihe hoher Granitmassive mit steilen Flanken (Präkambrium), die sich bis 500 m über die aus rotfarbigem Perm aufgebauten Prärien erheben. Ein kennzeichnendes Strukturmerkmal aller dieser Aufwölbungen ist ein stark reduziertes Profil. So greift in Wichita, in den Red-River-Kuppeln und im Amarillo das Pennsylvanian transgressiv unmittelbar über präkambrische Granite hinweg, und zwar unter Aufbereitung des Granites in produktive Arkosen. Diese Diskordanz und Schichtlücke werden in der amerikan. Literatur als „Wichita-Orogenese" bezeichnet. Die rotfarbigen Permsedimente lagern gleichfalls transgressiv (in den Wichita-Bergen unmittelbar auf Präkambrium); die Hauptablagerung dieses Transgressionssystems bildet hier die Wichita-Formation mit roten und grauen Schieferargilliten sowie Sandsteinen. Offenbar fehlt an diesen Stellen das älteste Perm, das den oberen Horizonten der Cisco-Formation und dem Pontotoc äquivalent ist.

Die tektonischen Formen der hier beschriebenen Aufwölbungen — breite Plakantiklinalen sowie verschieden große, in nordwestlicher Richtung gestreckte und durch steile Flexuren und Verwerfungen begrenzte Schollen — sind ausgesprochen typisch für Tafeln; außerdem fehlen hier nicht nur lineare Faltenzüge wie im Ardmore-Synklinorium, sondern auch Kuppeln. Einen horstartigen Charakter weist z. B. die Amarillo-Aufwölbung auf. Größere Horstschollen werden durch kleinere Schollen, „Kuppeln", aufgegliedert, die häufig die wichtigsten erdölführenden Strukturen darstellen.

### *4. Allgemeine Tektonik des Wichita-Systems und Beziehungen zu den Nachbarstrukturen*

Insgesamt bildet das Wichita-System mit seinen einzelnen Teilstrukturen eine sehr ausgeglichene und einheitliche Strukturzone mit zwei tektonischen Hauptelementen: 1) im Norden die lange und tief abgesenkte Anadarko-Ardmore-Senke, sowie 2) im Süden der direkt daran angrenzende Aufwölbungsstreifen Red-River—Wichita—Amarillo.

Im Bereich der Anadarko-Ardmore-Senke läßt sich damit eine zunehmende Komplizierung des Strukturbaues von Nordwest nach Südost erkennen. Im Westen, im „Panhandle"[1] von Texas und Oklahoma sowie im Zwischengebiet von Kansas, wird die Anadarko-Senke flacher und breiter und keilt allmählich aus, womit hauptsächlich auch die starke Mächtigkeitsreduktion der jungpaläozoischen Ablagerungen nach Nordwesten zusammenhängt. Der westliche Teil des Anadarko-Beckens entspricht demnach einer typischen flachen Syneklise, die strukturgeologisch sonst für alte Tafeln sehr bezeichnend ist. In südöstlicher Richtung nehmen innerhalb dieser Syneklise — abgesehen von intensiven Absenkungen und entsprechenden Mächtigkeitszunahmen im Karbon (3500 bis 4000 m) — sekundäre Deformationen zu: Kuppeln im Achsenteil der Syneklise, flache Antiklinalen an ihrer Südflanke und eine Reihe von Plakantiklinalen sowie Verwerfungen an der Nordflanke (Oklahoma-City) (Wrather 1933), die als Granitzug von Nemaha das südliche Ende der bekannten Großstruktur kennzeichnen. Im östlichen Abschnitt dieses Systems geht aber die verhältnismäßig einfach gebaute Anadarko-Syneklise in ein recht kompliziertes Synklinorium über, dessen Ostausläufer als Ardmore-Becken bezeichnet werden. In diesem Becken erhöht sich die Mächtigkeit des in Geosynklinalfazies vorliegenden Karbons noch mehr (Pennsylvanian + Mississippian bis zu 6500—7500 m), und auch die Deformationen, die die sonst einheitlich gebaute Senke in ein kompliziertes Synklinorium verwandeln, nehmen in Form steiler Falten sowie Verwerfungen (?) und Überschiebungen zu. Das große Arbuckle-Massiv entspricht in diesem Zusammenhang dem maximal herausgehobenen Teil in der Nordflanke der hier beschriebenen Hauptstruktur. Auch im Norden des Arbuckle-Massivs sind die Deformationen nicht vom Faltentyp wie im Ardmore-Becken, sondern vielmehr vom Schollen- oder Tafeltyp. Weiter nördlich schließen sich auf dem Hunton-„Wall" die charakteristischen Tafelstrukturen von Wewoka und Seminole an. Der nördliche Synklinalstreifen des Wichita-Systems stellt demnach im Westen eine einfach gebaute, jedoch tief abgesenkte Syneklise dar, die in Richtung Osten in ein kompliziertes Synklinorium mit Vortiefenablagerungen und linearen Faltenzügen übergeht. Nach Norden hingegen erscheinen innerhalb dieses Abschnittes der Senke Schollenstrukturen und Plakantiklinalen vom Tafeltyp.

[1] Als Panhandle („Pfannenstiel") bezeichnen die Amerikaner die im Grundriß stielförmige Verjüngung des Gebietes zwischen den Staaten Texas, Oklahoma, Idaho und Westvirginia.

Die südliche Hauptzone des Wichita-Systems ist durch ein reduziertes Profil und erheblich geringere Mächtigkeiten des Paläozoikums als im Achsenteil des Nordstreifens gekennzeichnet. Alle bekannten und durch Bohrungen erkundeten Strukturen im südlichen Streifen gehören außerdem zu typischen Tafelformen und haben z. T. als Einzelstrukturen im Osten dieser Zone größere Vertikalbewegungen durchgemacht als im Westen. Jedenfalls gelangt man zu einer derartigen Schlußfolgerung, wenn man die flachen Scheitel der Amarillo-Aufwölbung mit den großen Plakantiklinalen am östlichen Auslauf der Red-River-Aufwölbung vergleicht.

Das generell nordwestlich streichende Wichita-System unterscheidet sich im Aufbau und in den Mächtigkeiten (Paläozoikum) sehr stark von anderen Strukturen im Südwestteil der Nordamerikanischen Tafel. VAN WATERSCHOOT VAN DER GRACHT (1938) führt hierzu folgende Zahlen an: Die Arbuckle-Kalke, die im Wichita-System eine Mächtigkeit von 3000 m erreichen, reduzieren sich im südlichen Kansas und in den benachbarten Teilen von Oklahoma bis auf 300 m; auch südlich vom Wichita-System (Zentraltexas) haben die Ellenburg-Kalke, die stratigraphisch der Arbuckle-Formation entsprechen, eine Mächtigkeit von nur etwa 500 bis 200 m. Ebenso nimmt die Mächtigkeit des Karbons von 3000 bis 5000 m im Wichita-System bis auf 1000 bis 1500 m in Kansas sowie im Grenzteil von Oklahoma ab. Eine sehr geringe Mächtigkeit besitzt auch das gesamte Jungpaläozoikum in Nordtexas; gleiche Werte lassen sich fernerhin leicht nach der Karte der Tiefbohrungen von DOTT zusammenstellen (s. SCHUCHERT 1943). So haben Bohrungen mit einer Gesamtteufe von weniger als 1800 m (6000 Fuß) überall in Kansas (ausgenommen die SW-Ecke dieses Staates), Nebraska und den nördlich und nordwestlich angrenzenden Gebieten bereits das gesamte Paläozoikum durchsunken bzw. sogar das Präkambrium (NE-Oklahoma) erreicht; ähnliche Verhältnisse bestehen im „Panhandle“ und der nördlichen Hälfte von Texas. Im Gebiet des Anadarko- und Ardmore-Beckens hingegen und an den Nordhängen des Arbuckle-Massivs fehlen derartige Bohrungen mit einer Teufe $>1800$ m, die den präkambrischen Unterbau der Tafel angefahren hätten.

Das Wichita-System tritt im Bereich der Tafel strukturell nicht minder stark hervor (Abb. 1), denn gegenüber der sehr ruhigen Schichtenlagerung der Nordamerikanischen Tafel unterscheidet es sich durch: 1) steiles Einfallen der Sedimentdecke, 2) intensive Deformationen vom Tafeltyp und 3) das Auftreten linearer Faltenzüge in den östlichen Abschnitten sowie hoch herausgehobener Horststrukturen in den Wichita- und Arbuckle-Bergen. Nach den Streichlinienkurven der Strukturkarten und Beziehungen zwischen den einzelnen tektonischen Teileinheiten ergibt sich für das Wichita-System ein asymmetrischer Gesamtbau: Im Norden liegt die tiefe und ebenfalls asymmetrische Senkungszone, im Süden die Aufwölbungszone vom Tafeltyp, die allerdings im Süden nicht mehr durch eine weitere tektonische Senke begrenzt wird.

Die wichtigste strukturelle Besonderheit des Wichita-Systems ist jedoch seine Lage zur jungpaläozoischen Geosynklinalzone Nordamerikas, und zwar zum sogenannten Ouachita-System.

Das Wichita-System stößt fast rechtwinklig auf das Ouachita-System, das sich nach seiner Lage, tektonischen Struktur und den am Aufbau beteiligten Ablagerungen — nicht aber dem Alter — stark vom Wichita-System unterscheidet. Das Ouachita-System streicht räumlich im Gebiet der Ouachita-Berge im südöstlichen Teil von Oklahoma und im mittleren Teil von Arkansas aus. Strukturell handelt es sich um ein kompliziert verfaltetes Massiv mit einer Reihe großer Überschiebungen, unter denen die am weitesten nördlich liegende (Choctaw-Überschiebung) die wichtigste ist. Nach Norden begrenzt das Arkansas-Becken als Randsenke das Ouachita-System. Im Westabschnitt des Ouachita-Systems erfolgt ein Abdrehen der Faltenzüge sowie der vielen Überschiebungen aus der vorherrschenden Ost–West-Richtung in ein südwestliches und weiterhin auch südsüdwestliches Streichen; schließlich tauchen die Strukturen mit dem veränderten Streichen unter die Kreideablagerungen der Tafel ab, die — in sich konkordant — transgressiv und mit ausgeprägter Winkeldiskordanz über das Paläozoikum des Ouachita-Systems hinweggreifen. Der Fortbau des Ouachita-Systems in Richtung Süden läßt sich unterhalb der Kreidedecke über eine weite Strecke anhand von Tiefbohrungen verfolgen, deren Profile überall auf eine enge räumliche Beziehung zwischen Geosynklinalablagerungen vom Ouachita-Typ und Tafelformationen des Vorlandes hinweisen; allerdings dürfte sich auch ein Teil der unvermittelten Übergänge durch die starken Überschiebungserscheinungen erklären lassen.

Die Ouachita-Ablagerungen sind typische Geosynklinalgesteine und unterscheiden sich daher sehr stark von den Tafelformationen des Wichita-Systems (VAN WATERSCHOOT VAN DER GRACHT 1938, 1939). So setzen sich Altpaläozoikum (Cm, O, G) sowie Devon im Ouachita-Gebirge aus graptolithenführenden Schiefern, Kieselschiefern und dunklen, verkieselten Kalken zusammen, während im Wichita-System im Altpaläozoikum mächtige Kalksteine und Dolomite vorherrschen; ebenso ist das Unterkarbon (Mississippian) in den Ouachita-Bergen durch Tonschiefer und Sandsteine in Flyschfazies mit außerordentlich großen Mächtigkeiten (bis 5500 m) entwickelt, wohingegen im Wichita-System während des gleichen Zeitabschnittes vorwiegend Kalksteine mit Zwischenmitteln von Argilliten sowie Kieselgesteinen bei einer Mächtigkeit von nur etwa 700 m zur Ablagerung gelangten. Auch im Oberkarbon setzen sich in der Randsenke von Ouachita (Arkansas-Becken, Ardmore-Becken) Sedimente vom Molassetyp mit sehr großen Mächtigkeiten ab.

Zur Geosynklinalformation des Ouachita-Systems gehören ferner die mächtigen Schieferserien im Unterpennsylvanian, die riesige (bis 100 m große) Schollen exotischer Kalksteine vom „Klippentyp“ oder „Wildflysch-Typ“ enthalten (VAN WATERSCHOOT VAN DER GRACHT 1938, STILLE 1940). Erscheinungen vom geosynklinalen Magmatismus sind jedoch im Ouachita-System sehr gering, denn außer feinkörnigen Tuffen in der Standley-Formation (Karbon) dürften vielleicht auch noch Granite vorhanden sein, wofür indirekt das Auftreten mächtiger Arkosen im Bereich der Llanoria-Geosynklinale (Ouachita) spricht (STILLE 1940, H. D. MISER & A. H. PURDUE 1929; VAN WATERSCHOOT VAN DER GRACHT 1938).

Geotektonisch bildet das Ouachita-System den Randteil der jungpaläozoischen Faltungszone, ist den Appalachen vollkommen ähnlich gebaut und stellt nach Meinung von P. B. KING (1933), VAN WATERSCHOOT VAN DER GRACHT (1938) und anderen Forschern den unmittelbaren Fortbau dar. Die letzte Schlußfolgerung scheint mir allerdings noch nicht ausreichend begründet, denn die Beziehungen zwischen Appalachen und Ouachita-System können auch anders gedeutet werden (SCHATSKI 1945a).

Damit läßt sich in Arkansas, im südöstlichen Oklahoma und östlichen Texas eine ausgedehnte variscische Geosynklinalzone rekonstruieren (Ouachita-Geosynklinale), an die sich südlich ein hoch herausgehobener geantiklinaler Streifen (Llanoria) anschließt. Das Ouachita-System streicht zunächst E–W, dreht dann am Arbuckle-Massiv fast unter rechtem Winkel (110°) nach SSW ab und verläuft schließlich in dieser Richtung bis zum Ostrand des Llano-Doms (südöstliches Texas). Die variscische Faltungszone dringt demnach mit keilförmigem Winkel in die Nordamerikanische Tafel ein, wobei das Wichita-System als Fortbau des Ouachita-Streifens in die Spitze dieser winkelförmigen Zone zu liegen kommt.

Die Hauptstrukturen des hier betrachteten Abschnittes des Nordamerikanischen Kontinents weisen in ihrer Anordnung eine erstaunliche Geradlinigkeit und auch Regelmäßigkeit auf. So stellt das Wichita-System in seiner Gesamtheit den nördlichen Fortbau der geosynklinalen Ouachita-Zone im Bereich der Tafel dar; die E—W streichende Red-River-Aufwölbung, der in gleicher Richtung verlaufende Abschnitt des Anadarko-Beckens und die dazwischen bzw. benachbart liegenden Teile der Wichita-Aufwölbung sowie endlich der Streifen der fiederförmig angeordneten Verwerfungen im nördlichen Texas verlaufen dabei vollkommen parallel zu den Faltenstrukturen des Ouachita-Systems, während die anderen Elemente des Systems, und zwar das Ardmore-Becken, Arbuckle-Massiv und die östlichen Teile des Anadarko-Beckens und die Red River-Aufwölbung etwa der Winkelhalbierenden des erwähnten keilförmigen „Innenwinkels“ der Tafel folgen. Ebenso erstrecken sich der breite Streifen der fiederförmigen Verwerfungen des Midkontinents in Oklahoma, das System der Plakantiklinalen und Verwerfungen der Granitzone von Nemaha sowie die benachbarten Senken etwa parallel zum Westrand des südlichen Astes vom Ouachita-Faltungssystem.

Welche tektonische Stellung nimmt nun das Wichita-System ein und wie entwickelt es sich? Diese Frage wurde bereits mehrfach diskutiert, ohne bisher jedoch eine endgültige Lösung zu erfahren. VAN WATERSCHOOT VAN DER GRACHT (1938), KING (1933) und andere Autoren kamen zu dem Ergebnis, daß die Strukturen des Wichita-Systems im Gebiet einer „innerkontinentalen“ Geosynklinale entstanden sein muß, die mit Tafelformationen erfüllt war („Plateau-Kalkfazies“ nach VAN WATERSCHOOT VAN DER GRACHT (1939)). Nach TOMLINSON (1933) hat die jungpaläozoische Orogenese „eine Kette von Gebirgszügen aufgefaltet (Arbuckle-Wichita), die in westnordwestlicher Richtung über den Midkontinent über nahezu 1600 km vom nordöstlichen Texas bzw. von Nordlouisiana bis nach Westcolorado streichend zu verfolgen ist. Obgleich das Arbuckle-Wichita-System möglicherweise genetisch mit der Ouachita-Geosynklinale oder anderen Sedimentationsgebieten (basin of deposition) in Zusammenhang zu bringen ist, läßt das eigenartige Streichen dieses Gebirgssystems keine vollständige Parallelisierung mit der Geosynklinale zu (TOMLINSON weist hierbei auf die übliche amerikan. Ansicht bezüglich der Entstehung von Gebirgszügen an den Kontinenträndern hin, N. Sch.). Dieses System verläuft aber nahezu unter rechtem Winkel zur damaligen Küstenlinie von Llanoria, d. h. des alten Festlandmassivs in Louisiana und Südtexas, welches u. U. den Fortbau des NE–SW streichenden Appalachen-Kontinents darstellt . . . . Die Hauptursachen für die anormale Erstreckung dieses innerkontinentalen Gebirgssystems (Wichita) bleiben allerdings noch ungeklärt".

STILLE (1940, S. 76—77) ordnet das Wichita-System genauer in die Klassifikation der tektonischen Strukturen ein: „Die Schichtmächtigkeiten sind wenigstens im Osten des Wichita-Systems zunächst noch erheblich, so daß wir hier noch von einer Wichita-Parageosynklinale sprechen können, die wir uns wohl als eine westliche und bald westlich der Wichita Mts. sich schließende Ausstülpung der Orthogeosynklinale des Ouachita-Systems vorzustellen haben. Die tektonischen Formen, die uns im Wichita-System entgegentreten, sind von einfacher Art, verglichen mit dem Ouachita-System und werden nach Westen noch immer einfacher. Sie sind germanotyp, und auch von amerikanischen Autoren und von VAN WATERSCHOOT VAN DER GRACHT wird die Wichita-Faltung als vorländisch und die Wichita-Geosynklinale als intrakontinental aufgefaßt" [1].

Indem STILLE das Wichita-System als eine Parageosynklinale definiert, legt er zugleich deren grundlegende Unterschiede zum variscischen Faltungsstreifen von Ouachita genauer fest. Damit bleibt jedoch noch die Ursache ihrer Entstehung sowie ihre genetische Stellung unter den anderen tektonischen Tafelelementen bzw. zur benachbarten Faltungszone ungeklärt.

---

[1] Einige Erläuterungen zu der von STILLE benutzten Terminologie: Als Orthogeosynklinalen bezeichnet STILLE interkontinentale Geosynklinalen, die später in der Orogenese ausgefaltet wurden und die gewöhnlich im Verhältnis zu ihrer großen Länge nur eine sehr geringe Breite besitzen. Bezeichnend ist außer der gesteinsfaziellen Entwicklung vor allem der sogen. magmatische Zyklus: Er beginnt mit dem „Initial"-Magmatismus, d. h. einem effusiven und intrusiven Vulkanismus von vorherrschend basischer Art (ophiolithische Formation und Grünstein-Formation.)

Anschließend folgen der synorogene Magmatismus (sauer) und schließlich der subsequente (basisch). Die Orthogeosynklinalen (= „echte" Geosynklinalen bzw. Geosynklinalen 1. Ordnung) stellen damit pliomagmatische Zonen dar, d. h. Gebiete mit hochentwickeltem und ausgeprägtem Magmatismus (z. B. Hauptanden). Die im Bereich dieser Zonen entstehenden Faltungsstrukturen sind alpinotyp (Orthotektonik).

Im Gegensatz zu den Orthogeosynklinalen stellen die Parageosynklinalen innerkontinentale Senken von begrenzter Ausdehnung und häufig rundlichen oder auch sehr unregelmäßigen Umrissen dar. Auch für sie ist eine bestimmte Gesteinsfazies ohne Initialmagmatismus, oft aber mit einem ausgeprägten Finalmagmatismus charakteristisch. Die Parageosynklinalen können ebenfalls stark absinken, so daß die Sedimentbildungen z. T. ähnliche Mächtigkeitswerte wie in den Orthogeosynklinalen erreichen. In Abhängigkeit von der Tektonik, die die Unterlage der Parageosynklinalen konsolidierte verlaufen die späteren germanotypen gebirgsbildenden Erscheinungen ausgesprochen posthum.

Die Vorstellung STILLES von dieser Parageosynklinale als allmählich auskeilender Fortbau des Ouachita-Systems gibt allerdings keine Deutung für die Form des Wichita-Systems, speziell den verengten Ostrand, die Asymmetrie der Struktur usw.

Im vergangenen Jahr wurde daher von mir eine neue Deutung für die Entstehung des Wichita-Systems vorgeschlagen (SCHATSKI 1945a), die auf folgender Verallgemeinerung basiert: In allen den Fällen, wo die variscische Faltungszone in Form scharfer Keile in die Nordamerikanische Tafel eindringt („Innenwinkel" der Tafel) entwickelten sich an den Tafelrändern quer zur Faltungszone liegende Strukturen; bautypenmäßig sind es entweder einfache Syneklisen (Ottawa-Syneklise in Kanada) oder intensivere Absenkungszonen, die seitlich durch „Wälle", d. h. Aufwölbungen vom Tafeltyp (Delaware-Becken und Nachbaraufwölbungen) oder durch sehr komplizierte Strukturen (ähnlich dem Wichita-System) begrenzt werden.

Der Bildungsmechanismus aller dieser Strukturen hängt mit Dehnungskräften zusammen, die an der Spitze dieser keilförmig einspringenden „Innenwinkel" infolge starker Einwirkung von epirogenetischen und vielleicht auch orogenetischen Vorgängen auftreten und die normal zu den Schenkeln dieses Innenwinkels, d. h. in Richtung der Geosynklinalzone, ansetzen. Damit wurde die „Hauptursache" für die anormale Richtung des intrakontinentalen Gebirgssystems gefunden, von der bereits TOMLINSON gesprochen hat (vgl. weiter oben). Diese mechanische Deutung stellt allerdings nur das Schema für die Bildung von Quersyneklisen und sogenannte „intrakontinentale parageosynklinale Systeme" dar. In Wirklichkeit sind die Einzelfaktoren für Ursache und Wirkung dieser Winkelbildung erheblich komplizierter, und zwar in Abhängigkeit von präexistenten Bruchsystemen in der Tafel, Uneinheitlichkeit des kristallinen Unterbaues sowie von Diskontinuitäten der auf die Tafel einwirkenden Kräfte und schließlich auch unterschiedliche Intensität der auf die einzelnen Seiten des „Innenwinkels" gerichteten Vektoren.

## III. Randliche Querstrukturen der Tafel

In Abhängigkeit von den intensiven Dislokationen der angrenzenden Geosynklinalen traten auch an den Tafelrändern verschiedenartige, z. T. recht komplizierte Deformationen auf. Die Mehrzahl dieser tektonischen Formen verläuft fast parallel zur benachbarten Faltungszone, lediglich an den Stellen, wo die Geosynklinale winkelförmig in die Tafel eindringt, entstanden besondere tektonische Strukturen, die quer zur Faltungszone sowie den allgemeinen Umrissen der Tafel streichen. Eine genaue Untersuchung aller Randstrukturen führt zum Schluß, daß der große Formenunterschied 1) von den Tafelumrissen selber oder 2) vom vorherrschenden Verformungstyp in der benachbarten Faltungszone abhängt (SCHATSKI 1945a).

In vorliegender Arbeit sollen daher nur diejenigen tektonischen Strukturen dieses Typs behandelt werden, die einen Beitrag zur Genese des Großen Donezbeckens und des Wichita-Systems, d. h. der Quersenken und Querbrüche, liefern; Queraufwölbungen und Längsstrukturen werden hier daher nicht besprochen, da sie eine selbständige Beschreibung erforderlich machen. Die quer gerichteten Randstrukturen lassen sich dabei am besten an der eingehend erforschten Osteuropäischen und Nordamerikanischen Tafel behandeln.

Die Begrenzung der Nordamerikanischen Tafel, besonders die östliche Grenze, ist hinreichend bekannt. So stellt z. B. die Grenze zwischen Tafel und östlicher paläozoischer Faltungszone (Appalachen- und Ouachita-System) keine unregelmäßig gebogene Linie dar, sondern setzt sich aus einer Reihe gerader oder fast gerader, nur schwach gebogener Teilabschnitte zusammen, die — untereinander verschieden orientiert — eine gebrochene Begrenzungslinie der Tafel bilden. Hierbei kommt es auch zur Anlage von Vor- und Einsprüngen des Tafelrandes.

Im Zusammenhang mit der Problemstellung ist die Erforschung der Tafeldeformationen in Abhängigkeit von den „Innenwinkeln" der Tafel am wichtigsten.

Längs des Ostrandes der Nordamerikanischen Tafel lassen sich von Südwesten nach Nordosten folgende „Innenwinkel" unterscheiden (Abb. 2):

1. Marathon-Winkel, der im Gebiet des Marathon-Gebirges im südwestlichen Texas endet und dessen Schenkel sich fast rechtwinklig nach ESE, zum Südrand des Llano-Domes, bzw. nach SSW bis Mexiko (westl. des kleinen Solitario-Aufbruches) erstrecken (2 in Abb. 2).

2. Atoka-Winkel, der vom Ouachita-System und seiner südsüdwestlichen Fortsetzung gebildet wird; die Spitze dieses fast rechten Winkels (110°) liegt etwas östlich vom Arbuckle-Massiv unweit der Stadt Atoka in Oklahoma (1 in Abb. 2).

3. Nach der Ansicht von Van Waterschoot van der Gracht (1938), King (1933) und anderen Forschern biegt im Bereich der meso-känozoischen Mississippi-Bucht (Syneklise) der E–W streichende Variscidengürtel der Ouachita-Berge unterhalb des Deckgebirges dann nach Süden oder Südsüdosten ab und stellt eine Verbindung mit den Appalachen im Gebiet des Jackson-Domes her. Entsprechend den Angaben der erwähnten Autoren bildet also der paläozoische Faltungsstreifen auch hier den spitzen, in die Tafel eindringenden Mississippi-Winkel, doch lassen sich die Beziehungen zwischen Ouachita und Appalachen auch anders deuten (Schatski 1945a).

4. Die Faltenstrukturen der Appalachen zeigen von Alabama bis New York ein außerordentlich konstantes Nordost-Streichen, das in seiner Regelmäßigkeit nur noch mit dem Verlauf des Urals verglichen werden kann. Im ausgedehnten Südteil der Appalachen wird dieses gradlinige Streichen noch durch den Verlauf der Hauptstörungselemente, z. B. Brevard-Überschiebung, besonders betont; abgesehen von einigen Verbiegungen im Streichen (westliche Gebiete der Randsenke) fehlen aber typische „Innenwinkel". Im südlichen Pennsylvanien jedoch schließen die metamorphe Zone der Appalachen sowie die Randstrukturen eine steile, allerdings nicht scharfe Biegung nahe der Stadt Harrisburg ein.

5. Weiter nördlich bildet im Bereich der kaledonischen Appalachen der ausgeprägte Rand der Faltungszone (sogenannte „Logan-Linie" oder Champlain-Überschiebung) einen weit geöffneten Winkel, in dessen Spitze sich die gut untersuchten basischen Massive der Monteregian Hills befinden. Dieser Winkel (Monteregian-Winkel) setzt sich aus der N–S streichenden Champlain-Über-

schiebungszone sowie den im Norden unvermittelt angrenzenden Überschiebungen des St. Lorenz-Stromes zusammen, wobei der Wechsel im Streichen dieser hier die Logan-Linie bildenden Überschiebungen ausgesprochen rasch erfolgt (3 in Abb. 2).

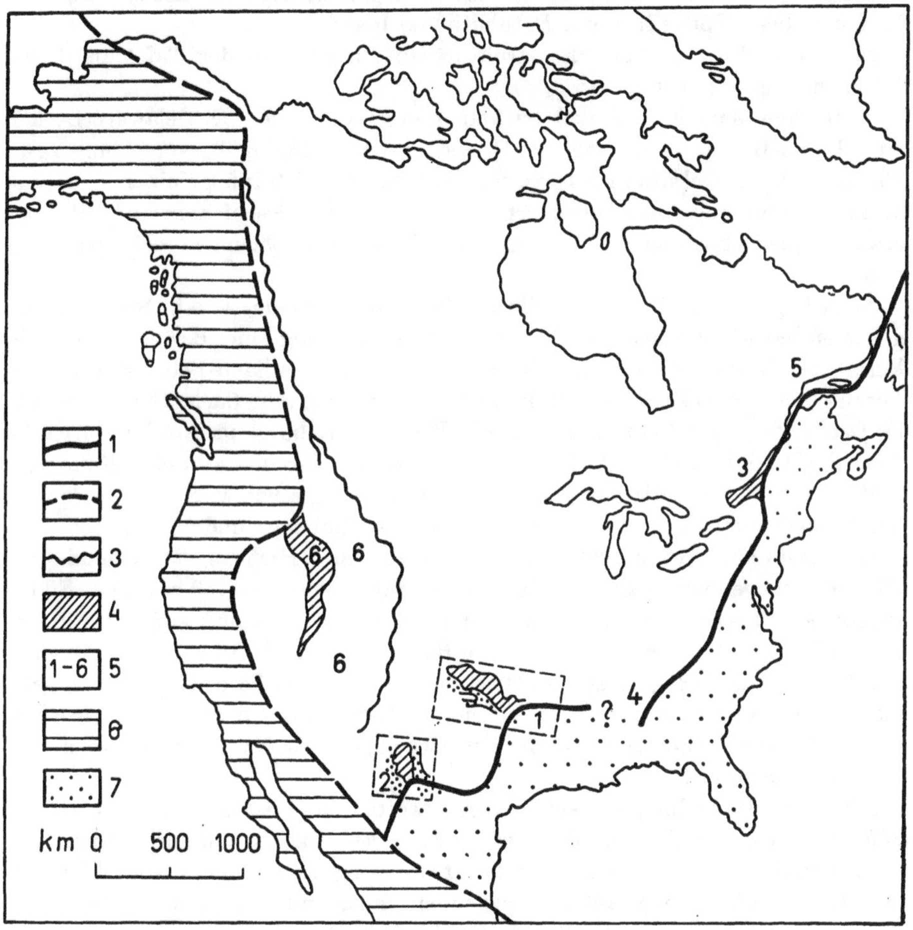


Abb. 2. „Innenwinkel“ der Nordamerikanischen Tafel

1 — Tafelgrenzen zum paläozoischen Geosynklinalgebiet; 2 — Tafelgrenze zum „Nevada“-Orogen; 3 — östliche Begrenzung der Dislokationen der Rocky Mountains; 4 — quergerichtete Randstrukturen; 5 — „Innenwinkel“ sowie Querstrukturen, die im Text erläutert werden; 6 — Nevada-Orogen; 7 — Appalachen-Zone.

6. Noch weiter nördlich, im Norden der Haspe-Halbinsel, geht das NE-Streichen der Logan-Linie wiederum in die ost-westliche Richtung oder — wird nach der Lagerung des Altpaläozoikums auf der Anticosti-Insel geurteilt — sogar in einen westnordwestlichen Verlauf über. Demzufolge findet sich hier ein sehr markant ausgeprägter „Innenwinkel“ (Haspe-Winkel) (5 in Abb. 2).

Die Westbegrenzung der Nordamerikanischen Tafel ist bisher weniger genau geklärt als die östliche. Die Grenze zwischen präkambrischem Tafelteil und der mesozoisch gefalteten Zone („Nevada-Orogen“) beschreibt nach King eine Einbiegung nach Südosten in Form eines sehr großen „Innenwinkels“; ungefähr im Osten dieser Spitze liegt der Batholith von Idaho.

Nachstehend sollen kurz die strukturellen Eigenheiten der Tafel an diesen Winkeln besprochen werden:

1. An dem Marathon-Winkel tritt im Bereich der Tafel das Delaware-Becken oder Toyah-Becken als tektonische Großstruktur reliefmäßig hervor (Abb. 3 u. 4). Ein erheblicher Teil dieses permischen Beckens läßt sich infolge einer transgressiven Überlagerung durch unverformte Trias- und Kreideschichten nur mittelbar erkunden, jedoch ist der Aufbau durch die vielen Erdölbohrungen recht genau bekannt.

Nach Lage und Aufbau stellt die beschriebene Struktur, worauf Sillard hingewiesen hat (Schuchert 1943), nur die Komplizierung einer der größten Syneklisen der Nordamerikanischen Tafel, nämlich des Midland-Beckens oder des Permischen Salzbeckens, dar. Es handelt sich um eine sehr flache Syneklisse, die im Osten durch den Llano-Dom und die Bend-Aufwölbung, im Norden durch die Amarillo- und Red-River-Aufwölbung, im Westen durch die Rocky Mountains und im Süden durch die variscische Faltungszone begrenzt wird; der Zentralteil des Beckens erstreckt sich zwischen den Städten Lubbock und Midland.

Das Delaware-Becken läßt sich in nordwestlicher Richtung streichend über 250 km verfolgen und besitzt im Norden eine Breite von etwa 150 km; nach Süden verengt sich das Becken in Annäherung an das Marathon-Gebirge auf 25 bis 30 km. Der Aufbau ist asymmetrisch, indem die Beckenachse nach Osten in Richtung auf den Beckenrand verlagert ist. Im Osten begrenzen es die Pecos-Ketten, die meist als „Tafel des Zentralen Beckens“ (Central Basin Platform) bezeichnet werden, d. h. mit einem Terminus, der in der Russischen geologischen Literatur einen vollkommen anderen Sinn hat.

Die Pecos-Aufwölbung verläuft nordnordwestlich und hat eine Länge von etwa 250 km bei einer Breite von 50 bis 60 km; die Ostflanke ist außerordentlich flach gebaut und entspricht strukturell der Flanke des Zentralteiles vom Midland-Becken; die Westflanke fällt demgegenüber steiler und flexurähnlich ein. Nach Norden geht die Pecos-Aufwölbung allmählich in die Flanke der Midland-Syneklise über, während sie nach Süden an Höhe zunimmt und zu einer Randerhebung vor der variscischen Faltungszone ansteigt. Im Scheitel wird die Pecos-Aufwölbung durch sehr schwache Kuppeln und Antiklinalen vom Tafeltyp modifiziert.

Demnach hat sich die Pecos-Aufwölbung oder der Pecos-„Wall“ auf dem Westhang der Syneklise infolge eines flexurähnlichen Absinkens des Delaware-Beckens gebildet, wodurch auch der asymmetrische Aufbau dieses Walles und die Asymmetrie des gesamten Delaware-Beckens ihre Erklärung finden. Nach Westen ist das Becken durch eine Reihe von Aufwölbungen begrenzt (u. a. von Van Horn, Delaware, Guadalupe und andere nach King (R. C. Moore 1935)), die sich —

ähnlich wie beim Pecos-Wall — zu einer breiten Wallzone mit nordwestlichem Streichen vereinigen. Im Osten dieses durch mehrere Kuppeln und Plakantiklinalen komplizierten Walles folgt eine Reihe fiederförmig angeordneter Strukturen, die gleichzeitig der Westgrenze des Delaware-Beckens entsprechen. Analog gebaute Flexuren schließen das Becken nach Norden ab.

Wie KING (1942) geklärt hat, hängen die Faziesunterschiede im Bereich dieser Struktur eng mit dem Aufbau und der Begrenzung des Delaware-Beckens zusammen. So kommen z. B. in der Delaware-Mountains-Gruppe (= Mittelperm-Guadalupe) im Delaware-Becken sehr mächtige Serien von Argilliten und Sandsteinen mit vereinzelten Kalkmitteln vor, denen seitlich auf den Beckenrandflexuren die massiven Riffkalke von Capitan und von Dog canyon entsprechen; außerhalb des Delaware-Beckens finden sich dagegen in der Midland-Syneklise schichtige Karlsbader Kalksteine und bunte Argillite mit Gips, die im Vergleich zu den entsprechenden Ablagerungen des Delaware-Beckens eine 2,5- bis 3-fache Mächtigkeitsreduktion aufweisen. Analoge fazielle Beziehungen zwischen den Gesteinen des Delaware-Beckens und denen seiner Randgebiete lassen sich auch im Mittel- und Oberperm, d. h. im Liegenden und Hangenden der Delaware-Mountains-Gruppe, sowie im Pennsylvanian erkennen.

Diese Tatsachen sprechen für eine lange Bildungszeit des Delaware-Beckens.

An den Rändern des Marathon–Gebirges (Glass Mountains) verändern sich die permischen Gesteine stark: Ihre Mächtigkeit wird größer, und Konglomerathorizonte, Schiefer, Sandsteine, Kieselschiefer und andere Ablagerungen vom Randsenkentyp erscheinen. Die älteren Ablagerungen des Marathon-Gebirges setzen sich demgegenüber aus typischen Geosynklinalformationen zusammen.

Die kurze Charakteristik des Delaware-Beckens zeigt also, daß diese Struktur 1) quer zur variscischen Faltungszone verläuft und 2) auf der Tafel in der Spitze des Marathon-Winkels beginnt. Das Becken stellt ein durch tiefe Brüche begrenztes Teilstück aus der Westflanke der flachen Midland-Syneklise dar, die in höheren Teilstockwerken (Perm) als Flexuren erscheinen. Beachtenswert ist in diesem Zusammenhang der Umstand, daß die das Becken begrenzenden Flexuren zur Spitze des Marathon-Winkels konvergieren, wobei die östliche Flexur gewissermaßen den Fortbau des N–S verlaufenden Randes der Marathon-Faltungszone bildet, während der Streifen der Fiederflexuren am westlichen Beckenrand einer Fortsetzung des Nordrandes dieser Faltungszone im Gebiet der Tafel entspricht.

2. Der Aufbau der Nordamerikanischen Tafel im Bereich des Atoka-Winkels (Wichita-System) ist bereits in Abschnitt 2 genauer besprochen worden.

3. Die Tafelstruktur im Gebiet des Mississippi-Winkels.

Bekanntlich lassen sich die strukturellen Zusammenhänge zwischen dem paläozoischen Ouachita-Streifen sowie den Appalachen im Mississippi-Gebiet infolge einer mächtigen Überlagerung durch Känozoikum und Kreide nur schwer klären. Das Deckgebirge bildet hier eine breite Mulde mit nordöstlichem Streichen (Mississippi Embayment), die im Süden des Illinois-Beckens einsetzt und sich in Richtung auf die Mississippi-Bucht des Golfes von Mexiko weit öffnet.

Der geologische Aufbau der Senke ist asymmetrisch, denn an der Ostflanke streichen Kreide und Paläogen zu Tage aus, an der Westflanke hingegen lagert Paläogen unmittelbar auf Paläozoikum. Hieraus läßt sich ein Abwandern der Absenkungsvorgänge nach Westen als Folge einer allgemeinen Heraushebung der Appalachen sowie der angrenzenden Nashville-Kuppel ableiten. Insgesamt kann diese Mulde nördlich der Monroe-Aufwölbung (etwa nördlich von Arkansas City) als posthume Struktur einer Tafelquerdepression angesehen werden, die bereits während des Paläozoikums im Bereich des Mississippi-Winkels entstanden war.

Der Aufbau des Paläozoikums im Gebiet der Mississippi-Senke ist demgegenüber jedoch noch vollkommen ungeklärt, da die Bohrdichte viel zu gering ist. Ich habe daher eine neue, gegenüber den herkömmlichen Deutungen abweichende Auffassung über die räumlichen Zusammenhänge zwischen dem Ouachita-System und Appalachen vorgeschlagen (SCHATSKI 1945a): Bei Betrachtung der Tektonik der Ouachita-Berge fällt auf, daß die schuppenförmigen Überschiebungen und örtlichen Deckenschübe besonders im östlichen Teil näher an den Atoka-Winkel herantreten. Nach Osten in Richtung auf die Mississippi-Senke keilen sie aus, und der Faltenbau schwächt ab — vielleicht ein Hinweis darauf, daß der Ouachita-Faltenzug nicht nach Süden auf die Appalachen eindreht, sondern in östlicher Richtung unter dem Mesozoikum des Mississippi-Tales ausläuft. Hier könnte also ein gleiches Abklingen der Faltungszone vermutet werden, wie es sonst im Kohlenbecken von Nordpennsylvanien und im benachbarten Südteil des Staates New York zu beobachten ist. In diesem Falle wäre die mesokänozoische Mississippi-Bucht als eine Senke zwischen der Appalachen-Kernzone und der Nashville-Kuppel einerseits sowie dem Ouachita-System und dem Ozark-Dom andererseits zu deuten.

4. Die Zusammenhänge zwischen Tafel und Faltungszone im Gebiet des Harrisburg-Winkels verhalten sich im Vergleich zu den oben angeführten Beispielen jedoch vollkommen anders. Dieser Winkel ist nämlich nur in der metamorphen Zone des Appalachen-Faltungsstreifens scharf ausgeprägt, während er weiter nach Nordwesten im Gebiet der äußeren Faltungszone mit Annäherung an die Tafel ständig verflacht und schließlich im Gebiet der Falten des Appalachen-Beckens fehlt. Insgesamt läßt sich hier also im Gegensatz zum Atoka- und Marathon-Winkel ein allmähliches Auslaufen des Winkels in der Randsenke beobachten; außerdem fehlen im angrenzenden Tafelbereich merkliche Dislokationen in Querrichtung.

5. Der Monteregian-Winkel, der durch die Logan-Linie gebildet wird, besitzt außerordentlich großes Interesse. Hier verläuft nämlich in der Winkelhalbierenden ein Streifen kleiner Massive von Nephelin-Syeniten (? mesozoischen Alters) sowie von Trümen und kleinen Intrusivdiabasen, der die flache Ottawa-Syneklise schneidet. Diese etwa 250 km lange und 100 km breite Syneklise streicht in ENE-Richtung längs des Ottawa-Flusses und des St.-Lorenz-Stromes in Richtung auf den Monteregian-Winkel, wo sie durch die Überschiebungen der Logan-Linie abgeschnitten wird. An ihrem Aufbau beteiligen sich typische Tafelformationen

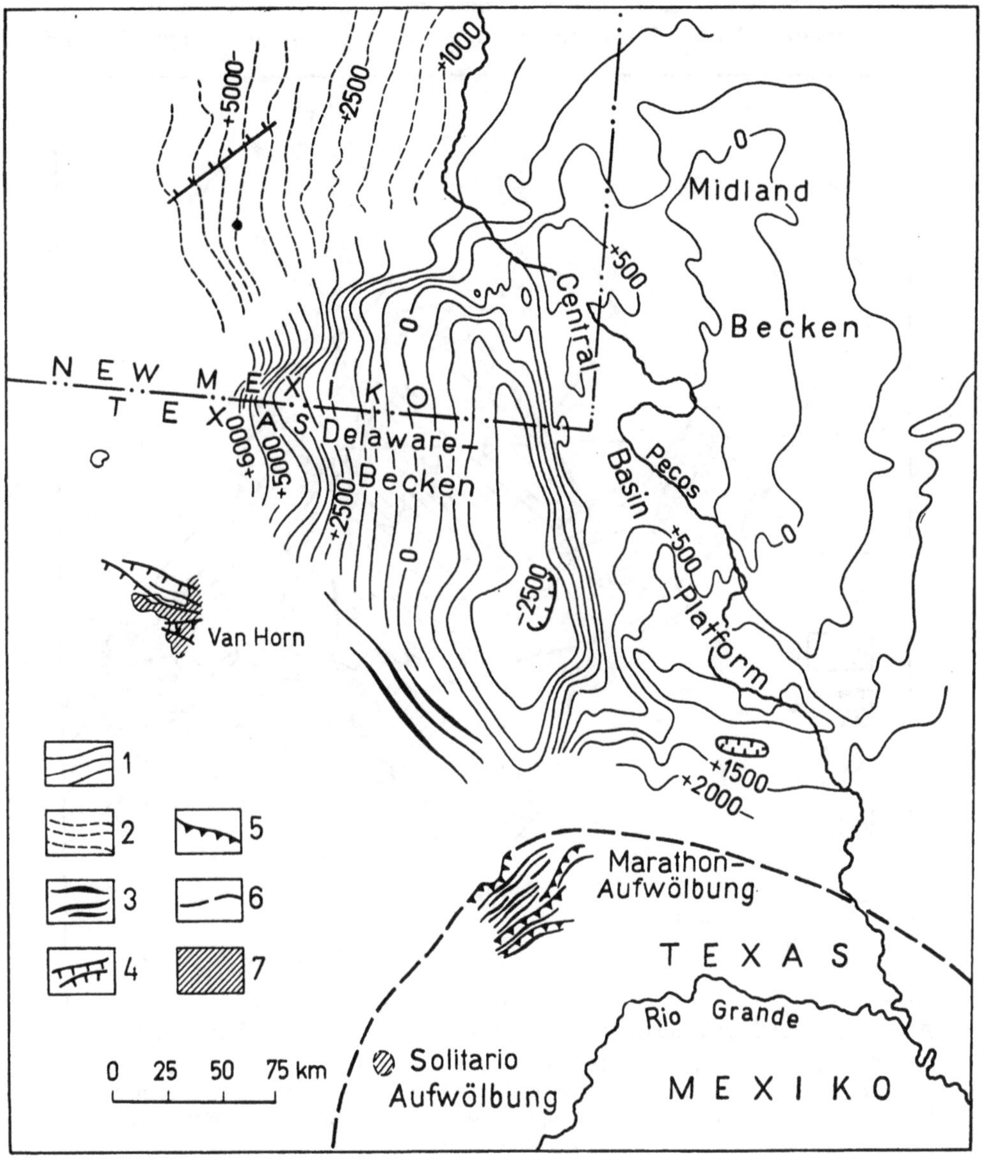


Abb. 3. Strukturkarte des Delaware-Beckens (nach „Tectonic Map of USA", 1944)

1 — Isohypsen, bezogen auf Hangendfläche der „Delaware-Mountain Group" (Perm); 2 — Isohypsen, bezogen auf Hangendfläche des San-Andreas-Limestone (Perm); 3 — Faltenzüge; 4 — Abschiebungen, Flexuren; 5 — Überschiebungen; 6 — Außenrand der paläozoischen Faltung; 7 — Ausstrich präpermischer Ablagerungen.

(Altpaläozoikum); nach Norden, Südwesten und Westen wird diese Senke durch das Präkambrium des Kanadischen Schildes, nach Süden durch den Adirondack-Dom begrenzt. An der Nordflanke zerteilen viele Längs- und Diagonalverwer-

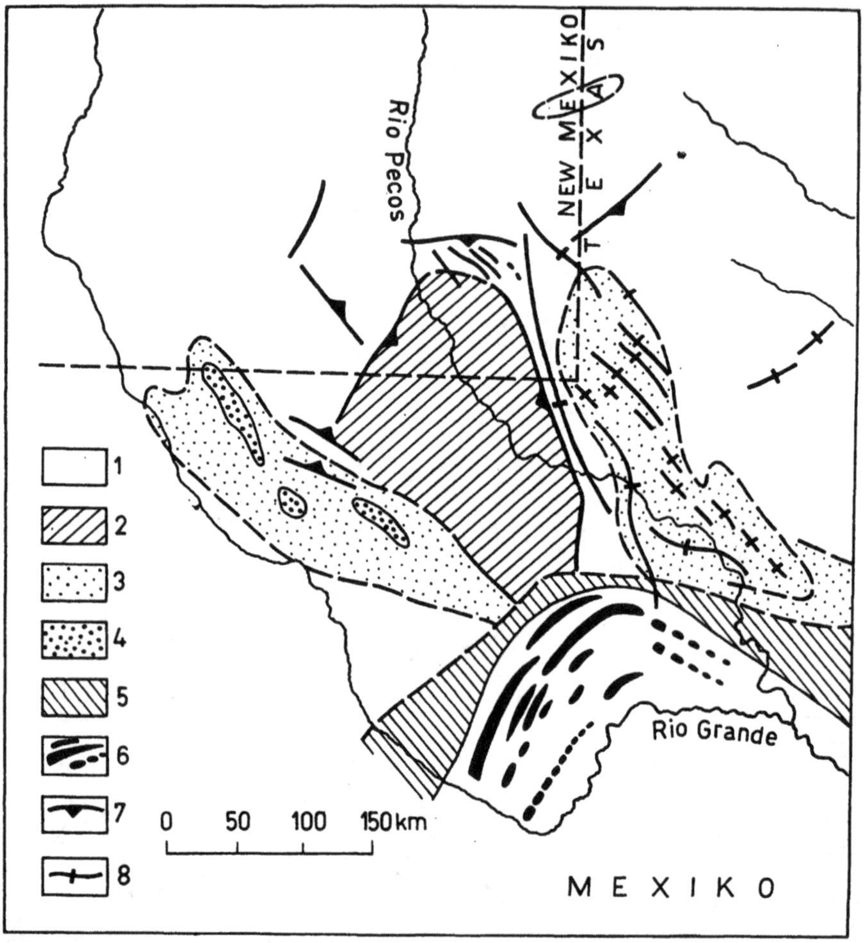


Abb. 4. Jungpaläozoische Struktur des Delaware-Beckens (nach P. B. King 1933)
1 — Perm (Tafelfazies); 2 — Delaware-Becken; 3 — Aufwölbungen; 4 — Ausstrich präpermischer Gesteine im Bereich der Aufwölbungen; 5 — Randsenke; 6 — Faltenzonen der Marathon- und der Solitario-Aufwölbungen; 7 — Flexuren des Delaware-Beckens; 8 — Falten vom Tafeltyp.

fungen (Ottawa-Graben) die Syneklise, die sowohl in bezug auf den Tafelrand als auch zum Verlauf der benachbarten Faltungszone eine typische Querstruktur darstellt.

6. Der Bau des Kanadischen Schildes in Verlängerung des Haspe-Winkels ist ebenfalls nur ungenügend bekannt, so daß das Vorhandensein irgendwelcher Quer-

strukturen in diesem Gebiet weder bestätigt, noch verneint werden kann. Es dürfte in diesem Zusammenhang jedoch von Interesse sein, daß an der Küste des St.-Lorenz-Golfes gegenüber dem Haspe-Winkel Gesteine der Greenville-Serie (Präkambrium) vorkommen, die hier vielleicht infolge einer grabenartigen Quermulde erhalten blieben.

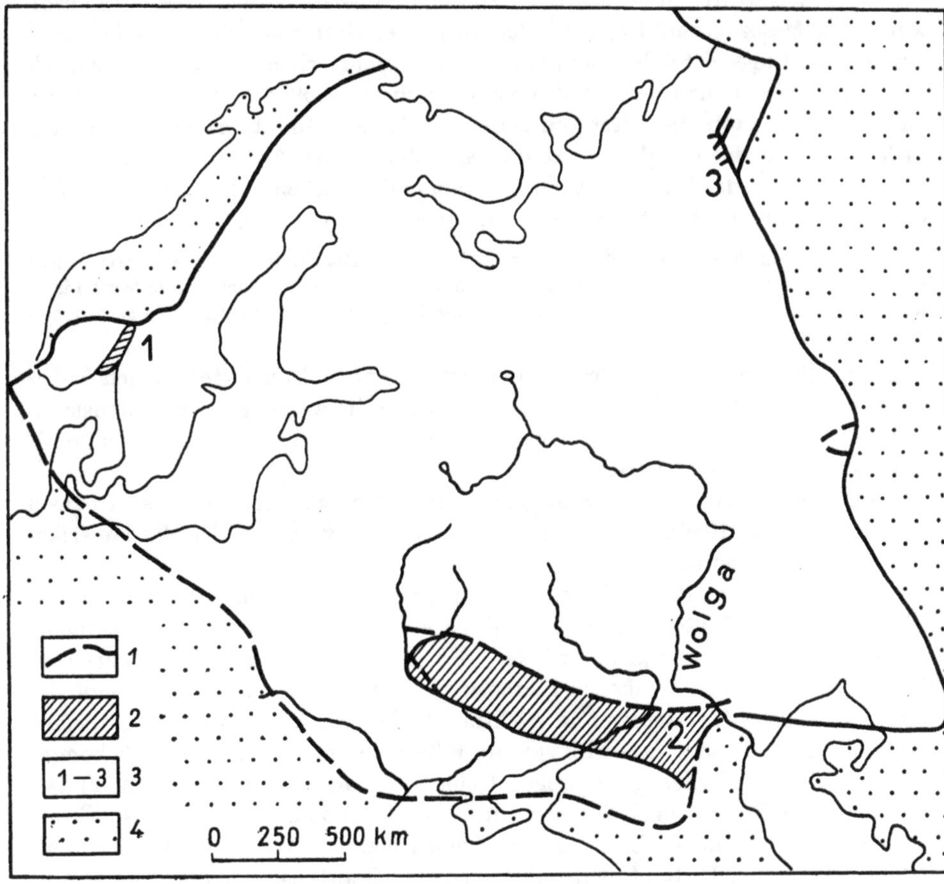


Abb. 5. „Innenwinkel" der Osteuropäischen Tafel

1 — Tafelgrenzen; 2 — Strukturbereiche der „Innenwinkel"; 3 — „Innenwinkel" (s. Text); 4 — paläozoische Geosynklinale.

7. Der oben erwähnte große „Innenwinkel", der von der Sierra Nevada gebildet wird, verdient eine eingehende selbständige Besprechung, die den Rahmen der vorliegenden Arbeit weit überschreiten würde, so daß wir hier nur einige kurze Vorbemerkungen anführen wollen: Die Westkordilleren der Rocky Mountains (Wasatsch-Gebirge u. a.), die sich aus mächtigem, intensiv verfaltetem und verschupptem Mesozoikum aufbauen, sind mit der Sierra Nevada in sehr merkwürdi-

ger Weise verbunden, indem sie von diesen in der Spitze des erwähnten Winkels abzweigen; sie erreichen in der Nähe der Spitze ihre maximale Entwicklung sowie Komplikation und klingen nach Süden allmählich ab, bis sie schließlich am Rand des Kolorado-Plateaus ganz verschwinden. Im Gegensatz zu der Sierra Nevada sind die Westkordilleren der Rocky Mountains amagmatisch, denn es fehlen die für das Nevada-Orogen so charakteristischen effusiven Serien im Jungpaläozoikum sowie Mesozoikum. Ebenso fehlen die großen Granitbatholithe, die im mesozoischen Faltungsgürtel der Pazifischen Zone Nordamerikas so kräftig entwickelt sind. Die strukturellen Beziehungen zwischen diesen großen Faltengürteln führen zur Vermutung, ob die Westkordilleren der Rocky Mountains nicht etwa ein gleiches „intrakontinentales" tektonisches System in bezug auf die Sierra Nevada darstellen, wie es das Wichita-System zur jungpaläozoischen Faltungszone ist, d. h. ein System, das genetisch ebenfalls mit einem „Innenwinkel" zusammenhängt.

Diese Annahme bedarf allerdings einer ausführlichen Begründung sowie Analyse nicht nur der Westkordilleren, sondern auch des gesamten Systems der Rocky Mountains bis zu deren Ostbegrenzung. Ich habe die Absicht, diese Frage später in einer gesonderten Arbeit zu behandeln.

Bei der Untersuchung der Grenzen der Osteuropäischen Tafel war ich früher (Schatski 1945a) zum Ergebnis gekommen, daß die angrenzenden Faltenstrukturen an keiner Stelle in den Tafelkörper eindringen, wie es sich sonst bei der Nordamerikanischen Tafel beobachten läßt.

Im Zusammenhang mit sorgfältigeren Nachuntersuchungen ließen sich jedoch später (Schatski 1946a) auch einige „Innenwinkel" vom Typ der Nordamerikanischen Tafel erkennen.

Eine ausführliche Beschreibung der Tafelgrenzen ist in der ersten Arbeit zur „Vergleichenden Tektonik alter Tafeln" gegeben, so daß ich mich hier lediglich auf die Aufzählung der „Innenwinkel" der Osteuropäischen Tafel beschränken kann: 1) Der Mjösen-Winkel in Südnorwegen, wo der nordöstliche Verlauf der Skandinavischen Kaledoniden in Richtung Süden rasch in ein E–W-Streichen abdreht (E. B. Bailey & O. Holtedahl 1938); die Spitze dieses Winkels kommt dabei in die klassischen geologischen Gebiete am Mjösen-See zu liegen. 2) Der zweite große Innenwinkel befindet sich am Knickpunkt vom nord-südlichen Streichen des nördlichen Urals zum nordwestlichen des Polaren Urals (Nordural-Winkel). 3) Einen dritten Innenwinkel vermute ich auf Grund vergleichender Untersuchungen (Ural, Kaukasus, Ust-Urt) unter mächtigem, waagerecht gelagertem Meso-Känozoikum in dem Gebiet, wo die jungpaläozoische Faltungszone des Südostens (Ural, Altaiden u. a.) in die Tafel eindringt (Astrachan-Winkel); die Spitze dieses Winkels dürfte wahrscheinlich irgendwo im Wolgadelta liegen.

Nachdem ich zu dieser Annahme gekommen war, mußten sich auch zwangsläufig Ähnlichkeiten zwischen Donezbecken und Wichita-System zu erkennen geben, die von mir früher (Schatski 1946a) noch nicht gefunden wurden. In diesem Zusammenhang soll nur die Tafelstruktur im Gebiet der ersten beiden Winkel betrachtet werden, zumal der hypothetische Astrachan-Winkel bereits früher (Schatski 1946a) beschrieben wurde.

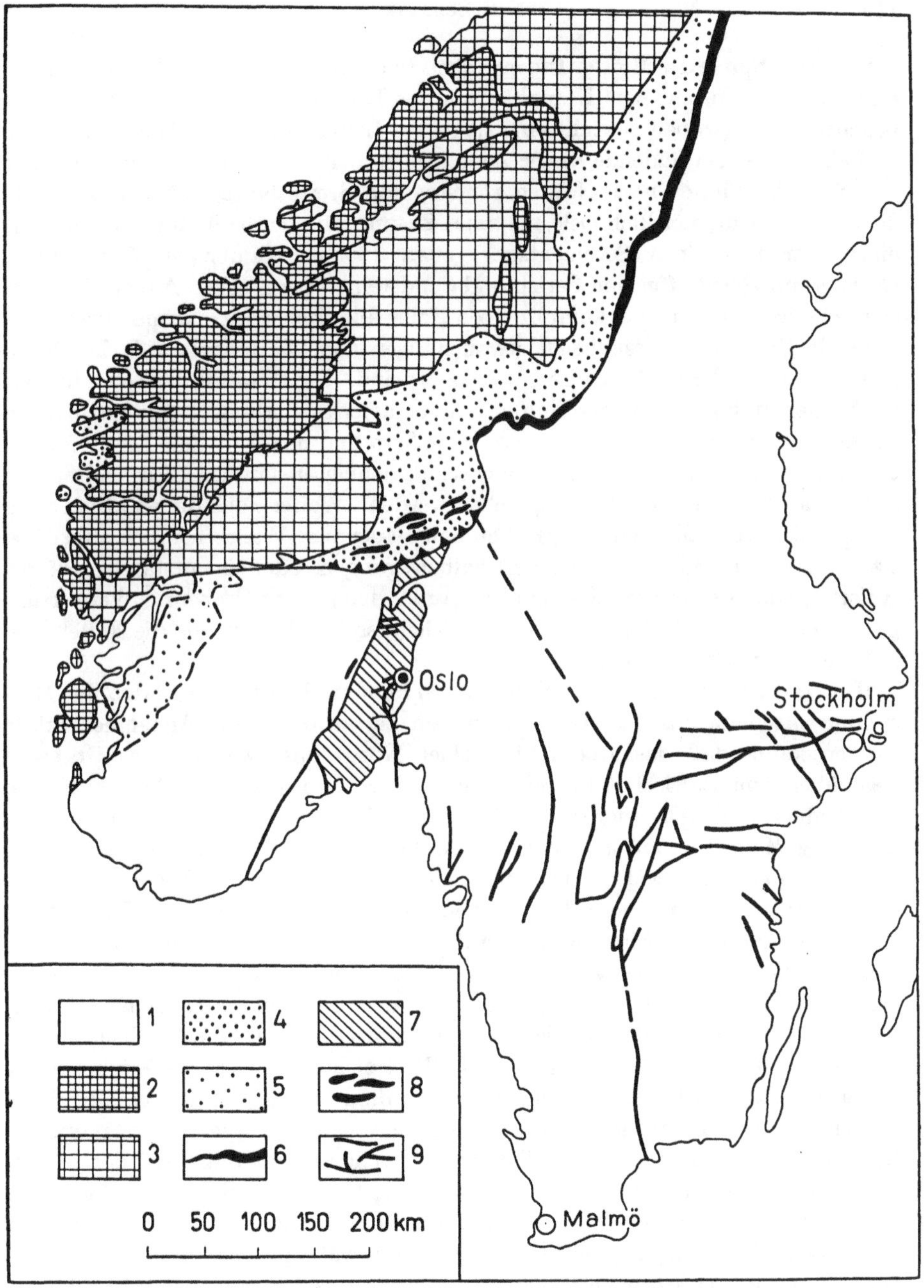


Abb. 6. Der Oslo-Graben und die Kaledoniden
(nach O. HOLTEDAHL, A. HÖGBOM u. a.)

1 — Tafel; 2 — metamorphe altpaläozoische und präkambrische Serien der Zentralen Kaledoniden; 3 — metamorphes Paläozoikum; 4 — nichtmetamorphe Gesteine der Kaledoniden; 5 — Decke des Hardanger-Plateaus; 6 — Rand der Faltungszone; 7 — Oslo-Graben; 8 — Faltenzüge des Mjösen-Sparagmits; 9 — Bruchstrukturen.

8. An die Spitze des Mjösen-Innenwinkels schließt der Oslo-Graben an, der in struktureller Hinsicht eine Komplikation der Tafel bzw. des Baltischen Schildes bedeutet. Der Graben erreicht eine sichtbare Länge von mehr als 250 km, ohne daß allerdings das Südende dieser Zone infolge der Meeresüberdeckung bekannt ist. Seine allmählich nach Norden abnehmende Breite beträgt südlich von Oslo 60 km und mehr, nördlich Oslo maximal 25 km. Die Grabenfüllung besteht aus einer sehr mächtigen Sedimentserie, etwa 1500 m Kambrium, Ordovizium, Gotlandium sowie effusiven Serien und Sandsteinen permischen Alters; diese gesamte Serie wird von einer komplizierten Reihe alkalischer Intrusivmassive durchsetzt, die durch die klassischen Untersuchungen von W. Broegger, V. M. Goldschmidt und anderen Forschern gut bekannt sind. Die Gesteine das Grabens sind im Norden zu kulissenartigen Falten mit schmalen Antiklinalkernen und flachen Mulden zusammengeschoben worden; nach Typ und der Abnahme der Deformationsintensität in den älteren ordovizischen Schichten können diese Falten am ehesten als Schleppungsfalten angesehen werden. Weiter nach Süden klingen die Falten aus, breite Mulden beherrschen den Bautypus. Wahrscheinlich sind diese Falten entweder die Folge von Vertikalbewegungen, oder sie entstanden bei der Aufschuppung der Mjösen-Sparagmite. Außer den großen Grabenrandverwerfungen kommen noch Systeme fast N–S streichender Brüche vor, die die Faltenzüge nahezu senkrecht schneiden.

H. Cloos (v. Bubnoff 1930, Cloos 1928) kam zu dem Ergebnis, daß der Entstehungsmechanismus des Oslo-Grabens am besten durch die Annahme erklärt werden kann, daß das Hochgebirgsgebiet Norwegens (westlich des Grabens) gegenüber dem Baltischen Schild etwas nach SSW versetzt wurde. Durch die entstandenen Haupt- (nordnordöstlich) und Diagonalrisse (nordnordwestlich) drang das Magma herauf und senkten sich die Gräben. Eine derartige Erklärung der Grabenmechanik widerspricht nicht meiner oben gegebenen Deutung („Quergerichtete“ Randstrukturen), denn die Senke bildete sich als Folge von Zugkräften, die — ausgelöst durch Einwirkung von Bewegungen der Massive der Geosynklinalzone auf die Tafel — sich an den Flanken des „Innenwinkels“ in verschiedenen Richtungen auswirkten. Der Oslo-Graben setzt generell das allgemeine NNE Streichen der Kaledoniden in Richtung Süden fort; die norwegische Hochgebirgsscholle konnte durch Bewegungen zur E–W streichenden Seite des Winkels nach Süden versetzt werden, wie es auch Cloos annimmt. Die Lage des Oslo-Grabens ist demzufolge durchaus gesetzmäßig, wenn sie vom hier dargelegten Standpunkt betrachtet wird. Ein gewisser Widerspruch scheint allerdings auf den ersten Blick zwischen dem jungpaläozoischen Alter des Grabens und dem kaledonischen Alter der angrenzenden Faltungszone zu bestehen. Das Absinken des Tafelrandes im Mjösen-Winkel begann zeitlich bereits schon während der Sparagmit-Formation, worauf auch die großen Mächtigkeiten der Sparagmit-Formation im Zentralteil sowie die Mächtigkeitsreduktionen nach Süden, Osten und Westen hinweisen. Demnach lag hier ein verhältnismäßig enges Becken mit kontinentalen Sedimenten vor, streichend in Richtung der späteren Faltengebirge. Weiter ist das Altpaläozoikum im Oslo-Graben (1300 bis 1400 m) erheblich mächtiger als die äquivalenten Ablagerungen in Schweden (150 bis 200 m) östlich des Grabens bzw. im Hardanger-Gebiet westlich davon. Im Altpaläozoikum bestand an Stelle des Grabens eine tiefe Senke vom Tafeltyp. Außerdem waren die starken kaledonischen Bewegungen zweifellos am Ende des Gotlandiums noch nicht beendet, wie sich sowohl aus der großen Mächtigkeit als auch intensiven Verfaltung des Devons Südnorwegens und dem Auftreten postdevonischer Granite im Raum von Bergen ableiten läßt (v. Bubnoff 1930; Bailey & Holtedahl 1938). In jungpaläozoischer Zeit erfolgten starke Hebungen der kaledonischen Faltungszone im ganzen, die sicherlich auch in gleicher Weise — ähnlich den älteren Bewegungen in der Sparagmit-Formation und im Frühpaläozoikum — auf die anliegenden Tafelteile im Mjösen-Winkel einwirkten.

9. Als letzte Struktur soll hier das Tschernyschew-Gebirge erwähnt werden, das sich aus Gotlandium, Oberdevon und Karbon in Tafelfazies, sowie Perm in Vortiefenfazies aufbaut. In tektonischer Hinsicht stellt der südliche Teil dieses Gebirgszuges eine stark asymmetrische Falte dar, denn im Bereich der Westflanke sind die Schichten senkrecht gestellt, stellenweise sogar überkippt und durch Verwerfungen zerstückelt. Das steile Einfallen dieser Flanke geht in Richtung Westen rasch in eine fast waagerechte Lagerung des Perms über.

Die Ostflanke der Antiklinale ist demgegenüber flacher und ruhiger gebaut, ausgenommen sind hiervon jedoch die permischen Schichten, die hier mit starken Verformungen den Rand der großen Randdepression vom Petschora-Becken bilden.

Das Tschernyschew-Gebirge streicht in seinem Südteil nach Nordnordosten, ändert dann seine Richtung nach Nordnordwesten und schließlich an der Ussa (einem Nebenfluß der Petschora) in einen Nord–Süd Verlauf. Mit dieser fast nord-südlichen Richtung streicht das Tschernyschew-Gebirge fast nahezu 45 bis 50 km, entfernt sich vom Ural ungefähr um die gleiche Entfernung und dreht dann scharf nach Nordosten ab. Dieser nordöstliche, zum Polaren Ural fast parallel liegende Abschnitt begrenzt die Randsenke des Workuta-Beckens. Der südliche Teil des Tschernyschew-Gebirges stellt demnach keine „Abzweigung" vom Ural dar, wie gewöhnlich angenommen wird; er entsteht vielmehr auf der Tafel und zeigt dementsprechend auch typischen Tafelcharakter. Sein stark asymmetrischer Aufbau läßt sich — analog allen ähnlich gebauten Tafelstrukturen — u. E. als Folge eines großen Tiefenbruches auffassen, der in den höheren Abschnitten als Flexur erscheint und an dem der westliche Tafelteil tief abgesunken ist; die Ostflanke, mit der das Workuta-Becken beginnt, begrenzt die Randsenke des Polaren Urals. Besondere Beachtung verdient in diesem Zusammenhang der Umstand, daß 1) das Tschernyschew-Gebirge in der Spitze des Nordural-Winkels vom Ural abzweigt und somit eine quergerichtete Randstruktur darstellt und daß er 2) bezüglich Streichen und Asymmetrie gewissermaßen die Grenze zwischen Tafel und Ural-Faltungszone in die Tafel hinein verlängert.

Typ und Entstehung der quergerichteten Randstrukturen.

Die Untersuchung querliegender Randstrukturen führt zu einigen wichtigen Schlußfolgerungen bezüglich ihrer Verbreitung, ihrer Typen und teilweise auch ihrer Genese:

1. Die quergerichteten tektonischen Randformen sind in Größe und geologischem Aufbau außerordentlich vielfältig. Sie lassen sich zu einer Typenreihe ordnen, die mit einfachen Elementarformen geringer Ausdehnung beginnt und mit sehr komplizierten, weiträumigen Strukturen endet.

a) Zu den „querliegenden Randflexuren" als einfachen Typ dieser tektonischen Elemente ist bedingt das Tschernyschew-Gebirge zu rechnen, an dessen flexurähnlichen Hauptstörung die Gesteine der Ostflanke hoch über das flach gelagerte Perm der Tafel emporgehoben wurden.

b) Als „quergerichtete Randsyneklisen" können Formen bezeichnet werden, die dem Bau und der Lagerung der Ottawa-Syneklise und des permischen Delaware-Beckens ähneln. Möglicherweise sind die Bauformen des Delaware-Beckens für den Karbon-Abschnitt allerdings komplizierter, so daß diese Struktur nur für das Perm entwicklungsmäßig als eine Syneklise bezeichnet werden kann. Im Gesamtaufbau bildet diese Struktur zwei querliegende Randflexuren mit einem abgesunkenen Zwischenbezirk.

c) Zu den „quergerichteten Randgräben" gehört der Oslo-Graben, möglicherweise auch der Rheintalgraben; obgleich diese Formen verhältnismäßig einfache tektonische Elemente sind, können sie durchaus Teilstücke einer komplizierten Querstruktur sein. Nähere Einzelheiten müßten allerdings erst erarbeitet werden.

d) Als „quergerichtete Randsysteme" bezeichne ich in diesem Zusammenhang komplex aufgebaute Struktursysteme mit gefalteten Senken, „Wällen" und Syneklisen. Trotz der verschiedenen tektonischen Bauformen sind alle Elemente eines derartigen Systems sowohl in struktureller als auch genetischer Hinsicht miteinander verbunden. Zu diesem Typ der Randstrukturen gehören das Wichita-System sowie der Große Donbass und vermutlich auch das Kusnezker Becken i. w. S. Die Randsysteme erreichen größenordnungsmäßig Längen von vielen hunderten, manchmal sogar von tausenden Kilometern.

Es existieren möglicherweise aber auch noch größere Struktursysteme gleicher Genese, zu denen u. U. die Westkordilleren der Rocky Mountains, vielleicht auch das Felsengebirge als ganzes, gerechnet werden können. Ferner könnten die großen komplizierten Syneklisen, wie z.B. die komplexe Wiljui-Syneklise in Ostsibirien, einen gleichen Ursprung haben.

Diese Frage bedarf allerdings noch einer genauen Klärung und ist daher in vorliegender Arbeit nicht zu entscheiden.

2. Trotz großer Vielfalt weisen alle quergerichteten Randstrukturen einige grundsätzliche Gemeinsamkeiten auf, die sie gegenüber anderen Tafelstrukturen unterscheiden. Die wichtigste und zugleich typischste dieser Eigenschaften ist zunächst ihre besondere Lage auf den Tafeln, denn die querliegenden Randstrukturen zeigen stets eine räumliche Verbindung mit Innenwinkeln der Tafel, d. h. mit Gebieten, wo die Geosynklinalzone keilförmig in die Tafel vorspringt. Die entscheidende Bedeutung dieser gegenseitigen Abhängigkeit zwischen randlichen Querstrukturen und „Innenwinkeln" der Tafeln läßt sich eindeutig aus der Tektonik gut untersuchter Tafeln ableiten; wenn aber auch Innenwinkel vorkommen, wo querliegende Strukturen fehlen (Haspe-Winkel u. a.), so sind dennoch keine querliegenden Rand-

strukturen bekannt geworden, die nicht an der Spitze von Innenwinkeln, sondern senkrecht zu geradlinig oder schwach gebogen verlaufenden Tafelrändern entstanden wären. Diese gegenseitige Abhängigkeit ließe sich auch folgendermaßen fassen: Wenn auf der Tafel ein Struktursystem vom Typ der sogenannten „intrakontinentalen Geosynklinalen“ (STILLE) auftritt, so beginnt dieses System räumlich an einem Innenwinkel der Tafel.

3. Diese Verbindung von quergerichteten Randsystemen mit den Geosynklinalzonen findet ferner ihren räumlichen Ausdruck, wenn das Streichen der Randstrukturen in Richtung auf die benachbarte Geosynklinale verfolgt wird. So bildet z. B. das N–S streichende Tschernyschew-Gebirge den Fortbau des ebenfalls N–S verlaufenden Randes vom nördlichen Ural, wobei die gehobene flache Flanke der Ural-Erhebung bzw. der abgesunkene Teil der abwärts bewegten Tafel entspricht. Die das Delaware-Becken begrenzenden Flexuren stellen entsprechend die streichende Fortsetzung der Begrenzungen der Marathon-Faltungszone dar; die herausgehobenen Flanken beider Flexuren sind hierbei mit den benachbarten, abgesunkenen Tafelabschnitten gleichzusetzen. Ebenso verlängert der Oslo-Graben mit seinem Streichen gewissermaßen den Rand der Skandinavischen Kaledoniden. Innerhalb des kompliziert aufgebauten Wichita-Systems setzen ferner das asymmetrische Anadarko-Becken sowie das Ardmore- und Arbuckle-Massiv die ebenfalls asymmetrische Arkansas-Randsenke fort, wie umgekehrt die südliche Zone der Aufwölbungen die gehobenen Massive der Faltungszone räumlich fortsetzt. Auch einige Strukturen der Tafel, die quer zu den Quersenken liegen, gehören zu diesem System, da sie ebenfalls an die Ränder der Faltungszonen gebunden sind (Granitzone von Nemaha, fiederförmige Verwerfungen von Texas und Oklahoma im Wichita-System, u. U. auch das komplizierte Bruchsystem Südschwedens im Zusammenhang mit der Bildung des Oslo-Grabens).

Generell ergibt sich, daß alle Querstrukturen genetisch mit großen Bruchzonen im Zusammenhang stehen, die an der Oberfläche häufig nicht in Erscheinung treten. Diese Brüche verlaufen im Streichen der Faltungszonen und bilden mitunter auch deren unmittelbaren Fortbau. Die vielen aufgezählten Tatsachen berechtigen gewisse Annahmen über die inneren Beziehungen zwischen Randstrukturen und Geosynklinalen.

Die Geosynklinalzonen lassen sich sowohl nach strukturellen als auch faziellen Merkmalen recht deutlich von den Tafeln abgrenzen. Ausgedehnte Übergangszonen, wie sie einige Geologen annehmen, können durch Feldbeobachtungen allerdings nicht bestätigt werden. Worauf ich schon hingewiesen habe (SCHATSKI 1946 b), geben die Geosynklinalzonen (die „echten“ Geosynklinalen STILLES) während ihrer Entwicklung den Zustand des Stoffes tiefer Teile der Erdkruste wieder, der sich von der unter der Tafel befindlichen Krustenzusammensetzung deutlich unterscheidet. Auch ist die Grenze zwischen diesen Gebieten der Erdrinde ausgesprochen scharf, zumal sie häufig mit der Verbreitungszone von Erdbeben tiefliegender Herde zusammenfällt. Die „Innenwinkel“ der Tafeln dürften also nicht nur örtliche Bildungen mit einem Tiefgang von einigen oder nur einigen zehn Kilometern darstellen, sondern vielmehr Tiefenstrukturen, die einige hundert Kilometer hinabreichen. In einem derartigen Falle können die unterschiedlichen Verformungen zwischen Geosynklinalzone und Tafel, die im Bereich der Innenwinkel die dehnenden Kräfte hervorrufen und die quergerichteten Randstrukturen verursachen, sehr stark sein und ausgedehnte Gebiete erfassen, so daß die Länge der Querstrukturen mitunter einige hundert Kilometer erreicht. Hiermit läßt sich m. E. auch die Tatsache erklären, daß zweitrangige, mit den Querstrukturen in Zusammenhang stehende Bauelemente riesige Gebiete umfassen können.

4. Abschließend noch einige Worte über die gesteinsfazielle Ausbildung der quergerichteten Randsenken: Meist sind diese Strukturen in Tafelfazies entwickelt, zeigen aber auch — entsprechend ihrer engen Verbindung zum Verlauf der Faltungszonen — in der Nähe der Geosynklinalen gewöhnlich die gleiche Formationszusammensetzung, wie sie in der Streichrichtung der Randsenken auftritt. Von den Randsenken unterscheiden sie sich vermutlich dadurch, daß sich die Randsenkenfazies — wie sich aus der Entwicklung dieser Strukturen deutlich ableiten läßt — streichend über die Querstrukturen weit in die Tafel hinein verlängert.

## IV. Vergleich des Großen Donezbeckens mit dem Wichita-System

Die eingangs gegebene Beschreibung des Wichita-Systems sowie die allgemeine Charakterisierung quergerichteter Randsenken reichen aus, um Natur und tektonische Lage des Großen Donezbeckens mittels eines Analogievergleiches zu klären. Für die Tektonik des Donezbeckens sei hier auf die aufschlußreichen Arbeiten von P. I. Stepanow (1944b) verwiesen. Demgegenüber ist die Struktur des Großen Donezbeckens, das unter einer mächtigen Serie mesozoischer und tertiärer Gesteine verdeckt liegt, noch recht unbekannt, denn die bisherigen Untersuchungen wurden bevorzugt in Übertageaufschlüssen vorgenommen (Stepanow 1944a). Bevor wir deshalb zum Vergleich des Großen Donezbeckens mit den quergerichteten Randstrukturen beginnen, soll auf einige Züge der tektonischen Entwicklung dieses Raumes hingewiesen werden.

Im Donezbecken verklingen die Falten in nordwestlicher Richtung und laufen schließlich mit kleinen Formen im Perm des Artemowka-Kessels aus; andere, wie z. B. die Hauptantiklinale, enden örtlich und setzen dann wieder erneut kulissenförmig ein (Drushkowka-Brachyantiklinale). In den westlich anschließenden Gebieten treten neben den Brachyantiklinalen auch Kuppeln auf. Am Südwestrand des Beckens, westlich der Stadt Stalino, fehlen Faltungsstrukturen, und der Rand des Donezbeckens stellt hier eine flach gelagerte Monoklinale dar. In Richtung Osten geht diese Struktur zuerst in kurze, jedoch sehr komplizierte Antiklinalen und Kuppeln (Amwrossijewka-Kuppel) über, bis schließlich noch weiter östlich und südlich langgestreckte lineare Strukturen auftreten. Für das Auslaufen der Faltung nach Westen sowie die Mächtigkeitsreduktionen des Paläozoikums liegen eindeutige Beweise vor; auch besteht kein Zweifel darüber, daß der westliche Teil des Großen Donbass im Bereich der Ukrainischen Kreidesenke in eine flache synklinale, etwas asymmetrische Einsenkungszone mit mächtigem Karbon im Bereich der Südflanke sowie stark reduziertem Karbon an der Nordflanke übergeht. Nach Erkundungsergebnissen im Gebiet von Romny kann angenommen werden, daß hier vereinzelt auch Salzdome auftreten, die wahrscheinlich mit flachen antiklinalen Verbiegungen und Brüchen ursächlich in Zusammenhang stehen.

Im östlichen Donezbecken gibt es jedoch keine Hinweise für eine Verringerung der Verformungsintensität, vielmehr liegen Anzeichen vor, die für eine Zunahme der Faltenamplitude sprechen; so wurde z. B. in Bohrungen bei Semitschnaja (östlich des Don, an der Bahnstrecke Stalingrad–Tichorezkaja) unter Mesozoikum bereits Unterkarbon angetroffen und etwas nördlich davon in der Stadt Kotelnikowo ebenfalls Unterkarbon unter einer geringmächtigen Serie mittelkarbonischer Schichten gefunden. Diese beiden Bohrungen liegen regionalgeologisch im Fortbau der nördlichen Falten des Donezbeckens, wo Aufschlüsse unter dem Mittelkarbon eine Seltenheit darstellen.

Die unter der Leitung von STEPANOW im östlichen Donezbecken bis zur oben erwähnten Eisenbahnstrecke durchgeführten geophysikalischen Untersuchungen (STEPANOW 1944a) schafften die Möglichkeit für einen ersten Versuch, das Relief des paläozoischen Massivs im Gebiet des südöstlichen Fortbaues des Donezbeckens in Höhenlinien darzustellen [vgl. Karte von A. T. DONABEDOW & P. I. STEPANOW; (STEPANOW 1944a)]. „Der Verlauf dieser Kurve steht zweifellos mit der Tektonik des überdeckten Teiles des Donezbecken-Massivs im Zusammenhang. Die Wechselwirkung zwischen Vorsprüngen im überdeckten Teil und den Faltenachsen des alten Donezbeckens berechtigen zur Annahme, daß auch im verdeckten Teil des Donezbeckens die umgekehrte Oberflächenstruktur des Massivs erhalten bleibt“. Ich bin allerdings der Ansicht, daß die letzte Schlußfolgerung den vorhandenen Tatsachen widerspricht, denn nach der vorliegenden Karte erreicht die Amplitude des überdeckten Reliefs 600 m im Norden und 800 bis 900 m im Süden. Nach den faziellen Besonderheiten und Lagerungsbedingungen der Oberkreide sowie des Jungmesozoikums, die in diesem Gebiet das Paläozoikum überdecken, läßt sich leicht zeigen, daß zur Zeit ihrer Ablagerung in diesem Beckenteil sowie auch im Donezbecken kein so scharf ausgeprägtes Relief bestanden haben kann. Deshalb müssen die großen, im östlichen Teil des Donezgebietes tief abgesenkten Zonen als posthume Durchbiegungen der Mulden und Synklinalzonen der paläozoischen Struktur des Donezbeckens angesehen werden. Eine derartige Deutung nimmt anscheinend teilweise auch STEPANOW (1944a) an, wenn er schreibt: „Diese Kontur umgrenzt deutlich den Absenkungsbereich des Karbons im Nordosten, der sich wahrscheinlich mit der Kuppelstruktur am Unterlauf der Wolga und im Emba-Gebiet vereinigt“. Deshalb nehme ich an, daß die erwähnten Bohrungen von Kotelnikowo und Semitschnaja, die in einem sattelförmigen Aufwölbungsbereich des Paläozoikums stehen, die alten Gesteine der Antiklinalzone angefahren haben.

Östlich der Bahnlinie Stalingrad–Tichorezkaja gibt es noch weniger Anhaltspunkte, wie das Donezbecken sich fortsetzt, so daß hier lediglich auf Ergebnisse von Schweremessungen zurückgegriffen werden kann. Die Zone positiver Anomalien, die vom Donezbecken streichend zur Küste des Kaspischen Meeres verläuft, spricht offenbar für eine Fortsetzung dieser Aufwölbungszone weit in Richtung Osten. Unter den positiven Schwereanomalien dieses Raumes fällt durch Amplitude (etwa 40 mGal) und Ausdehnung besonders eine WNW gerichtete Anomalie rechts der Wolga (südöstlich von Stalingrad) auf, die sicherlich schon nicht mehr

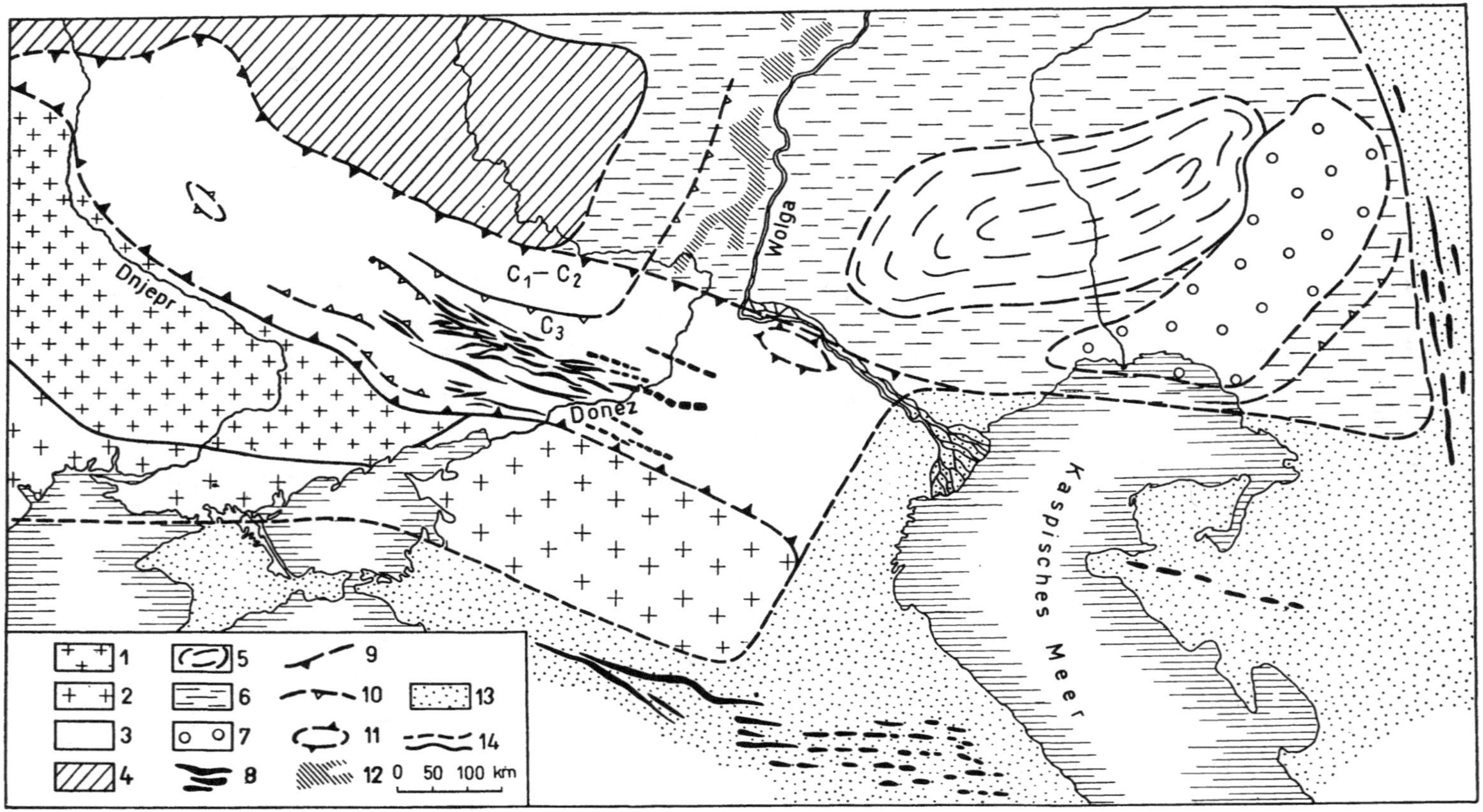


Abb. 7. Schema des Großen Donezbeckens

1 — Ukrainischer Block; 2 — überdeckter Teil des Ukrainischen Blocks; 3 — Großes Donezbecken; 4 — Woronesh-Block; 5 — Useni-Chobda-Anteklise; 6 — Tafelsyneklisen; 7 — Diapirzone der Emba-Senke; 8 — Falten des Großen Donezbeckens; 9 — Grenzen des Großen Donezbeckens; 10 — stratigraphische Grenzen (Auswahl); 11 — Aufwölbung von Stalingrad; 12 — Tafelantiklinalen („Wälle"); 13 — paläozoische Faltungszone; 14 — Falten der paläozoischen Geosynklinalzone.

dem gefalteten Donezbecken, sondern seiner flachen, geringmächtigen Nordflanke entsprechen dürfte. Wahrscheinlich wird sie durch eine große Struktur, ein Massiv vom Tafeltyp, hervorgerufen.

Nördlich vom Donezbecken (rechtes Ufer des Nördlichen Donez) klingen — wie durch Bohrungen festgestellt — die Falten rasch ab, und dieses Gebiet geht in die flache, nach Süden einfallende Flanke der Woronesh-Anteklise über, wo auch die Gesteine vom Doneztyp unter starker Mächtigkeitsreduktion rasch in die Fazies der zentralen Tafel überwechseln (Schatski 1937a).

Wenn wir dieses verallgemeinerte Bild vom Aufbau des Großen Donezbeckens mit dem Wichita-System vergleichen, lassen sich überraschende Ähnlichkeiten beider Strukturen feststellen. So zeigt z.B. das asymmetrisch aufgebaute Anadarko-Becken große Ähnlichkeiten zur nordwestlichen paläozoischen Beckenzone, die als paläozoische Ukrainische Senke bezeichnet wird, da sie bevorzugt unter der Ukrainischen Kreidesenke verläuft. Weiter bildet das gefaltete Donezbecken ein Analogon zur Faltungszone des Wichita-Systems zwischen dem Ostteil des Anadarko- sowie Ardmore-Beckens, und die ruhige Nordflanke des Großen Donezbeckens entspricht dem schwach verformten Nordflügel des Wichita-Systems. Hier kann sogar im einzelnen eine verblüffende Ähnlichkeit festgestellt werden: Genauso wie an der Nordflanke vom Wichita-System eine riesige Tafelstruktur mit nur einer langgestreckten Kette von Plakantiklinalen (Nemaha-Granitzone) beginnt, so setzt auch an der Nordflanke des Donezbeckens mit der Don-Kuppel eine Kette von Plakantiklinalen (Don-Medwediza-Wall) ein, dessen Generalstreichen ebenfalls nahe quer zum Großen Donezbecken liegt. Die dem Don-Medwediza-Wall parallel verlaufende Senke von Stalingrad (Schatski 1946a) entspricht bezüglich ihrer Lage möglicherweise der östlichen Senke des Midkontinents, die nach Osten durch die Ozark-Kuppel begrenzt wird; als entsprechendes Analogon im Bereich der Osteuropäischen Tafel könnte die tief unter jungen Sedimenten liegende Anteklise aufgefaßt werden, die sich zwischen den Flüssen Useni und Chobda durch eine Reihe großer Schwereanomalien abzeichnet. Die Deformationsintensität im Wichita-System steigert sich von Westen nach Osten und erreicht ihr Maximum beim Atoka-Innenwinkel: Die Verformungen im Großen Donezbecken nehmen ebenfalls von Westen nach Osten zu, so daß die Möglichkeit nicht ausgeschlossen ist, die oben bereits erwähnte große Schwereanomalie östlich von Stalingrad als abgesunkene Tafelstruktur aufzufassen, die regionalgeologisch dem nördlichen Arbuckle-Massiv gleichzusetzen wäre.

Obgleich das Große Donezbecken eine Reihe ähnlicher und analoger Elemente mit dem Nordteil des Wichita-Systems aufweist, lassen sich für die Südbegrenzung beider Systeme keine derartigen Beziehungen erkennen: Während der südliche Streifen positiver Strukturen im Wichita-System sich aus einer Reihe für Tafelgebiete typischer Horstformen zusammensetzt, liegt südlich vom Großen Donezbecken der Ukrainische Kristallinblock, der bis zum Asowschen Meer frei ausstreicht. Östlich davon sinkt er rasch unter die mächtigen jungen Sedimente des Vorkaukasus sowie der Sal- und Manytsch-Steppe ab, so daß der südöstliche Fortbau nur vermutet werden kann. Im unbedeckten westlichen Teil stellt das

Ukrainische Massiv eine typische Tafelstruktur dar, d. h. einen Schild. In dieser Hinsicht bestehen also Ähnlichkeiten zum Südrand des Wichita-Systems. Sehr wahrscheinlich gibt es auch im Bereich des Ukrainischen Massivs Strukturen, die den horstartigen Massiven des Wichita-Systems entsprechen, die doch infolge der tiefen Erosion nicht erhalten blieben. Hierauf weisen z. B. die kleinen, von Brüchen begrenzten Erhebungen des Massivs am Südrand des Donez-Paläozoikums sowie der eigenartige Aufbau der Kuppel im Gebiet von Amwrossijewka hin. Deshalb kann nur behauptet werden, daß sich südlich vom Großen Donezbecken ein Tafelstreifen anschließt und daß das Große Donezbecken analog dem Wichita-System ein inneres Tafelsystem, d. h. ein intrakontinentales tektonisches System darstellt.

Das Auftreten eines tektonischen Systems innerhalb der Tafel, das sich faziell aus Formationen der Randsenken zusammensetzt, spricht dafür, daß derartige Strukturen ein „querliegendes Randsystem" darstellen und im „Innenwinkel" der Tafel einsetzen. Zu einer gleichen Schlußfolgerung müssen wir auch für das Donezbecken kommen.

Bei der genauen Festlegung der südlichen Tafelgrenze kam ich zur Schlußfolgerung (Schatski 1946a), daß die Grenze zwischen Tafel und variscischer Faltungszone einen „Innenwinkel" bildet, dessen Spitze irgendwo an der unteren Wolga liegen dürfte. Nach Veröffentlichung dieser Daten haben mir A. A. Borissow, M. W. Muratow und A. L. Janschin eine Reihe wesentlicher Hinweise über Verlauf und Form dieser Grenze zukommen lassen; beide Geologen sind hierbei der Ansicht, daß im westlichen Abschnitt (bis etwa zur Linie Nikolajew — Ossipenko) die Südgrenze stark gehoben sein muß (Abb. 7), wofür einerseits die E–W streichenden magnetischen Anomalien von Odessa, andererseits die stärker ausgeprägte Stufe auf dem Südhang des Ukrainischen Massivs längs der erwähnten Linie sprechen. Wie sich aber aus dem Aufbau des Tertiärs der Schwarzmeersenke sowie den geophysikalischen Ergebnissen (Seismik) ableiten läßt, wird die erwähnte Stufe besser auf den Nordrand der alpidischen Vorsenke in diesem Gebiet bezogen, und nicht auf irgendwelche paläozoischen Strukturen; die magnetischen Anomalien dürften allerdings mit großer Wahrscheinlichkeit durch präkambrische Gesteine hervorgerufen werden. Weiterhin ist sehr wahrscheinlich, daß die von mir nördlich vom Tarchankut-Wall gezogene Grenze etwas höher verlegt werden muß, jedoch nicht so weit, wie es Muratow und Borissow angeben.

Janschin (1945) hat eine Reihe neuer und überzeugender Argumente für das Vorhandensein einer paläozoischen Faltungszone nördlich des Kaspischen Meeres und im nördlichen Ust-Urt beigebracht, die sich aus stark veränderten, metamorphosierten Gesteinen zusammensetzt und sich in westnordwestlicher Richtung bis zum Wolgadelta erstreckt.

Janschin lehnt aber gleichzeitig die Annahme ab, daß diese Faltungszone nach Osten in Richtung auf den Ural verlaufen soll; die posthumen Störungen der Ural-Gebiete und des Ust-Urt veranlassen ihn vielmehr zur Erkenntnis, daß der Ural und die südliche paläozoische Faltungszone unter spitzem Winkel zusammentreffen. Diese Angaben von Janschin sind in diesem Zusammenhang aber sehr wesentlich, so daß ich auf der beigefügten Übersichtskarte einige kleine Korrekturen im Verlauf der südöstlichen Tafelgrenze angebracht habe. Nochmals muß daher die Existenz eines „Innenwinkels" im südöstlichen Tafelbereich bestätigt werden.

Die hier auf der Basis vergleichender Tektonik durchgeführte Analyse des Großen Donezbeckens und die Rekonstruktion der alten Grenze zwischen Tafel und südlicher paläozoischer Faltungszone führen also zur gleichen Schlußfolgerung:

Das Große Donezbecken stellt bezüglich seiner tektonischen Entwicklung und Lage auf der Tafel ein typisches „quergerichtetes Randsystem" dar, dessen Analogon im Wichita-System zu suchen ist.

Das Große Donezbecken ist eines der größten Systeme dieser Art, denn seine Länge beträgt mindestens 1250 bis 1400 km; seine volle Breite kennen wir nicht, jedoch liegt sie in jedem Falle über 250 bis 300 km. Somit ist dieses System nahezu zweimal länger als das Wichita-System und vermutlich auch etwas breiter.

Abschließend noch einige Bemerkungen zu den gegenwärtigen Vorstellungen über das Donezbecken:

Wir müssen zunächst die alte Annahme aufgeben, daß dieses System einen blind endenden Ausläufer der südlichen Varisciden darstellt. Als morphologischer Zug, der im Tafelbereich eine Struktur der variscischen Geosynklinalzone fortsetzt, liegt das Donezbecken natürlich im Streichen des variscischen Faltengürtels. In Form analog gebauter Strukturen ziehen die seitlichen Begrenzungen der Faltungszone („Innenwinkel") entweder als 1) Senke des Großen Donezbeckens oder als 2) spätere Störungen vom Typ des Don-Medwediza-Walles in den Tafelbereich hinein. In seiner Entwicklungsgeschichte, d. h. genetisch, zeigt das Große Donezbecken gegenüber den Varisciden jedoch große Unterschiede: Als Tafelstruktur entstand das Große Donezbecken während des Devons und entwickelte sich dann im Karbon, d. h. dieses System stellt also eine Neubildung dar. Die variscische Faltungszone entspricht, wie sich aus dem geologischen Aufbau des Urals und des paläozoischen Kaukasus ableiten läßt, einer jungpaläozoischen Weiterentwicklung der alten Geosynklinale, die bereits während des Altpaläozoikums und noch früher existierte. Deshalb können wir das Donezbecken nicht als nach Westen auskeilende variscische Geosynklinale auffassen.

Abgesehen von einigen geringfügigen Abänderungen bleiben generell bis heute die ursprünglichen Vorstellungen Karpinskis über die Lage des Donezbeckens und über seine Begrenzungen („Karpinskische Linien") gültig. Die neue Vorstellung, daß das Große Donezbecken einer inneren Tafelstruktur entspricht, schließt die Deutung des Beckens als Randgebiet der variscischen Faltungszone vollkommen aus. Das Donezbecken unterscheidet sich jedoch vom Wichita-System dadurch, daß südlich vom Wichita-System ein riesiges Tafelgebiet liegt, während sich südlich des Donezbeckens nur eine schmale Tafelzone (Ukrainischer Schild) anschließt. Parallel zu dieser Zone und demnach auch parallel zum Donezbecken verlaufen die Varisciden der Krim-Kaukasus-Zone. Dieser schmale Tafelstreifen konnte allerdings das Donezbecken vor den Bewegungen in der anliegenden Faltungszone nicht isolieren bzw. nach der Faltung von der Schüttung des terrigenen Abtragungsmaterials nicht vollständig abtrennen, so daß im Donezbecken die für Randsenken in Längsrichtung so kennzeichnenden lithologischen Merkmale deutlich ausgeprägt wurden. Durch diese Tatsache erklärt sich auch die große Stabilität der Fazies im Streichen des Systems, während sie quer dazu verhältnismäßig raschen Wechseln unterliegt.

# Über die strukturellen Beziehungen zwischen Tafeln und geosynklinalen Faltungsgebieten

## Vergleichende Tektonik alter Tafeln 3

Iswestija AN SSSR, ser. geol., 1947, 5, 37—56, 2 Abb.; Moskau 1947

INHALT



## Einführung

Das Problem der strukturellen Beziehungen zwischen Tafeln und Faltungsgebieten nimmt in der allgemeinen und regionalen Tektonik eine wichtige Stellung ein. Mit der Lösung dieser Frage sind viele Teilfragen verknüpft: mechanischer Einfluß dieser Strukturen auf die Krustenentwicklung, Einfluß der Tafeln auf Richtung und Art der Faltenbildung in den geosynklinalen Randzonen, Stabilität und Typus von Bruchstörungen in starren Massiven usw. Gelegentlich wird versucht, durch den Einfluß der starren Massive die Faltungsvergenz in den Randgebieten von Tafeln zu erklären. Mit diesen Bewegungen bringt man die Wanderung der Faltung in Richtung auf die Tafel und die Bildung der sehr weit verbreiteten spätorogenen Randsenken in Verbindung. Andererseits werden häufig Tafelstrukturen — „Depressionen“ und „Wälle“ — sowie Kluft- und Spaltenbildung genetisch durch die Einwirkung der Faltung auf die Tafel erklärt.

In den letzten Jahren konnte ich zur Frage der strukturellen Zusammenhänge zwischen Tafeln und Faltungsgebieten neues Material sammeln. Einiges ist bereits mehr oder weniger ausführlich dargelegt worden (Schatski 1946a, 1946c).

## I. Wichtigste Strukturelemente der Kratone

### *1. Schilde und Platten*

Für eine Analyse der strukturellen Zusammenhänge zwischen alten Tafeln und geosynklinalen Faltungssystemen müssen zunächst die wichtigsten Strukturelemente der Tafelgebiete morphologisch und genetisch definiert werden.

In dieser Arbeit wird der Aufbau vorwiegend alter Tafeln behandelt, deren gefalteter Unterbau aus präkambrischen Gesteinen besteht, während das nur wenig verformte Deckgebirge (Oberbau, obere Strukturstufe) alle jüngeren Formationen einschließlich Kambrium enthält. Für derartige Tafeln hat H. STILLE die Bezeichnung Kraton vorgeschlagen. Damit wird gesagt, daß diese Tafeln bereits vor dem Altpaläozoikum die Endstufe ihrer Entwicklung erreicht haben und zu alten Kernen der Kontinentalmassive geworden sind. Als typische Kratone sind die Osteuropäische, die Nordamerikanische und die Sibirische Tafel sowie ähnliche Bildungen auf der südlichen Halbkugel zu nennen.

Eines der wichtigsten Merkmale alter Tafeln ist, daß die tektonischen Strukturen des Deckgebirges meist keine Beziehungen zu den Strukturen des alten gefalteten Unterbaues erkennen lassen. In Tafeln mit jungem paläozoischen oder mesozoischen Unterbau haben jedoch die tektonischen Formen des oberen Stockwerkes gewöhnlich einige Baumerkmale des Fundamentes übernommen. Auf diese Unterschiede zwischen alten und jungen Tafeln habe ich schon früher hingewiesen (SCHATSKI 1936). L. KOBER (1942) schlägt vor, als Kratogene nur die jungen Tafeln zu bezeichnen, gleichsam als Zwischenglied in der Krustenentwicklung von Kraton zu Orogen. Offenbar liegen jedoch die Unterschiede zwischen diesen beiden Struktureinheiten tiefer und haben ihre Ursache in den Besonderheiten der Krustenentwicklung während des Präkambriums. Diese Besonderheiten lassen sich beim Vergleich metamorpher und vulkanogener Formationen auf Kratonen und jungen Tafeln zwar gut erkennen, haben jedoch bisher noch keine befriedigende Erklärung gefunden. Die Kratone stellen also älteste Tafelstrukturen dar, begrenzt durch Faltungsgebiete oder durch jüngere Tafeln.

In allen typischen Kratonen lassen sich tektonische Großeinheiten ausscheiden, die gewöhnlich als S c h i l d e und P l a t t e n bezeichnet werden. Beispiele für typische Schilde sind das Baltische, das Kanadische und das Aldan-Massiv; die restlichen Räume alter Tafeln mit annähernd durchgehender mächtiger Sedimentdecke bezeichnen wir als Platten. Schilde dürfen nicht nur als ein zutage tretendes kristallines Fundament, als der am stärksten herausgehobene Teil einer Tafel oder als erodierter Kern einer großen Aufwölbung angesehen werden. Auch Platten stellen nicht nur den abgesunkenen Teil einer Tafel dar, deren kristalliner gefalteter Unterbau unter wenig veränderten Sedimenten liegt. Schilde und Platten sind vielmehr selbständige Struktureinheiten der Tafeln, getrennt durch eine zwar äußerst flach verlaufende, aber überall deutlich ausgeprägte Grenze.

A. P. KARPINSKI hatte den Baltischen Schild noch als einen Horst angesehen. Nach seinen Vorstellungen handelt es sich um ein stabiles, relativ unbewegliches Massiv, begrenzt durch größere Brüche. Später wurde nachgewiesen, daß die vermuteten Verwerfungen zwischen dem Baltischen Schild und dem unter mächtigem Deckgebirge liegenden Nachbargebieten nicht existieren. Wenn an den Rändern von Massiven gelegentlich Verwerfungen und Flexuren auftreten, so handelt es sich doch lediglich um untergeordnete Zusatzmotive an den allgemein flach einfallenden Flanken.

Schilde zeichnen sich gewöhnlich durch das Fehlen eines sedimentären Deckgebirges aus. Lediglich in einzelnen Syneklisen sind sehr geringmächtige Sedimente mit großen Schichtlücken erhalten geblieben. So erreichen z. B. in der Hudsonbay-

Syneklise das Ordovizium, Gotlandium und Devon eine Mächtigkeit von 200 m; ebenso gering ist die Mächtigkeit des Paläozoikums in der Bottnischen Syneklise. Auf einigen Schilden ist die Sedimentdecke zwar erhalten, jedoch ist sie auch hier im Vergleich zu den benachbarten Platten stark reduziert. Die tektonische Selbständigkeit der Schilde ergibt sich vielleicht am besten aus den Hebungs- und Senkungsbewegungen des Baltischen und des Kanadischen Schildes während des Pleistozäns sowie aus rezenten Hebungsbewegungen. Wie die Arbeiten von Sauramo (1939), Gilbert (1928), Gutenberg und anderen Forschern zeigen, waren die Hebungs- und Senkungsvorgängen auf dem Baltischen bzw. Kanadischen Schild weitgehend durch deren Umrisse vorbestimmt. Das gleiche ergibt sich aus den gegenwärtigen Hebungen des Baltischen Schildes, dessen Isobasen mit den Umrissen der postglazialen Hebungen vollkommen übereinstimmen. Der maximale Hebungsbetrag des Schildes wurde auf Grund des marinen und limnischen Pleistozäns mit 250 m im nördlichen Bottnischen Meerbusen festgestellt und stimmt mit dem gegenwärtigen Gebiet größter Hebung (11 mm jährlich) des Schildes überein, das ebenfalls im Norden des Bottnischen Meerbusens liegt. Diese Tatsachen lassen an einer deutlichen strukturellen Trennung der Schilde von benachbarten Platten keinen Zweifel.

Die relativ starke Heraushebung Fennoskandias und die weite Verbreitung von Verwitterungsprodukten metamorpher und eruptiver Gesteine auf der Russischen Tafel sprechen zunächst dafür, daß Gesteinsserien mit einigen tausend Metern Mächtigkeit im Verlauf langanhaltender Hebungsbewegungen seit dem Altpaläozoikum erosiv abgetragen wurden. Unterstützt wird diese Vermutung dadurch, daß auf dem Baltischen Schild stark metamorph veränderte Gesteine freigelegt sind. Andere Tatsachen beweisen jedoch, daß die Erosionstätigkeit auf dem Baltischen Schild seit dem Kambrium nicht intensiv war. Das läßt sich aus der pleistozänen Gletschererosion leicht berechnen: Nimmt man für die gesamte Russische Tafel eine mittlere Mächtigkeit der Moränenablagerungen von 50 m an und soll die von der Moräne bedeckte Fläche dreimal größer als die des Schildes sein, so ergibt sich für das Pleistozän ein Glazialprofil von 150 m. Der richtige Wert mag sogar nur bei 120 bis 130 m liegen, da die Dichte des Moränenmaterials durchschnittlich erheblich geringer ist als die der magmatischen und metamorphen Ausgangsgesteine.

Für frühere Zeiträume sind auf Grund lithologischer Überlegungen einige Aussagen möglich. Im Bereich der Moskauer und der Lettischen Syneklise bestehen das Ordovizium, Gotlandium, Karbon und teilweise auch das Oberdevon vorwiegend aus Kalken. Trümmermaterial des Baltischen Schildes fehlt weitgehend. Die terrigenen bunten Serien des Perms sind hauptsächlich aus dem Zerstörungsmaterial des Ural-Faltensystems aufgebaut. Das klastische Devon an der Westflanke der Moskauer Syneklise erreicht zwar große Mächtigkeiten, jedoch lassen sich auch diese Gesteine schwerlich nur von der Denudation des Baltischen Schildes ableiten. Das Herkunftsgebiet dieser Klastika ist zweifellos das Kaledonische Gebirge, und nur ein Teil des terrigenen Materials stammt von der Zerstörung der präkambrischen Schichten des Schildes. Dafür sprechen auch die terrigenen

Devon-Xenolithe im Dach des Lowosero-Massivs. Es ist sicher nicht falsch, wenn wir als mittlere Mächtigkeit der vom Baltischen Schild abgetragenen Gesteine wenige hundert Meter annehmen.

Zu gleichen Werten gelangt man auch auf anderem Wege: Im mittelschwedischen Bruchgebiet sind in tektonischen Gräben (Väner-See, Vätter-See u. a.) kambrische und ordovizische Ablagerungen erhalten; die Gesamtmächtigkeit dieser Schichten beträgt in der Provinz Westgotland höchstens 120 bis 150 m. Nach Högbom (1913) ist der Verschiebungsbetrag in diesen Gräben ,,meist recht gering, von 50 bis 100 m, in Ausnahmefällen jedoch bis 200 m''. Daraus ergibt sich ein Erosionsanschnitt von höchstens 200 m. Das ist auch gleichzeitig der Wert für die Abtragung seit dem Altpaläozoikum, da in diesem Falle für die Berechnung das Alter der Störungen unwichtig ist (nach Sederholm und G. Andersson tertiär, nach anderen Autoren erheblich älter). Auch die von B. Asklund (1938) durchgeführten geomorphologischen Untersuchungen weisen auf einen sehr geringen Erosionsanschnitt seit dem Kambrium hin. Dabei ist zu erwähnen, daß die Provinz Westgotland in dem Teil Südschwedens liegt, der in postglazialer Zeit um 100 bis 150 m gehoben wurde, d. h. nur um die Hälfte im Vergleich zur maximalen Hebung des Baltischen Schildes (250 m) für die gleiche Zeit. Der tatsächliche Betrag liegt somit in den zentralen Teilen des Schildes (Scheitelhebung!) höher als in den peripheren Teilen.

Wir bezeichnen also als Schilde jene Teile von Kratonen, deren gefalteter Unterbau verhältnismäßig hoch liegt, denen somit ein sedimentäres Deckgebirge häufig fehlt. Durch das Auftreten von Syneklisen, Anteklisen und kleineren Formen werden Schilde zu tektonisch recht komplizierten Strukturen. Trotz der z. T. erheblichen Senkungs- und Hebungsbewegungen während der Entwicklung von Kratonen bleiben Schilde doch sehr stabil. Ihre Absenkungen erreichen nie die Beträge der benachbarten Platten. Auch die Hebungen sind sehr begrenzt und erzielen gewöhnlich höchstens wenige hundert Meter. Zu erwähnen ist ferner, daß sich die Umrisse der Schilde längere Zeiten hindurch nicht verändern. Alle diese Eigenschaften sowie die deutliche Abgrenzung von den Platten zeugen dafür, daß Schilde als selbständige tektonische Einheiten innerhalb einer Tafelstruktur angesehen werden müssen.

Platten sind im Gegensatz zu den Schilden negative, abgesunkene tektonische Strukturen, deren auflagernde Sedimente erhebliche Mächtigkeiten erreichen. Auf der Russischen Tafel beträgt die Mächtigkeit mindestens 1000 bis 1500 m, auf der Nordamerikanischen Tafel etwas mehr, auf der Sibirischen Tafel wahrscheinlich mindestens 2500 bis 3000 m. Die Frage, ob es sich bei den Platten um einen einheitlichen Strukturtyp handelt oder ob es auch Platten zweiter Ordnung mit abweichenden Mächtigkeiten gibt, kann heute noch nicht beantwortet werden. Das vorliegende Material weist jedoch darauf hin, daß sich Platten auf Grund der verschiedenen Tiefe des gefalteten Unterbaues unterscheiden lassen. So liegt z.B. im Ostteil der Russischen Tafel das kristalline Fundament erheblich tiefer als im Westteil. Die Grenze folgt etwa in nordsüdlicher Richtung der Wolga und der oberen Medwediza und läuft weiter nach Norden zum Wjatka-Wall, d. h. sie begrenzt etwa das von Archangelski als Ostrussische Senke i. e. S. bezeichnete Gebiet. Ähnliches ist auf der Nordamerikanischen Tafel zu beobachten, z.B. das tief abgesunkene Gebiet der Ost- und Zentralstaaten und das Gebiet mit hochliegendem Fundament in Süd- und Norddakota.

Die Bezeichnung „Platte“ ist ebenso wie die Bezeichnung „Schild“ von E. Suess geprägt worden. Suess entlehnte den Begriff „Platte“ aus der deutschen geographischen Terminologie; er hat sich inzwischen derart eingebürgert, daß er beibehalten werden sollte. Es ist lediglich festzustellen: 1) Schilde als positive stabile Strukturen und Platten als negative absinkende Strukturen bilden zusammen eine gemeinsame Struktur, die Tafel oder den Kraton; 2) Platten und Schilde wurden im Verlaufe geologischer Zeiträume intensiv herausgehoben und wieder abgesenkt, diese Bewegungen waren jedoch nur Teilbewegungen einer allgemeinen Verbiegung.

Auf Grund des Entwicklungsverlaufes der Kratone läßt sich leicht der Unterschied zwischen Schilden und Platten erkennen. Vor Herausbildung der präkambrischen Peneplaine hat es zwischen dem Kanadischen Schild und der Platte auf dem Nordamerikanischen Kontinent offensichtlich noch keinen Unterschied gegeben. Weder auf dem Schild noch auf der Platte fand Sedimentation statt. Erst mit Beginn des Kambriums und während des gesamten Paläozoikums erfolgte eine ständige und intensive Durchbiegung der Platte, während der Kanadische Schild entweder überhaupt nicht oder wesentlich schwächer eingewölbt wurde. Das Gleiche läßt sich auch auf der Russischen Tafel, besonders nach dem Gotlandium, beobachten. Somit stellen die Schilde stabilere Bereiche der Tafeln dar, sie zeugen von einer konstant höheren Lage des Kratons, während Platten fortschreitend durchgebogen wurden.

## *2. Syneklisen und Anteklisen*

### *Entstehung der wichtigsten tektonischen Formen auf Kratonen*

Ihren Dimensionen und ihrer Lage nach stellen die Syneklisen und Anteklisen Tafelstrukturen zweiter Ordnung im Vergleich zu den oben beschriebenen Strukturen dar. Sie komplizieren Platten und Schilde und sind diesen gleichsam untergeordnet. Da beide Strukturtypen bereits recht ausführlich beschrieben worden sind (Schatski 1945b, 1946a), soll im folgenden lediglich auf einige Eigenschaften eingegangen werden, die in der Literatur noch nicht erwähnt oder nicht klar genug dargelegt worden sind.

Wir bezeichnen als Syneklisen sehr flache Durchbiegungen mit kaum merklichem Einfallen der Schichten an den Flanken (wenige Dezimeter bis höchstens 3 oder 4 m auf 1 km). Diese Durchbiegungen erfassen stets größere Tafelbereiche und zeigen gewöhnlich ovale, rundliche oder eckige, manchmal sehr unregelmäßige Form. Wir haben nachgewiesen, daß bei Syneklisen eine Muldenform nur in geologischem Sinne vorliegt, d. h. die achsialen Bereiche der Syneklisen bestehen gegenüber den Flanken aus jüngeren Gesteinen. Geometrisch hat das Profil einer Syneklise im Querschnitt entweder die Form einer konvex-konkaven oder einer plankonvexen Linse. Da die Durchbiegung im Vergleich zur Breite der Syneklise äußerst gering ist (1—3 km gegenüber maximal 1000 km), bleibt die Oberfläche des kristallinen Fundamentes in der Regel konvex. Bei starker Durchbiegung kann sie aber auch „plan“ und bei sehr kleinem Durchmesser der Syneklise sogar konkav werden. Diese Tatsachen lassen nicht daran zweifeln, daß Bildung und Entwicklung von Syneklisen, die sich gewöhnlich über mehrere geologische Zeitabschnitte erstrecken, nicht durch Tangentialkräfte erklärt werden können. Syneklisen entstehen zweifellos als Ergebnis radialer Bewegungen, und zwar durch Absenkung des kristallinen Fundamentes, die in den zentralen Teilen der Struktur größere Beträge erreicht und zu den Flanken hin allmählich abklingt.

Für radiale Bewegungen bei Entstehung der Syneklisen spricht auch der Aufbau der Flanken dieser Formen. W. A. Shukow (1940) fand bei der Zusammenstellung von Strukturkarten der Südflanke der Moskauer Syneklise, daß die zunächst flach (1 bis 1,5 m auf 1 km) nach N einfallenden Karbonschichten innerhalb eines engen Bereiches relativ steiler einfallen (3 bis 5 m auf 1 km) und somit eine flache Flexur bilden, die das gleichmäßige Abtauchen der Schichten an der Flanke der Moskauer „Senke" unterbricht. Diese flexurähnlichen Verbiegungen lassen sich über große Entfernungen hin verfolgen; sie verlaufen parallel zum allgemeinen Streichen der Flanke. Erheblich schärfer ausgeprägt sind derartige Flexuren an der Südflanke des Wolga-Ural-Gewölbes (Anteklise) bzw. am Nordhang der Kaspi-Syneklise. Hier lassen sich bei allgemein südlichem Einfallen der Schichten (1,5 bis 3 m auf 1 km) drei deutliche Flexuren ausscheiden: die Bolschekinel- (Buguruslan-), die Malokinel- und die Samarkinskaja- (Busuluk-) Flexur. Diese Strukturen verlaufen ebenfalls streng parallel zum allgemeinen Streichen der Flanke, das Einfallen der Schichten beträgt stellenweise sogar bis zu 10°. Die Flanke des Gewölbes enthält hier in einem Bereich von 150 km Länge und 150 km Breite drei nach Süden geneigte Stufen. Als Ergebnis detaillierter Strukturaufnahmen der Russischen Tafel konnten derartige flexurartige Strukturen überall auf den Flanken von Syneklisen und Anteklisen nachgewiesen werden. Sie finden sich sowohl auf alten Strukturen, wie der altpaläozoischen Nordflanke der Lettischen (Baltischen) Senke als auch auf den Flanken junger meso-känozoischer Syneklisen, wie die Dislokation an der Medwediza bei Ardatow und die Jergeni-Flexuren an der Ostflanke des Plateaus von Stawropol.

Die komplizierenden Elemente auf den Flanken der Syneklisen und Anteklisen in Form von Flexuren und Stufen, die stets parallel zu den Umrissen der Massive verlaufen, haben für die Entstehung der Syneklisen große Bedeutung. Danach sind sie durch allgemeines Absinken des kristallinen Fundamentes entstanden. Die Senkungsbewegungen sind in den zentralen Teilen der Syneklisen am größten und nehmen in Richtung auf die Flanken der Anteklisen allmählich ab. Örtlich werden jedoch diese allgemein regelmäßigen Flanken der Anteklisen durch größere Längsbrüche und -verbiegungen gestört, die im Deckgebirge als Flexuren sichtbar werden.

Die Unterschiede zwischen den vollständigen stratigraphischen Profilen von Syneklisen und den geringmächtigeren, z. T. erosiv unterbrochenen Profilen von Anteklisen sind allgemein bekannt. Die faziellen Veränderungen an den Flanken von Syneklisen und Anteklisen verlaufen allmählich, eine Ausnahme bilden lediglich die oben beschriebenen Flexuren, wo häufig ein rascher Fazieswechsel und schnelle Änderungen in der Mächtigkeit beobachtet werden.

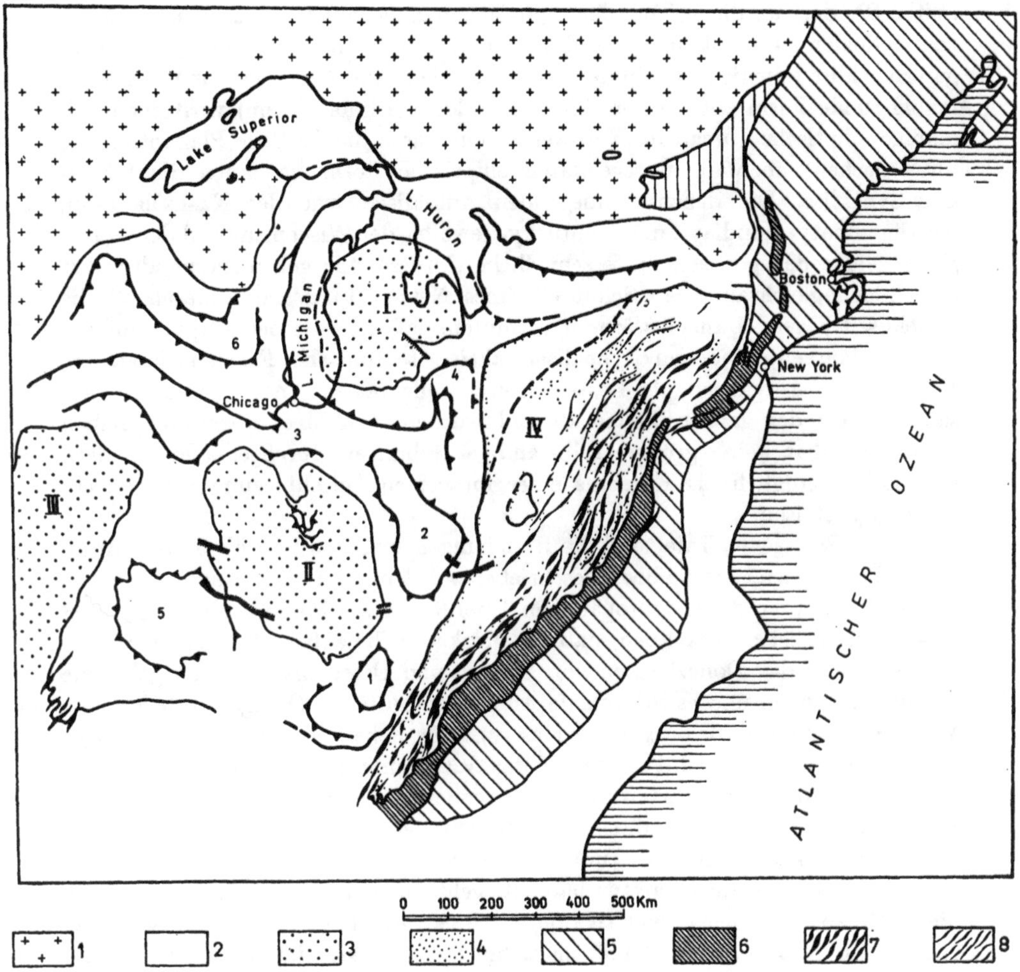


Abb. 1. Tektonisches Schema der Appalachen und der Oststaaten der USA (schematisiert nach "Tectonic Map of USA")

1 — Kanadischer Schild; 2 — Anteklisen auf der Platte der Zentral- und der Oststaaten, Flanke des Kanadischen Schildes; 3 — Syneklisen; 4 — Randsenken; 5 — präkambrische Faltungssysteme der Appalachen; 6 — metamorphe Bildungen des Piedmont-Plateaus; 7 — Falten und Überschiebungen der Appalachen; 8 — offene Falten des Allegheny-Plateaus; I — Michigan-Syneklise; II — Illinois-Syneklise; III — Forest-City-Syneklise; IV — Appalachen-Randsenke; 1 — Nashville-Dom; 2 — Cincinnati-Anteklise; 3 — Kentucky-Aufwölbung; 4 — Findlay-Aufwölbung; 5 — Ozark-Dom; 6 — Wisconsin-Aufwölbung.

Auch in der Gestalt unterscheiden sich beide Strukturformen wesentlich voneinander. Während Syneklisen vorwiegend runde bis ovale, manchmal auch eckige Umrisse zeigen, liegen die Anteklisen gleichsam „passiv" in den Räumen zwischen den Syneklisen. Im Bereich der Nordamerikanischen Tafel (Abb. 1) läßt z. B. der nördliche Teil der Appalachen-Randsenke einen gleichmäßigen zentriklinalen Abschluß am Rand des Kanadischen Schildes erkennen; die Michigan-Syneklise (Michigan Basin der amerikanischen Autoren) weist eine fast regelmäßig runde Form auf; in der Illinois-Syneklise (Illinois Basin) wird der regelmäßige elliptische Umriß im Nordwesten nur durch die La Salle-Plakantiklinale unterbrochen; ebenfalls unregelmäßig elliptische Form hat auch die Forest-City-Syneklise. Die dazwischenliegenden Anteklisen, wie der Nashville-Dom, das Cincinnaty-, Findlay-, und Kentucky-Gewölbe, der Wisconsin- und der Ozark-Dom, zeigen dagegen sehr unterschiedliche Umrisse. Sie gehen ineinander über und bilden gleichsam die „Schnüre“ eines Netzes, in dessen „Maschen“ die Syneklisen liegen. Danach wäre zu vermuten, daß die zwischen Altpaläozoikum und Karbon entstandenen Syneklisen aktive tektonische Formen darstellen, während die Anteklisen als Reststrukturen aufzufassen sind. Sie sanken zusammen mit der ganzen Platte ab und wurden vom Meer überflutet, haben jedoch offenbar keine größere selbständige Hebungen durchgemacht, sondern entstanden lediglich als Ergebnis einer intensiven Durchbiegung der benachbarten Syneklisen.

Auf der Russischen Tafel sind die Beziehungen zwischen Syneklisen und Anteklisen die gleichen, wie sie eben beschrieben wurden. Auf einer Karte der variscischen Strukturen der Osteuropäischen Tafel (Schatski 1946a, Abb. 7; vgl. S. 68 dieses Heftes) ist zu erkennen, daß die Moskauer Syneklise, die tiefe Baltische Syneklise und das Donezbecken von Westen und Osten in das herausgehobene Massiv eindringen und es in schmale Anteklisen aufteilen (Wolga-Ural-Gewölbe, Woronesh-Anteklise, Belorussisches Massiv). Hier haben die Anteklisen und sogar Strukturen wie der Ukrainische Schild das Aussehen von „Restschleifen“, welche die Maschen der benachbarten Syneklisen voneinander trennen. Ähnliche Bilder zeigen auch die von Archangelski (1932a) entworfenen tektonischen Karten des europäischen Teiles der Sowjetunion. Daß es sich bei der Woronesh-Anteklise gleichsam um eine Reststruktur handelt, geht aus der geologischen Geschichte dieses Massivs deutlich hervor (Karpinski 1880, Archangelski 1922, Schatski 1946a). Zu Beginn des Mitteldevons nahm dieses Massiv im südlichen Teil der Tafel eine sehr große Fläche ein; danach wurde es im Norden allmählich von der im Oberdevon und Karbon absinkenden Moskauer Syneklise erfaßt. Im Süden ergriff die absinkende Nordflanke des Donezbeckens die Südflanke und sogar den achsialen Teil der Woronesh-Anteklise, die dadurch in größere Tiefen gelangte. Das gleiche trat noch einmal im Mesozoikum (Oberjura, Oberkreide) ein, als nicht nur der südliche Gewölbeteil der Woronesh-Anteklise, sondern auch deren Nordflanke erfaßt wurde. In postkambrischer Zeit erfolgt bei allgemeinem Abtauchen der Russischen Platte eine fortschreitende Aufgliederung der Osteuropäischen Tafel. Charakteristisch und deutlich ist dabei ein Größenzuwachs der Syneklisen auf Kosten der benachbarten Anteklisen. Die Durchbiegung der Syneklisen und das allgemeine Absinken der Platten relativ zu den Anteklisen und Schilden lassen sich einwandfrei nachweisen, nicht dagegen die Hebungsbeträge bei den positiven tektonischen Tafelstrukturen.

Am Beispiel des Baltischen Schildes und der Woronesh-Anteklise versuchten wir bereits darzulegen, daß die Heraushebungen — sofern überhaupt vorhanden — im Vergleich zu den Senkungsbewegungen der negativen tektonischen Formen gering waren. Diesen Problemen ist jedoch noch weiter nachzugehen. Zweckmäßigerweise wird eine Bezugsebene, eine Art „Leithorizont", ausgewählt — nach meiner Meinung kommt nur die Oberfläche der präkambrischen Peneplaine in Frage —, zu der die Hebungen und Senkungen aller Tafelstrukturen in Beziehung gesetzt werden.

Gibt es nun auf den Kratonen auch große Gewölbehebungen? Nach unseren bisherigen Kenntnissen von der Geologie alter Tafeln können wir sagen, daß derartige Hebungen nur sehr selten anzutreffen sind, sofern man von Strukturen wie die nordamerikanischen Rocky Mountains absieht. Ein großes Gewölbe vom Typ der Anteklisen ist das Anabar-Massiv. Auf Grund der Mächtigkeiten des Kambriums und des Silurs kann für die postkaledonische Zeit ein Hebungsbetrag von einigen tausend Metern angenommen werden. Einen anderen Typ stellt offenbar die Llano-Aufwölbung (uplift) auf der Nordamerikanischen Tafel in Texas dar. Beide Hebungsgebiete liegen in einer bestimmten tektonischen Position, nämlich in den „äußeren", durch Faltengebiete begrenzten Ecken der Tafel.

Sehen wir von Hebungsgebieten vom Typ des Anabar-Massivs und einer Reihe kleinerer tektonischer Formen ab, die in dieser Arbeit nicht behandelt werden sollen, so läßt sich die tektonische Gliederung der alten Tafeln in folgender Form darstellen:

Kratone → Schilde → Syneklisen
Kratone → Schilde → Anteklisen
Kratone → Platten → Syneklisen
Kratone → Platten → Anteklisen

Wie bereits erwähnt, unterscheiden sich die Syneklisen der Schilde und Platten erheblich voneinander. In den Syneklisen der Schilde sind die Schichtmächtigkeiten gewöhnlich geringer als in den Anteklisen der benachbarten Platten. Zweifellos existieren auch auf den Schilden Anteklisen, wir können sie jedoch nur vermuten, da auf den Schilden Sedimente gewöhnlich fehlen. Trotz der Unterschiede zwischen Syneklisen und Schilden bzw. Platten bestehen doch zwischen einigen enge Beziehungen und können sogar ineinander übergehen, wie z. B. die Baltische und die Bottnische Syneklise (Schatski 1946a). Ebenso wie bei zwei benachbarten Platten, von denen die eine tiefer abgesunken ist als die andere, gibt es auch gemeinsame Syneklisen, deren Aufbau (z. B. Sedimentmächtigkeit) beim Übergang in eine stärker abgesunkene Platte größeren Veränderungen unterliegt (wahrscheinlich die Wolga-Syneklise, der östliche Teil der Moskauer Syneklise u. a.).

Das vorgeschlagene Schema ist lediglich als eine Klassifizierung der tektonischen Strukturen nach Größe und Bedeutung aufzufassen und hat keinerlei zeitlichen Inhalt. Denn es bedarf keiner weiteren Beweise mehr, daß sich Platten und Syneklisen gleichzeitig entwickeln und daß Syneklisen nur besonders stark abgesunkene Segmente von Kratonen darstellen. Den Grund für diese Einwölbungen und für das Absinken der Platten als Ganzes sowie für das Abwandern oder die Verdichtung subkrustalen Materials kennen wir noch nicht. Sowohl die Dauer der Entwicklung von Syneklisen und Tafeln (mehrere Perioden, Zeitalter!) als auch das Fehlen deutlicher Anzeichen für ausgleichende Hebungsbewegungen auf den Kratonen weisen eher auf eine Materialverdichtung unter diesen Strukturen als auf Abwanderung hin. Bereits eine Verdichtung des Krustenmaterials um 1 bis 2% im Verlauf von 200 bis 500 Mill. Jahren genügt, um die relativ geringen tektonischen Verbiegungen hervorzurufen.

## II. Strukturelle Zusammenhänge zwischen Tafeln und Faltensystemen

### *1. Bildungsbedingungen für Randsenken*

Die Elemente alter Tafeln unterscheiden sich zunächst durch ihren Querschnitt, und zwar durch die Lagerungstiefe des unteren Strukturstockwerkes, d. h. des gefalteten kristallinen Unterbaues. Weiter unterscheiden sie sich durch die Umrisse ihrer Grenzen oder durch die Grenzzonen zwischen Tafeln und geosynklinalen Faltenstrukturen. Bei einer Untersuchung der strukturellen Zusammenhänge zwischen Kratonen und den benachbarten Faltungszonen müssen deshalb zwei Hauptfragen beantwortet werden:

1. Welchen Einfluß hat die Tiefe eines Tafelfundamentes (besonders von Schilden und Platten) auf die strukturellen Beziehungen zwischen Tafeln und den angrenzenden Faltensystemen?

2. Welchen Einfluß haben die Umrisse und Formen der Kratone auf die Struktur der Tafeln selbst oder auf die angrenzende Faltenzone?

Zur Lösung des ersten Fragenkomplexes müssen wir Randgebiete von Tafeln betrachten, in denen die einzelnen Strukturelemente — Schilde und Platten — an eine einheitliche und kontinuierliche Faltenzone grenzen. Auf der nördlichen Halbkugel sind das einmal die Appalachen i. w. S., die im Norden dem Kanadischen Schild und im Süden der tief versenkten Platte der zentralen und der östlichen Staaten anliegen. Zum anderen ist es die Faltungszone von Werchojansk, die im Süden an den Aldan-Schild und im Norden an die Lena-Jenissei-Platte mit ihrem tiefliegenden gefalteten Unterbau grenzt.

Die paläozoische Faltenzone der Appalachen läßt sich über 3000 km am Südostrand der Nordamerikanischen Tafel verfolgen. Diese Zone besteht aus zwei natürlichen Teilen, dem nördlichen von New York bis Neufundland und dem südlichen von New York bis zum Staate Alabama, wo sie unter Kreide und Tertiär des Golfes von Mexiko abtaucht (STILLE 1940). Beide Teile zeigen einen deutlich verschiedenen Aufbau. Im Norden (New York) sind im westlichen Teil der Zone terrigenes Kambrium und Ordovizium eng gefaltet und nach Westen auf die Tafel aufgeschoben. Auf diesen stark dislozierten Gesteinen liegt transgressiv mit einer großen Diskordanz Gotland. In diesem klassischen Gebiet der takonischen Faltung, das sich nach Norden bis nach Neufundland erstreckt, werden intensiv gefaltetes Kambrium und Ordovizium in Geosynklinalfazies durch eine kräftige Überschiebung von der schmalen Zone mit ruhig gelagertem Altpaläozoikum am Rande des Kanadischen Schildes getrennt. Diese Linie ist in Kanada unter der Bezeichnung „Logan-Linie“, in den USA als „Champlain-Überschiebung“ bekannt. In dieser westlichen Zone der nördlichen Appalachen, die etwa mit der St.-Lorenz-Geosynklinale übereinstimmt (Ch. SCHUCHERT 1930), war die Faltung mit der takonischen Phase beendet, alle darüberliegenden Gesteine wurden nur „epirogenetisch“ bewegt. Östlich davon sind in der Neu Braunschweig-Geantiklinale und in der Akadischen Geosynklinale auch die jüngeren Schichten des Gotlandiums und Devons stark disloziert und zeigen eine deutliche Westvergenz in Richtung auf den Kanadischen Schild. Hier äußert sich die akadische Faltung in einer kräftigen Sedimentationsunterbrechung und einer Diskordanz an der Basis des Oberdevons ("Old Red"). Noch weiter östlich, in Neuschottland, auf Neufundland und im östlichen Massachusetts, sind mächtige (bis 6000 m), stellenweise kohleführende Karbonserien entwickelt. Diese Schichten können leicht gefaltet, aber auch sehr intensiv gestört (Boston-Becken) und von Graniten intrudiert sein. Eine gewisse Vergenz der Falten nach Osten in Richtung auf den Atlantischen Ozean ist zu beobachten.

Während die Hauptfaltung der nördlichen Appalachen also im Westen in altkaledonischer Zeit (takonische Faltung) beendet war, setzt sie im Osten bis zum Oberdevon (akadische Faltung) und in den am weitesten östlichen Gebieten auch noch bis in das Karbon intensiv fort. Somit liegt hier eine W–E-Wanderung der Faltung vor. Ein weiteres Charakteristikum dieses Teiles der Appalachen ist das Fehlen von Randsenken längs des Außenrandes. Hier liegen die gefalteten Schichten mit einer Überschiebung unmittelbar den Strukturen des Kanadischen Schildes auf; längs der Logan-Linie und gegenüber der Adirondack-Achse ist hierbei das Kristallin des Schildes an der Grenze zu den Appalachiden von einer äußerst schmalen, stellenweise vollkommen auskeilenden Zone geringmächtiger Tafelsedimente des Altpaläozoikums bedeckt.

Die südlichen Appalachen sind in ihrem Aufbau dem nördlichen Teil direkt entgegengesetzt. Sie lassen sich in die inneren (Piedmont-Plateau) und die äußeren Appalachen (Subappalachen, Appalachengebirge) gliedern, die allmählich in das schwach gefaltete Alleghenygebiet übergehen. Die inneren Appalachen stellen eine stark herausgehobene Zone dar, die vorwiegend aus hochmetamorphen proterozoischen und archäischen Bildungen besteht. Sie sind die Fortsetzung der nördlichen takonischen Strukturen; Gotland und Devon fehlen hier jedoch, so daß die posttakonische Entwicklung der inneren Appalachen durch direkte Untersuchung jüngerer Sedimente nicht geklärt werden kann. Auf Grund der Ähnlichkeit zwischen den jungen Graniten des Piedmont und den devonischen Graniten Akadiens ist jedoch zu vermuten, daß die inneren Appalachen möglicherweise gleichfalls von der akadischen Faltung erfaßt und herausgehoben worden sind. Hierauf weisen die groben Konglomerate und die „molasseähnlichen“ Sedimente im Unterkarbon und im Obersilur der Subappalachen hin. Wenn das spätvariscische Alter der Martic-Überschiebung richtig ist, dann kann der Westrand des

Piedmont-Plateaus zu dieser Zeit intensiv bewegt worden sein; der ganze östliche Teil hat sich jedoch nach Meinung nordamerikanischer Geologen sowie nach F. SUESS, H. STILLE u. a. bereits im Altpaläozoikum konsolidiert. Im Westen (äußere Appalachen) kennen wir in den über 12000 m mächtigen geosynklinalen Serien vom Kambrium bis einschließlich Oberkarbon keine Sedimentationsunterbrechungen. Diese Schichten sind intensiv gefaltet und in sich überschoben (u. a. auch alpidische Decken), die Vergenz ist gegen die Nordamerikanische Tafel gerichtet. Weiter westlich wird die Faltenzone von einer großen, aus mächtigem Karbon bestehenden Randsenke mit flachem Faltenwurf abgelöst. VAN WATERSCHOOT VAN DER GRACHT sieht diese Zone mit Recht als eine junge variscische Vorsenke an. Die größten Mächtigkeiten des Altpaläozoikums (terrigene „Molasse"-Formation) liegen jedoch weiter östlich in einer stark gefalteten Zone. Ebenso wie in anderen Faltensystemen mit ausgeprägten Randsenken kam es auch in den äußeren Appalachen zu einer Wanderung des Senkungsgebietes in Richtung auf die Tafel, die mit einer starken Gewölbehebung der inneren Appalachen in Verbindung stand.

In den südlichen Appalachen verlief also die Wanderung der Faltung im Gegensatz zum nördlichen Teil der hier beschriebenen Zone umgekehrt von Ost nach West, da im Osten die Hauptfaltung bereits vor dem Devon abgeschlossen war; im Westen, d. h. in den äußeren Appalachen, dauerte sie dagegen bis zum Ende der variscischen Ära fort. Ebenfalls im Gegensatz zu den nördlichen Appalachen kennen wir im Süden in der Außenzone eine gut entwickelte Randsenke.

Trotz der wesentlichen Unterschiede zwischen den nördlichen und südlichen Appalachen stellen sie doch insgesamt ein einheitliches Faltensystem dar. Ihre Faltungen wechseln miteinander ständig ab. Gegenwärtig kann das akadische Gebiet — ähnlich den Kaledoniden in Europa — noch nicht als ein selbständiges System der Kaledoniden abgetrennt werden. Die südlichen Appalachen können auch nicht mit den Varisciden Mitteleuropas vereinigt werden. Im wesentlichen setzte, wie bereits erwähnt, die Entwicklung der nördlichen Appalachen bis in die variscische Zeit fort, allerdings waren diese variscischen Bewegungen auf den Osten beschränkt, ohne sich am Westrand der nördlichen Appalachen irgendwie auszuwirken.

Um die geologischen Bedingungen für derartige Veränderungen im Aufbau der Appalachen zu klären, müssen wir in jenes Gebiet gehen, in dem die nördlichen Strukturen von den Elementen der südlichen Appalachen abgelöst werden. Das charakteristische Unterscheidungsmerkmal beider Zonen ist die ausgeprägte takonische Diskordanz im Norden und das Fehlen dieser Diskordanz im Süden. Während die posttakonische Diskordanz im Tal des Hudson (Staat New York) sehr deutlich ausgeprägt ist, tritt sie bereits etwa 50 km südlich (südl. Teil des Staates New York und in New Jersey) zwischen Ordovizium und Gotlandium nur noch schwach auf. Im südlichen Pennsylvanien fehlen jegliche Spuren einer Diskordanz und die Serien sind insgesamt etwas weniger gestört als im Norden. Die Grenze zwischen Gebieten mit verschiedenen Lagerungsverhältnissen des Altpaläozoikums liegt somit etwa im Delaware-Tal, westlich von New York.

Das angeführte Beobachtungsmaterial zeigt also, daß der Unterschied im Aufbau der nördlichen und südlichen Appalachen mit dem unterschiedlichen Aufbau der angrenzenden Teile der Nordamerikanischen Tafel zusammenhängt: Während die nördlichen Appalachen ohne Zwischenschaltung einer Randsenke unmittelbar an den Kanadischen Schild grenzen, sind die südlichen Appalachen durch eine kräftig entwickelte Randsenke mit der tief abgesunkenen Platte der Nordamerikanischen Tafel verbunden.

Die mesozoische Werchojansker Faltenzone i. w. S., die im Osten die Sibirische Tafel begrenzt, ist den Appalachen insofern ähnlich, als sie im Westen an verschiedene Strukturelemente der Tafel angrenzt: im Süden an den Aldan-Schild und im Norden an die Lena-Jenissei-Platte. Zur Klärung der in dieser Arbeit behandelten Probleme ist deshalb wichtig, wie sich die strukturellen Verhältnisse zwischen Faltenzone und Tafel in Abhängigkeit vom Aufbau der Tafel verändern Abb. 2).

Der nördliche Teil des Gebiets von Werchojansk hat folgenden Aufbau: Am Ostrand der Lena-Jenissei-Platte liegt die Lena-Randsenke; sie besteht aus über 3000 bis 4000 m mächtigen kohleführenden, vorwiegend kontinentalen Jura- und Kreideschichten. Die Westflanke der Senke, die auf dem geneigten Rand der Platte liegt, ist flach, sekundäre Störungen fehlen fast vollkommen. Dagegen ist die der Faltenzone anliegende Ostflanke steiler und durch Falten kompliziert, die in Richtung auf das Gebirge steiler werden und durch eine Reihe von Überschiebungen gestört sind. Die Gesteine sind hier stark verfestigt und die in der Lena-Senke weit verbreiteten Braunkohlen gehen bereits in Steinkohlen über. Das Westwerchojansker Faltensystem stellt eine aus steilen Falten aufgebaute komplizierte Megantiklinale dar, die allgemein nach Westen hin abfällt und im Grenzbereich zur Lena-Senke wahrscheinlich durch eine Serie steiler Überschiebungen gestört ist. Sie besteht aus einer 8 bis 10 km mächtigen Serie aus Sandsteinen und Schiefern des sogenannten Werchojansker Komplexes, an deren Aufbau Ablagerungen vom Oberkarbon bis zur Unterkreide beteiligt sind. Die ältesten Schichten im nördlichen Teil der Werchojansker Zone gehören dem Perm an; sie streichen im achsialen Teil der Megantiklinale aus und werden lokal von Graniten intrudiert. Devon, Karbon und Altpaläozoikum in Tafelfazies (!) treten nur im äußersten Norden des hier beschriebenen Teiles der Werchojansker Zone (Charaulach-Gebirge) an der Lenamündung auf; die strukturelle Stellung dieses Teiles der Zone ist noch weitgehend unbekannt. Diese Megantiklinale bildet einen weiten, zur Wiljui-Syneklise konvexen Bogen, der an der Nordflanke des Aldan-Schildes nach E stark abfällt. An dieser Stelle sind die südlichen Enden einzelner Falten der Megantiklinale nach E abgebogen und nähern sich asymptotisch dem Rand des Schildes.

Im nördlichen Teil der Werchojansker Zone können also etwa bis zur Breite von Jakutsk folgende tektonische Einheiten ausgeschieden werden: Die mesozoische Randsenke und eine komplizierte mesozoische Megantiklinale, die im Osten durch eine Reihe ähnlicher mesozoischer Strukturen abgelöst wird, deren Kerne aus älterem Paläozoikum bestehen. Die genannten Strukturen sind identisch mit der Jana- und der Oimjakon-Kolyma-Megsynklinale sowie der Ostwerchojansker Megantiklinale nach dem Schema von N. P. Cheraskow (1935).

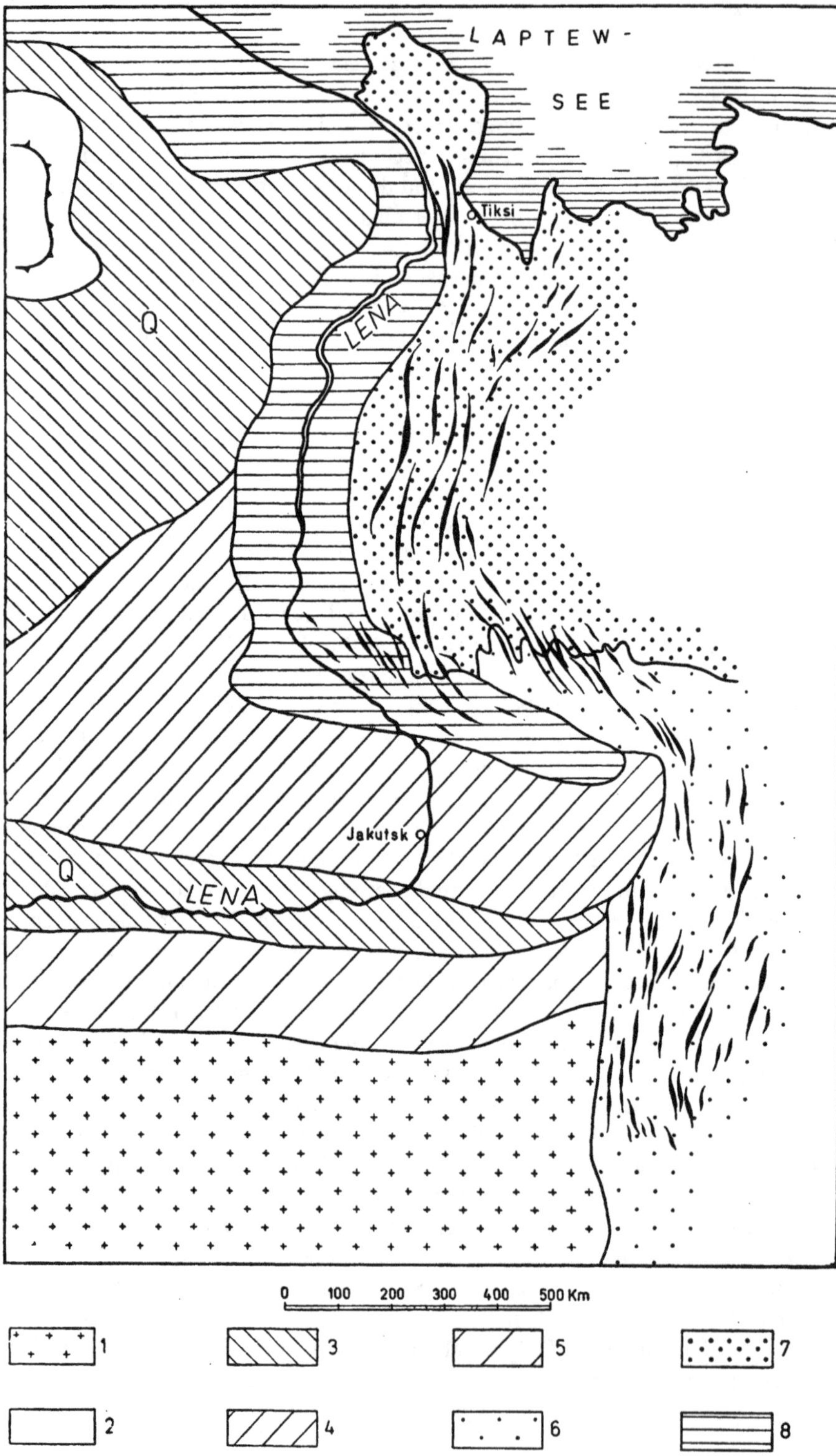

LAPTEW-
SEE
Tiksi
Q
LENA
Jakutsk
Q
LENA
0 100 200 300 400 500 Km
1
2
3
4
5
6
7
8

Ganz anders ist der Aufbau der südlichen Werchojansker Zone rechtsseitig des Aldan und der Maja. Dieses wenig untersuchte Bergland (Aldan-Gebirge nach W. A. OBRUTSCHEW) wird von den rechten Nebenflüssen des Aldan und der Maja (Judoma, Allach-jun, Timpo, Belaja u. a.) durchschnitten. Hier sind auch die wichtigsten geologischen Besonderheiten der südlichen Werchojansker Zone aufgeschlossen. Der geologische Aufbau der linksseitigen Gebiete des Aldan und der Maja sind typisch für Tafeln. Das gefaltete archäische Fundament ist hier in tiefen Flußtälern angeschnitten, während das Gebiet dazwischen aus unterkambrischen Serien aufgebaut wird. Nach Norden werden längs des Aldan die Schichten mächtiger und bedecken vollkommen das archäische Fundament. Östlich der Maja und in den Gebieten rechts des Aldan ändert sich das Bild sehr schnell: Hier ist das Kambrium ($Cm_1$ und $Cm_2$) in fast N–S verlaufende Falten gelegt und durch eine Serie von Überschiebungen kompliziert. Die proterozoischen kristallinen Schiefer und Quarzite der weithin zu verfolgenden Gebirgszüge sind von Ost nach West auf kambrische und stellenweise vielleicht auch auf jüngere paläozoische Schichten aufgeschoben worden. Noch weiter westlich sind Silur (Ordovizium), Oberkarbon und Perm weit verbreitet, zwischen denen in einzelnen Gebieten mit starker Heraushebung Präkambrium ausstreicht. Aus dem Ostteil dieser Zone kennen wir große Intrusionen granitoidischer Gesteine paläozoischen und postjurassischen Alters. Auch die petrographische Zusammensetzung der Sedimentserien ändert sich von Westen nach Osten wesentlich. Auf der Tafel sind vorwiegend Kalke, Dolomite und Mergel entwickelt, die in den typischen Tafelformationen östlich der Faltenzone durch Sandstein- und Schieferserien mit Paketen karbonatischer Gesteine abgelöst werden. Stellenweise sind die Gesteine des Kambriums und Ordoviziums intensiv zu Talk-Chlorit-Schiefern umgewandelt (J. K. DSEWANOWSKI 1946).

Das Alter der Störungen im südlichen Teil der Werchojansker Zone ergibt sich aus der Überlagerung der deformierten altpaläozoischen Schichten am Aldan und an der Maja durch fast horizontal liegenden kontinentalen Jura. Im Inneren des Orogens treten zwischen dem Altpaläozoikum und dem Permokarbon große Diskordanzen auf (variscische Bewegungen). In den am weitesten östlich liegenden Gebieten streicht im Vorgebirge des Dshugdshur intensiv gefalteter Jura aus.

Die Unterschiede zwischen dem Nordstrang der Werchojansker Faltenzone und dem Südteil am Aldan sind demnach sehr scharf ausgeprägt. Im Süden fehlt eine mesozoische Randsenke; die den nördlichen Juraserien äquivalenten Schichten sind sehr ruhig gelagert und liegen flach auf stark gestörtem Kambrium. Im Süden ist auch eine Wanderung der Faltung von der Tafel gegen die Faltenzone zu beob-

---

Abb. 2. Tektonisches Schema der Faltungszone von Werchojansk und des Ostteils der Sibirischen Tafel

1 — Aldan-Schild; 2 — Anabar-Massiv; 3 — Lena-Jenissei-Platte (altpaläozoisches Feld); 4 — Wiljui-Syneklise der Lena-Jenissei-Platte; 5 — Nordflanke des Aldan-Schildes; 6 — Südteil der Werchojansker Zone; 7 — nördlicher Teil des Werchojansker Bogens; 8 — Lena-Randsenke.

achten. Während am Tafelrand das Alter der Deformationen sicher präjurassisch, vielleicht sogar prävariscisch ist, treten im Osten noch stark deformierte mesozoische Schichten auf. Diese Unterschiede innerhalb der Werchojansker Faltenzonen zeigen nun eine strenge Abhängigkeit zum Aufbau des angrenzenden Teiles der Sibirischen Tafel. Der Aldan-Schild, an den der südliche Teil der Zone grenzt, unterscheidet sich wesentlich vom Baltischen und Kanadischen Schild. Er hat mit dem Ukrainischen Massiv insofern Ähnlichkeit, als der gefaltete Unterbau ebenfalls von einer recht mächtigen Sedimentdecke überlagert wird. Die sehr starke Mächtigkeitsabnahme des Kambriums auf dem Schild im Vergleich zu der benachbarten Platte und der fazielle Unterschied sowohl des Paläozoikums als auch des Mesozoikums lassen jedoch keine Zweifel daran, daß das kristalline Fundament des Aldan-Schildes seit dem Kambrium erheblich gehoben wurde, während die Lena-Jenissei-Platte mindestens um 3000 bis 5000 m abgesunken ist. Die Grenze zwischen beiden Gebieten ist durch eine recht allmählich nach Norden abfallende Stufe gegeben. Eine Randsenke des nördlichen Werchojansker Gebietes ist nur im Bereich der Lena-Jenissei-Platte entwickelt; der Übergang von den alten paläozoischen Strukturen der südlichen Werchojansker Zone zu den nördlichen mesozoischen Strukturen erfolgt am Südrand der Platte. Eine gewisse Komplizierung im Aufbau des Gebietes bringt die tiefe Wiljui-Syneklise hinein, sie ist jedoch weniger von der Tiefe ihres gefalteten Unterbaues abhängig, als von ihren Umrissen. Das Anabar-Massiv als junge (variscische) Einheit mit einem an der Ostflanke außerordentlich tief abgesunkenen Fundament läßt keinen solchen Einfluß auf die Randsenke und den Aufbau des Werchojansker Faltenbogens erkennen, wie es beim Aldan-Schild der Fall ist.

Somit sind Beziehungen zwischen Faltenzone und Tafel im Osten der Sibirischen Tafel vollkommen analog den strukturellen Beziehungen zwischen den Appalachen und dem Nordamerikanischen Kraton. In beiden Fällen sind die Randsenken im Bereich der Platten entwickelt, während im Bereich der Schilde die Faltenzonen von den Schilden durch eine ausgeprägte „Naht“ ohne Bildung von Randsenken begrenzt werden. In den Faltenstrukturen, die an Schilde grenzen, ist ein früheres Abklingen der Dislokationen und somit eine gewisse Wanderung der Faltungen vom Kraton in Richtung auf die inneren Teile der Faltenzone zu beobachten. In den Faltengebieten, die an Platten grenzen, sind die Verhältnisse umgekehrt.

Diese Besonderheiten in den strukturellen Beziehungen zwischen dem Nordamerikanischen und Sibirischen Kraton einerseits und den angrenzenden Faltenstrukturen andererseits stellen keine Sonderfälle dar, sondern sind Gesetzmäßigkeiten, die offenbar nicht nur für Kratone, sondern auch für Tafeln allgemein kennzeichnend sind. Dazu noch einige weitere Beispiele:

Die den Baltischen Schild im Nordwesten begrenzenden norwegischen Kaledoniden zeichnen sich durch eine scharf ausgeprägte Grenze („Naht“) zur Tafel sowie durch das Fehlen einer Randsenke aus (der Oslo-Graben gehört einem anderen Strukturtyp an). Zu erwähnen ist ferner, daß die inneren Gebiete der norwegischen Kaledoniden während der variscischen Orogenese erhebliche

Deformationen durchgemacht haben (BAILEY & HOLTEDAHL 1938); solche Störungen liegen an der Grenze zwischen Kaledoniden und Baltischem Schild nicht vor.

Die Kaledoniden in Nordwestschottland, die unmittelbar an das hoch herausgehobene Erie-Massiv (Schild ?, vgl. A. D. ARCHANGELSKI 1941) grenzen, sind den norwegischen Kaledoniden sehr ähnlich. Hier liegt ebenfalls keine Randsenke vor: Die Grenze zwischen dem Massiv und der Faltenzone stellt eine schmale Zone dar, die durch die klassischen Überschiebungen zwischen dem Hebridenmassiv und der Gneisdecke von Lewis intensiv deformiert ist (PEACH, HORNE u. a. 1907). Besonders kennzeichnend ist, daß die durch Überschiebungen gestörten kambrischen Schichten ebenso wie in den norwegischen Kaledoniden nicht Formationen der Randsenke, sondern typische Tafelformationen darstellen, so daß die Überschiebungszone auch nicht als reduzierte Randsenke — ähnlich der variscischen Zone von produktivem Karbon Belgiens und Frankreichs — angesehen werden darf.

Dagegen sind an der Grenze zwischen Platten alter Tafeln und Faltensystemen überall deutlich ausgeprägte Randsenken mit typischen Flysch- und Molasseformationen, stellenweise auch mit Salinar, entwickelt. Solche Bildungen kennen wir nicht nur aus den Appalachen und dem Gebiet von Werchojansk, sondern auch im Ural, in der Arkansas-Randsenke des Ouachita-Systems, in analogen Strukturen längs des Bend-Gewölbes (Bend arch), der Llano-Aufwölbungszone und in den Marathon Mountains in Texas.

Daraus lassen sich die Bildungsbedingungen für Randsenken und die strukturellen Beziehungen zwischen alten Tafeln und den an sie geknüpften Faltensystemen in folgender Weise definieren:

1. Bei hoher Lage des gefalteten Unterbaues alter Tafeln, d. h. bei Schilden, fehlen Randsenken; die Entwicklung geosynklinaler Faltensysteme ist in der Nähe von Tafeln gewöhnlich früher beendet als im Innern (Wanderung der Faltenbildung in Richtung von der Tafel weg).

2. Bei weniger hoher Lage des gefalteten Untergrundes alter Tafeln, d. h. auf Platten, entwickeln sich stets Randsenken; die Entwicklung ist in den tafelnahen Gebieten manchmal später abgeschlossen als im Innern der Geosynklinalen (Wanderung der Faltenbildung zur Tafel).

Diese Gesetzmäßigkeiten sind zunächst rein empirisch gefunden und ihre tieferen Ursachen sind noch weitgehend unklar. Einige Tatsachen über den Charakter der zu Randsenken führenden Bewegungen sind jedoch erwähnenswert. In den Randsenken erfolgt während der letzten Bildungsetappen eines Faltensystems stets eine Verlagerung des Innenrandes der Senke in Richtung auf die Tafel, eine Entwicklung, die durch die allgemeine Heraushebung des Orogens ihr Ende findet. Dagegen läßt der Tafelrand einer Saumsenke offenbar eine beträchtliche Stabilität erkennen. Dieser Rand besteht z. B. im Ural aus flexurähnlichen Stufen gegen die Ufa-Plakantiklinale (SCHATSKI 1945b), deren Lage ohne merkliche Verschiebungen längere Zeit — mindestens vom Ende des Karbons bis zur Trias — konstant blieb, während der Innenrand in der gleichen Zeit beträchtlich in Richtung auf die Tafel verschoben wurde. Obwohl analoge Erscheinungen offenbar auch in anderen Randsenken vorliegen (Arkansas-Tal, Appalachen-Randsenke u. a.), kann dieser Befund noch nicht als Beweis gelten, da der Aufbau der äußeren Flanken von Randsenken unter diesem Blickwinkel noch nicht sicher genug bekannt ist. Flexurartige Verbiegungen sind jedoch an den äußeren Flanken vieler Randsenken bekannt (Karpaten, Schwarzmeersenke). Es will mir deshalb scheinen, daß Randsenken an alten Tafeln eher als grabenartige Senkungsgebiete aufzufassen sind, die antithetisch (im Sinne von H. CLOOS) die Außenränder des Fundaments von Platten komplizieren, und nicht als „Rest"geosynklinalen, wie H. STILLE (1940) einige Vorsenken definiert.

So zeichnet sich eine stärkere Abhängigkeit der Randsenken von den Tafeln und nicht von den Faltensystemen ab. Die engen Beziehungen zwischen Randsenken sowie Platten und das Fehlen der Randsenken an Schilden bestätigt noch einmal den wesentlichen Unterschied zwischen diesen beiden großen Strukturtypen. Vielleicht können an den Rändern von Schilden analog zu den Randsenken antithetisch randliche Hebungsgebiete entstehen, ihre Existenz ist jedoch noch nicht bewiesen. Auf Grund der Gesamtentwicklung von Tafeln ist anzunehmen, daß derartige Strukturen, sofern sie überhaupt vorhanden sind, als positive und demzufolge für die Tafeln „passive" Strukturen nur sehr schwach ausgeprägt sind.

Die Untersuchung tektonischer Tafelstrukturen ist an Kratonen dadurch erleichtert, daß hier alle Deformationen gleichsam in reiner Form auftreten. Sie werden nicht wesentlich von anderen, aus dem Fundament übernommenen Strukturen überlagert, wie das bei Tafeln mit jungem paläozoischem und ganz besonders mit mesozoischem Unterbau der Fall ist.

Aber auch auf jungen Tafeln lassen sich örtlich die oben beschriebenen Gesetzmäßigkeiten in der Lage der Randsenken bestätigen. So ist z. B. das Fehlen von Merkmalen einer Saumsenke am Rande der Mongolisch-Ochotskischen Zone möglicherweise dadurch zu erklären, daß dieser Faltengürtel im Norden an das stark herausgehobene kaledonische oder variscische Fundament anschließt, das während der Entstehung der Mongolisch-Ochotskischen Faltenzone nicht tiefer eingesunken ist. Auch das Fehlen einer typischen variscischen Randsenke längs des Altai und des Salair hat offenbar den gleichen Grund. Die Tiefe des Gneisfundamentes beeinflußt die Struktur der Tafelränder zweifellos auch im Bereich von Platten. Am Tafelrand wirkt sich die höhere Lage des Fundamentes in den Anteklisen gegenüber der niedrigeren Lage in den Syneklisen auch auf die Struktur der Randsenken aus, allerdings in abgeschwächter Form. Das an das Ural-Faltensystem anschließende Wolga-Ural-Gewölbe kompensiert zwar die Randsenke nicht, jedoch ist diese im Bereich der Wölbung weniger tief durchgebogen und bildet eine Art Querverbindung zwischen den tiefen Depressionen des südlichen (Belsk) und des nördlichen (Solikamsk) Gebietes.

### *2. Einige Bemerkungen über Querelemente in Randsystemen und ihre Entstehung*

Die tektonischen Strukturen alter Tafeln sind von ihrer Form, d. h. von den Umrissen der Grenzzone zwischen Kraton und benachbarten Faltensystemen, abhängig. Diese Fragen sind bereits in früheren Arbeiten ausführlich behandelt worden (SCHATSKI 1945a, 1946a, 1946c). Ich kann mich deshalb hier auf einige Ergänzungen beschränken.

Die äußeren Umrisse der Kratone zeichnen sich durch eine große Regelmäßigkeit aus. Sie erscheinen an der Erdoberfläche nicht als eine willkürlich gebogene, sondern als eine mehrmals geknickte Linie, die aus einer Reihe gewöhnlich sehr langer, gerader oder schwach gebogener Abschnitte besteht. Diese verschieden, jedoch gesetzmäßig orientierten Abschnitte bilden an den Tafelrändern eine Reihe von Winkeln: Während in den Innenwinkeln geosynklinale Faltenbildungen in die Tafel hineinspringen, ragt in den Außenwinkeln die Tafel durch ein hervortretendes Massiv in das umrahmende Faltengebiet hinein.

Der Aufbau der Kratone wird an den Innenwinkeln durch einen besonderen tektonischen Strukturtyp gestört, den ich als quergerichtete Randsysteme bezeichne (SCHATSKI 1946c), da sie quer zum Außenrand der Tafel und dementsprechend quer zum Faltengebiet verlaufen (SCHATSKI 1945a), besonders stark am Tafelrand entwickelt sind und in den inneren Teilen der Tafel allmählich abklingen. Zu diesen Strukturen gehören die großen transversalen Randsysteme vom Typ des Großen Donbass, des Wichita-Systems, des Kusnezker Beckens, die Syneklisen vom Typ des Delaware-Beckens, Quergräben (Oslo-Graben) sowie kleinere Strukturen. Die weitaus meisten Strukturen zeichnen sich durch eine tiefe, quer zum Tafelrand streichende Einbiegung aus, die an der Grenze zwischen Tafel und Faltengebiet ihr Maximum erreicht und dann allmählich flacher wird. In dieser Beziehung ist eine gewisse Ähnlichkeit mit den Randsenken erkennbar, jedoch erfolgt in ihnen der Fazieswechsel und die Veränderungen in den Lagerungsverhältnissen allmählicher und dringt tiefer in die Tafel ein, als es bei den längsverlaufenden Randsenken der Fall ist. Transversale Randsenken sind zweifellos genau so verbreitet wie „longitudinale“ Vorsenken.

Bei eingehender Untersuchung lassen sich in jedem Innenwinkel derartige Störungen feststellen. Eine Ausnahme von dieser Regel scheint mir die alpidische Faltenzone des Krim–Kaukasus-Gebietes zu sein, die einen stumpfen einspringenden Winkel in das Gebiet der Halbinsel Taman bildet. Aber auch hier liegt in der Kuban-Asow-Depression, nach dem Streichen des Krimgebirges zu urteilen, eine Einbiegung vor, wie kürzlich am Manytsch festgestellt wurde („Gudilow-Jegorlyk-Senke“). Diese Depression gliedert den abgetauchten Teil des Ukrainischen Massivs gleichsam in zwei Einheiten, in die Asow- und die Stawropol-Scholle.

Die Richtungen der transversalen Randsenken hängen mit der Hauptrichtung des Streichens der an den Innenwinkeln in die Tafel eindringenden Faltenzonen eng zusammen. Manche Senken sind als Fortsetzung der — jeweils stärker ausgeprägten — Randsenke eines der Faltenstränge aufzufassen. So bildet z. B. die Wichita-Depression insgesamt die Fortsetzung des E–W streichenden Arkansas-Beckens, d. h. einer Randsenke, die im Innenwinkel von Texas und Oklahoma erheblich stärker entwickelt ist als die Randsenke des N–S streichenden Stranges des Ouachita-Systems (Senke östlich des Bend-Gewölbes). Das Donezbecken ist gleichsam als Fortsetzung des E–W streichenden Stranges der variscischen Faltenzone aufzufassen, während das wesentlich schwächer ausgeprägte Becken von Stalingrad im Streichen mit dem westlichen, fast N–S verlaufenden Rand der abgesunkenen variscischen Zone übereinstimmt. Andere Querstrukturen bilden gleichsam die Winkelhalbierende des Innenwinkels; aber auch in diesem Falle hängen die Begrenzungen in bezug auf das Streichen dieser Senkungszonen mit dem Streichen der Seiten des Innenwinkels zusammen (z. B. Delaware-Becken, vgl. SCHATSKI 1946c).

Wenn bei den Innenwinkeln eine Seite erheblich länger als die andere und der Winkel sehr steil ist, dann bestehen offenbar zwischen dem Aufbau des Faltensystems in Richtung der langen Seite und dem der kurzen Seite Unterschiede. Beispiel dafür ist das Werchojansker Faltensystem, das in einem Innenwinkel derart in die Sibirische Tafel hineinragt, daß die Wiljui-Syneklise zu einer riesigen flachen Quersenke auf der Sibirischen Tafel wird. In Richtung der langen Seite dieses Winkels verläuft das Streichen der Faltung im Werchojansker System parallel zum Tafelrand, während die Falten des Werchojansker Systems auf die E–W und parallel zum Rand des Aldan-Schildes liegende kurze Seite des Winkels fast rechtwinklig treffen, in der Nähe der Tafel nach Osten abbiegen und sich asymptotisch dem Streichen des Aldan-Schildes nähern. Ich glaube, daß derartige Beziehungen zwischen Faltungsrichtung und kurzer Seite des Innenwinkels im Gebiet des Terek und der Kama, d. h. in der abgesunkenen variscischen Zone des Kaspischen Meeres und südlich der Stadt Atoka im Ouachita-System vorliegen (Faltenbündelung im westlichen Teil).

Es ist nun die Frage zu beantworten, wie sich die Tiefe des Tafelfundamentes auf die transversalen Randsenken auswirkt. In meiner Arbeit „Über den Großen Donbass und das Wichita-System“ (SCHATSKI 1946a) habe ich gezeigt, daß sich transversale Randstrukturen sowohl auf Platten (Donezbecken, Wichita, Delaware-Becken, Wiljui-Syneklise usw.) als auch auf Schilden (Oslo-Graben, Ottawa-Syneklise) entwickeln, daß aber die größten, kompliziertesten und am tiefsten durchgebogenen tektonischen Strukturen dieses Typus auf Platten beschränkt sind. Offenbar wurde die Entstehung und Entwicklung auch dieser Strukturen von der intensiven Durchbiegung der entsprechenden Tafelbereiche beeinflußt.

Die strukturellen Verhältnisse in den Außenwinkeln der Tafeln sind noch nicht eingehender untersucht worden. Jedenfalls sind sie nicht so deutlich ausgeprägt wie in den Innenwinkeln. Möglicherweise sind an einige Außenwinkel kuppelartige Hebungsstrukturen geknüpft (vom Typ des Llano in Texas), vielleicht ist zu diesen Strukturen auch die große kuppelartige Aufwölbung des Anabar-Massivs zu rechnen. Entstehung, Bildungsbedingungen und sogar die Form dieser Strukturen sind jedoch bisher noch vollkommen ungeklärt. Die Außenwinkel bedingen in den entsprechenden Faltensystemen zweifellos spezifische Störungen, z. B. die an den Petschora-Außenwinkel geknüpfte Verwerfung (Überschiebung ?), die den Polaren Ural vom Pai-Choi trennt (A. W. CHABAKOW 1945), sowie die ausgeprägte tektonische Grenze zwischen dem Ural und dem WNW gerichteten Strang der Varisciden am südöstlichen Außenwinkel der Russischen Tafel (A. L. JANSCHIN 1945). Fragen nach den Strukturen der Außenwinkel können vorläufig nur gestellt werden, von ihrer Lösung sind wir dagegen noch weit entfernt.

In bezug auf die Herkunft der transversalen Randstrukturen sind grundsätzlich zwei Vermutungen möglich: Entweder sind es Fortsätze oder Enden von Geosynklinalsystemen oder sie sind als Tafelbildungen aufzufassen. Die erste Annahme entfällt, denn erstens haben Quersenken in den meisten Fällen nicht die Form einer sich verengenden, zentriklinal zur Tafel abschließenden Mulde, wie für das Auskeilen einer Geosynklinale im Innenwinkel zu fordern wäre. Sie bilden im Gegenteil häufig grabenartige Einwölbungen, deren Breite über größere Entfernungen hinweg (Hunderte von Kilometern!) nicht nur gleich bleibt, sondern zur Tafel noch größer wird (Delaware-Becken). Zweitens handelt es sich bei diesen Strukturen um Neubildungen. Wie aus den Beispielen des Donezbeckens, des Wichita-Systems u. a. Systemen deutlich hervorgeht, bestehen die unteren Serien dieser Einwölbungen aus reinen Tafelsedimenten und nur am Außenrand aus Gesteinen in der Fazies der Randsenken (Heraushebung benachbarter Faltensysteme und Absinken in Längsrichtung verlaufender Saumsenken). In anderen Querstrukturen sind die Senkungsgebiete vollkommen mit Tafelbildungen ausgefüllt (Ottawa-Syneklise, Delaware-Becken u. a.).

Die peripherischen Teile alter Tafeln werden somit durch große tektonische Strukturen kompliziert, die sich in zwei Typen gliedern lassen: 1) Randsenken in Längsrichtung und 2) transversale Randsysteme.

Eine ausführliche Klassifizierung der Strukturen des zweiten Typs ist kürzlich veröffentlicht worden (Schatski 1946a), während die längsverlaufenden Randsenken noch einer Untersuchung bedürfen. Beide gehören zu tektonischen Tafelstrukturen, die an Tafelrändern entstehen; sie sind eng an die Besonderheiten der Tafeln gebunden, entweder an Platten (d. h. abhängig von der Tiefe des Fundaments) oder an die Form der Tafelränder (Innenwinkel). Gleichzeitig bestehen direkte Zusammenhänge zwischen der Entwicklung dieser Strukturen und den Bewegungen in den benachbarten Faltensystemen. Diese Beziehungen kommen in der engen Abhängigkeit der Senkungsvorgänge und des Charakters der entsprechenden Sedimente von den Bewegungen der Orogenese und deren Denudation deutlich zum Ausdruck. In diesem Punkt unterscheiden sich die Randsenken aller Typen deutlich von Syneklisen, Schilden und Platten, deren Entwicklung keine unmittelbare Beeinflussung durch die benachbarten Faltensysteme erkennen läßt. Es ist vielmehr umgekehrt, daß — wie bereits erwähnt — die Kratone den Aufbau der Faltensysteme (südliche und nördliche Appalachen, südlicher und nördlicher Teil des Werchojansker Bogens u. a. m.) beeinflussen. Der Aufbau der Randsenken zeigt nochmals, daß alte Tafeln und Faltengebiete während ihrer Geosynklinalentwicklung in jedem Falle voneinander durch tiefreichende Störungen oder Störungszonen getrennt waren. Wenn sich Übergangsgebiete überhaupt ausscheiden lassen, dann nur als sehr schmale Zonen an der Grenze dieser beiden tektonischen Großeinheiten. Durch die in diesem Grenzbereich erfolgenden Bewegungen werden von den Schilden und Platten lange schmale Segmente abgetrennt, die in den oberen Krustenteilen zu den beschriebenen tektonischen Randstrukturen werden.

# Über Tiefenstörungen auf Tafeln und in Faltungsgebieten (Wolgagebiet und Kaukasus)[1]

## Vergleichende Tektonik alter Tafeln 4

Iswestija AN SSSR, ser. geol., 1948, 5, 39—66, 1 Abb.; Moskau 1948

INHALT



## Einführung

Der Aufbau von Faltengebieten wird in der Tektonik gewöhnlich dem der angrenzenden Tafeln gegenübergestellt. Die Unterschiede zwischen diesen beiden tektonischen Großeinheiten drücken am besten solche Termini wie „Tafelstrukturen“ und „Faltung von Geosynklinalgebieten“ aus, obwohl auch „Zwischenzonen“ oder „Übergangsgebiete“ bekannt sind, d. h. Bereiche, die auf Grund ihres Verlaufs zwischen Platten und Faltensystemen liegen, wie z. B. die Randsenken. Gerade der Aufbau der Vorsenken und die Gesetzmäßigkeiten ihrer Verbreitung sprechen für deutliche Einflüsse bestimmter Eigenschaften der Tafeln bei der Bildung von Faltenstrukturen; umgekehrt kennen wir aber auch die Bedeutung der Bewegungen in Geosynklinalsystemen für die Randgebiete der entsprechenden Tafeln. Diese „Übergangszonen“ stehen jedoch in den meisten Fällen einer genauen Festlegung der Tafelgrenzen im Wege. Ich habe in einigen Arbeiten

[1] Die vorliegende Arbeit ist der zweite Teil eines Vortrages „Über die tektonische Karte der Osteuropäischen Tafel“, gehalten am 13. Mai 1948 auf der Tagung über „Probleme der Tektonik“ (10.—15. Mai 1945) bei der Abteilung für Geologie und Geographie der Akademie der Wissenschaften der UdSSR.

(Schatski 1945a, 1946a, 1946c, 1947) zu zeigen versucht, daß die Störungen oder Störungszonen zwischen Tafeln und Faltengebieten unter bestimmten Bedingungen (Innen- und Außenwinkel der Tafel) als Brüche und Flexuren sowohl in das Innere der Tafel als auch in das Innere eines Faltengebietes — manchmal über sehr große Entfernungen — fortsetzen. Hier komplizieren sie die allgemeinen Faltenstrukturen in Form kräftiger Störungen („Nähte"), denen häufig jüngere Synklinalen aufliegen.

Wir kennen jedoch auch (gewöhnlich sehr große) tektonische Strukturen, die nichts mit den erwähnten Randzonen zwischen Tafeln und Geosynklinalen zu tun haben, sondern gleichzeitig sowohl Tafeln als auch Geosynklinalen angehören. Sie lassen sich kontinuierlich von der Tafel über die Randsenke und weiter bis in die inneren Teile der anliegenden Geosynklinalgebiete hinein verfolgen. Eine dieser großen antiklinalähnlichen Strukturen zeichnet sich in der östlichen Russischen Tafel und am Ural deutlich ab. Nach den Untersuchungen von Koslow & Schipelkewitsch (1945) endet das Wolga-Ural-Gewölbe, das sich vom Wolgagebiet bis zum Plateau von Ufa verfolgen läßt, nicht im Vorural. Als östliche Fortsetzung der Struktur ist eine querverlaufende antiklinale Umbiegung aufzufassen, die sich in dem maximalen Hebungsgebiet der Ufa-Plakantiklinale (Ufa-Plateau), weiter im höchsten Teil der Vorural-Randsenke und schließlich in der maximalen Querhebung des Urals deutlich abzeichnet. Dieses Querelement liegt etwa zwischen Tscheljabinsk und Swerdlowsk und trennt das Ural-Orogen in einen nördlichen und einen südlichen Teil, die sich in ihrem Aufbau und ihrer Geschichte voneinander unterscheiden.

Bei der Untersuchung der südöstlichen Russischen Tafel konnte ich mich davon überzeugen, daß die erwähnte antiklinale Querverbiegung des Urals und die mit ihr verknüpften Tafelstrukturen nicht die einzigen Beispiele einer gewissen Gemeinsamkeit im Aufbau und in den Bewegungen zwischen Tafeln und Faltengebieten darstellen. So lassen sich derartige Störungen, die auf der Russischen Tafel vielleicht noch deutlicher ausgeprägt sind, am Unterlauf bzw. östlich der Wolga einerseits und in der angrenzenden Randsenke sowie im Faltensystem des Kaukasus andererseits nachweisen. Diese Dislokationen und Strukturen, die tektonisch derart unterschiedliche Krustenbereiche wie Tafeln und Geosynklinalen erfassen und vereinen, weisen auf beträchtliche Bildungstiefen hin. Wir können deshalb von der Untersuchung derartiger Strukturen die Beantwortung wichtiger geotektonischer Fragen erwarten.

Zuvor sind jedoch einige Bemerkungen über den Aufbau dieser beiden tektonisch unterschiedlichen Gebiete erforderlich.

## I. Einige Baumerkmale der südöstlichen Russischen Tafel

Innerhalb des hier betrachteten Teiles der Russischen Tafel lassen sich zahlreiche tektonische Strukturen ausscheiden, die entweder ganz auf die Tafel beschränkt sind oder nur mit einigen Teilen in dieses Gebiet hineinragen. Dabei handelt es sich sowohl um tektonische Großformen vom Typ flacher ebener Syneklisen und Anteklisen als auch um kleinere, diesen untergeordnete Spezialstrukturen, sog. Plakantiklinalen, die sich häufig zu langgestreckten Reihen oder „Wällen" vereinigen. Daneben lassen sich im Wolgagebiet noch weitere tektonische Elemente ausscheiden; am häufigsten treten Salzkuppeln, kleine Verwerfungen und Gräben sowie eigenartige, manchmal langgestreckte, manchmal isometrische Einwölbungen auf. Alle diese tektonischen Formen bilden zusammen ein recht kompliziertes Strukturmosaik, gleichsam zusammengesetzt aus Schollen verschiedener Größe und mit unterschiedlichen Umrissen. Mit Ausnahme der Randgebiete ist es der am kompliziertesten gestörte Teil der Russischen Tafel.

Die tektonischen Grundzüge des Untersuchungsgebietes sind in Abb. 1 durch Streichlinien dargestellt.

Als Unterlage für den nördlichen Teil dienten die Strukturkarten von M. P. Kasakow (Hangendgrenze der sog. Spiriferen-Unterstufe) und J. I. Schajewski (in A. A. Borissow u. a. 1941), ergänzt durch neueres Material, besonders westlich von Gorki und in der Glasow-Syneklise. Für die Darstellung des Gebietes östlich der Wolga wurde die neueste Strukturkarte (Bezugshorizont wie oben) von S. I. Mironow & J. A. Pritula (1946) benutzt. Als Bezugshorizont für das untere Wolgagebiet ist der unterkretazische sog. Schwamm-Horizont gewählt. Der gesamte südliche Teil wurde neu gezeichnet; auch der nördliche Teil der Wolga-Syneklise mußte neu überarbeitet werden. Der westlichen Hälfte liegen die Karten von W. A. Shukow (Moskauer Gebiet), A. I. Muschenko (Gewölbe von Woronesh) u. a. zugrunde. Als Abstand der Streichlinien wurden 100 m gewählt, so daß alle Unebenheiten im Relief einer Bezugsfläche, deren tektonische Entstehung nicht einwandfrei bewiesen ist, ausgeglichen werden.

Auf der Kartenskizze hebt sich eine Reihe großer Strukturelemente gut ab. Sie unterscheiden sich nicht nur durch ihr Alter, sondern weisen auch auf bestimmte Entwicklungszüge dieses Gebietes in der Zeit seit dem Jungpaläozoikum hin. Im folgenden sollen diese Elemente kurz betrachtet werden.

### *1. Moskauer Syneklise*

Die Moskauer Syneklise nimmt den gesamten nördlichen Teil der Osteuropäischen Tafel ein. In das sog. Wolgagebiet reicht sie nur mit ihrem südlichen Teil, dessen Aufbau an der Oka und Wolga sowie an den linken Nebenflüssen der Sura gut bekannt ist. In diesem Teil des Wolgagebietes (östlich des Oka-Zna-Walles) fällt das Paläozoikum flach aber deutlich nach NNE, begleitet von einem entsprechenden Fazieswechsel.

Nördlich des Alatyr ist das Einfallen der jungpaläozoischen Schichten sehr flach (2 bis 3 Meter pro 1 km) nach N und NE gerichtet. An der Wolga, in der Nähe von Jurjewez und an der Wetluga, nördlich der Eisenbahnlinie Gorki–Kotelnitsch, taucht Tatar unter Mesozoikum (Trias, Oberer Jura, Unterkreide) ein, das den axialen Teil der Moskauer Syneklise bildet. Die Lage dieser Scheitelzone zeichnet sich durch den Verlauf der —200 m-Linie (Hangendgrenze der Spiriferen-Unterstufe) gut ab.

Die Tektonik der Moskauer Syneklise läßt sich nicht nur auf Grund der Lagerungsverhältnisse der einzelnen Formationen, sondern auch anhand deren Mächtigkeit und faziellen Veränderungen klären. In dieser Beziehung ist das Gebiet westlich des Oka-Zna-Walles gut bekannt.

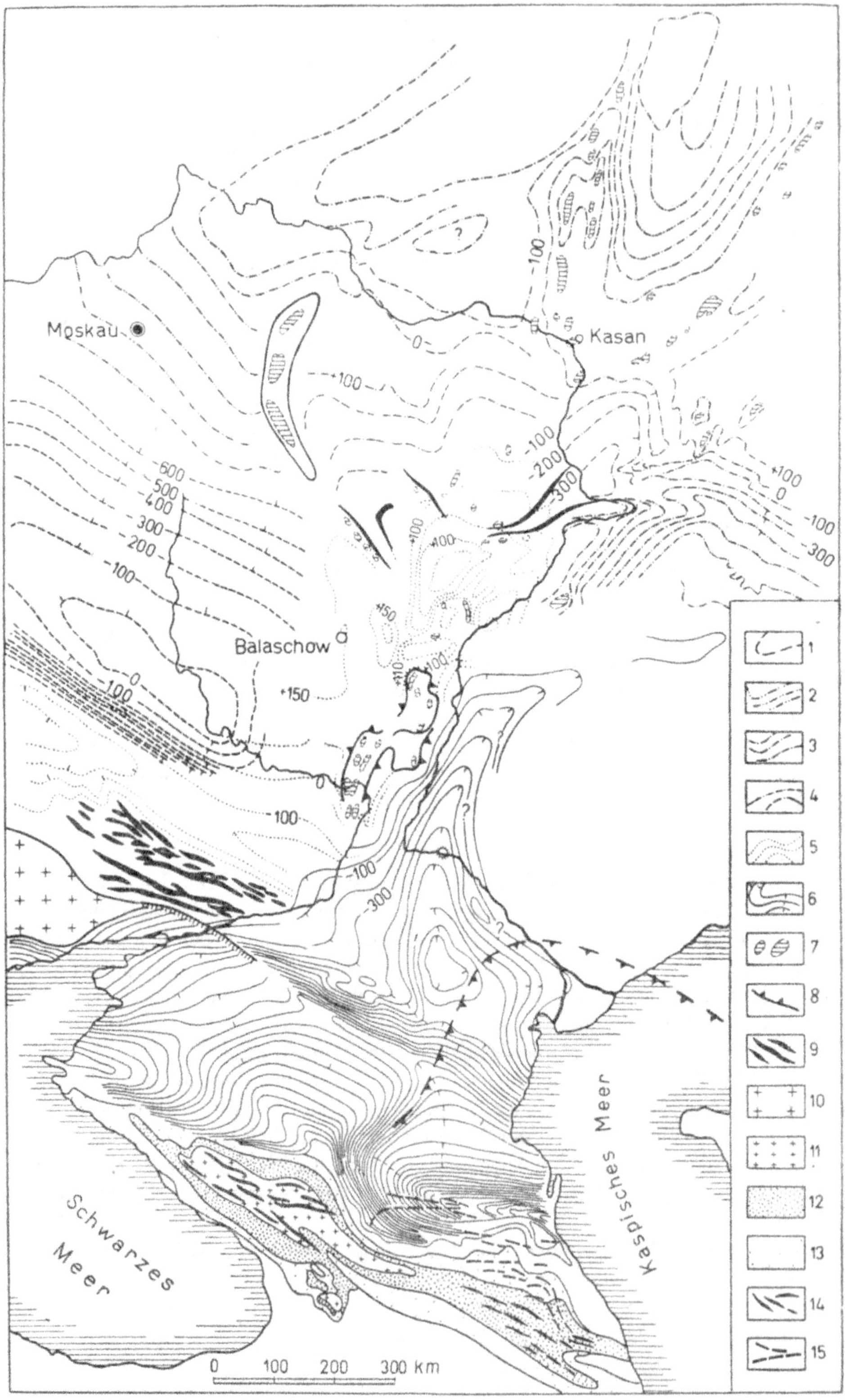

Moskau
Kasan
Balaschow
Schwarzes Meer
Kaspisches Meer
0 100 200 300 km
1
2
3
4
5
6
7
8
9
10
11
12
13
14
15

In dem hier zu untersuchenden Teil der Moskauer Syneklise kennen wir eine Reihe von Beobachtungen, die auf intensive Senkungsbewegungen auch im Perm hinweisen. So fehlen z. B. an der Südflanke (Alatyr) unterpermische Ablagerungen bzw. sie werden hier durch eine schwer auszukartierende und sehr geringmächtige Dolomitfolge vertreten. Weiter nördlich (Balachna, Dsershinsk, Gorki) schaltet sich zwischen Kasan- und Karbonschichten eine bis zu 40 m mächtige Serie aus Anhydriten und Gipsen des unteren Perms (Kungur?) ein; näher zur Achse (Wassiljewo) beträgt die Mächtigkeit dieser Gesteine bereits mehr als 80 m. Ebenso wechselt auch die Mächtigkeit des Kasan: Im Süden 20 bis 30 m, in Wassiljewo mehr als 50 m und noch weiter nördlich im Scheitelbereich der Syneklise (an der Suchona) über 160 bis 180 m. Offenbar in der gleichen Richtung nimmt auch die Mächtigkeit des Tatar zu. Während sie an der Suchona noch 550 m beträgt, erreicht sie im Süden kaum 250 bis 300 m. Diese Werte sprechen somit ebenfalls wie die Strukturkarte dafür, daß es sich bei der beschriebenen monoklinalen paläozoischen Serie im Gebiet von Gorki tatsächlich um die Südflanke der Moskauer Syneklise handelt und daß sich die Entwicklung dieses Teiles der Syneklise nicht von der des Moskauer Beckens i. e. S. unterscheidet.

Im folgenden sollen einige strukturelle Details der Südflanke der Moskauer Syneklise im Wolgagebiet bei Gorki betrachtet werden.

Vor allem fällt auf, daß die Achsenzone der Moskauer Syneklise und ihre Südflanke im Streichen nicht übereinstimmen. Die Achse der Syneklise streicht von Jaroslawl über die Kostroma zum Oberlauf der Wetluga und weiter zum Quellgebiet der Lusa, eines rechten Nebenflusses des Jug, d. h. deutlich in nordöstlicher Richtung. Diese Zone ist durch den Ausstrich des Mesozoikums (u. a. Trias) längs der Achse der Syneklise gut erkennbar. Das allgemeine Streichen an der Südflanke der Moskauer Syneklise ist jedoch NW–SE, so daß die —100 m-, ±0 m- und +100 m-Streichlinie (Hangendgrenze des Kasan) östlich von Balchana in südöstlicher Richtung verlaufen und etwas divergieren; die —200 m-Linie streicht umgekehrt NE—SW in Richtung auf Kotelnitsch. Leider haben wir am Unterlauf der Wetluga noch keine Tiefbohrungen, die zur Klärung einer solchen Diskrepanz herangezogen werden könnten. Eine gewisse Südabweichung der Strukturlinien am rechten Wolgaufer zwischen Gorki und Tscheboksary läßt sich zweifellos dadurch erklären, daß hier längs der Sura in N–S-Richtung die

---

Abb. 1. Tektonisches Schema des südöstlichen Teils der Russischen Tafel und des Nordkaukasus

Strukturlinien (Bezugshorizont): 1 — Rand des präkambrischen Fundaments; 2 — Wereja-Stufe (Karbon); 3 — Hangendgrenze der Spiriferen-Unterstufe (Oberes Perm); 4 — Liegendgrenze des Oberen Jura; 5 — Liegendgrenze des Santons; 6 — Liegendgrenze des Paläogens; 7 — einzelne Plakantiklinalen; 8 — flexurartige Verbiegungen; 9 — Falten im nicht überdeckten Teil des Donezbeckens; 10 — präkambrische Gesteine im nicht überdeckten Teil des Ukrainischen Massivs; 11 — Verbreitungsgebiet des Paläozoikums und des Präkambriums im Großen Kaukasus; 12 — Unterer und Mittlerer Jura des Großen Kaukasus; 13 — Oberer Jura und Kreide des Großen Kaukasus; 14 — Streichen der paläozoischen Strukturen des Großen Kaukasus; 15 — posthume paläozoische Störungen.

Wolga-Syneklise (s. u.) verläuft. Obgleich diese Depression am rechten Wolgaufer endet und offenbar nicht weit auf das Gebiet links der Wolga übergreift, hat sie doch wesentlichen Einfluß auf das Abtauchen des Perms nach Osten, was sich natürlich auf das erwähnte Abbiegen der Streichlinien nach Süden auswirkt. Außerdem ist es durchaus möglich, daß nördlich der Wolga im Flußgebiet der Usta und der Wetluga (Gebiet von Sidorowo, Uren und Krasnyje Baki an der Wetluga) ein ausgedehntes Hebungsgebiet vorliegt, dessen Form und Entstehung überhaupt noch nicht geklärt sind. Eine Salzquelle westlich von Sidorowo an der Usta sowie die Störung der Tatar-Schichten an der Wetluga sprechen für flachliegendes Kungur. Möglicherweise hatte dieses Hebungsgebiet wesentlichen Einfluß auf das erwähnte Abweichen im Streichen des achsialen Bereiches der Syneklise einerseits und ihrer Südflanke andererseits.

Die zweite Komplikation im Aufbau der Südflanke der Moskauer Syneklise wird an der Wolga, in der Nähe der Ortschaft Putschesh deutlich. Von Balachna fällt die Hangendgrenze des Kasan Wolga-aufwärts nach Norden und Nordosten von +10 und +20 m im Gebiet von Prawdinsk und Balachna bis zu —110 und —125 m im Gebiet von Katunok und der Mündung des Atschmen (Ortschaft Galaschino) ein; weiter nördlich wird jedoch dieses allgemeine Eintauchen der Syneklisenflanke von einem Anstieg bis —75 m (nördlich von Putschesh vielleicht noch höher) abgelöst. Noch weiter nördlich (in der Nähe von Jurjewez) tauchen die Schichten erneut nach NW in Richtung auf die Achse der Syneklise ab. Die nach NE eintauchende schwache antiklinale Schichtaufwölbung bei Putschesh, die fast senkrecht zur Südflanke der Syneklise streicht, führt am linken Wolgaufer zu einer recht tiefen Einmuldung des Mesozoikums im achsialen Teil der Syneklise. Diese von G. I. Gorezki als Kowernino-Mulde bezeichnete Struktur begrenzt gleichsam das periklinale Ende des Oka-Zna-Walles nach Osten, während sie nach Nordosten offen ist; hier klingt sie aus und vereinigt sich mit dem Achsenteil der Syneklise.

Einige Worte zum Alatyr-Hebungsgebiet, dessen Aufbau noch heute in der sowjetischen Literatur falsch gedeutet wird. Aus der Karte geht hervor, daß diese Struktur von tektonischen Einheiten verschiedenen Alters und verschiedener Stellung begrenzt wird. Die Nordflanke dieses Hebungsgebietes, über die gesamte Erstreckung aus Paläozoikum bestehend, bildet einen Teil der Südflanke der Moskauer Syneklise. Die Ostflanke ist mit der Westflanke der bereits erwähnten mesozoischen N–S-Depression an der Sura (Wolga-Syneklise) identisch. Im Westen ist das Alatyr-Hebungsgebiet durch eine schwache mesozoische Einwölbung (?) vom Oka-Zna-Wall getrennt; seine Südflanke ist gleichzeitig die Nordflanke der meso-känozoischen Wolga-Syneklise. Die paläozoischen Schichten unter dem Mesozoikum biegen an der Südflanke der Alatyr-„Erhebung" nicht nach Süden um, denn südlich des Alatyr haben Bohrungen unter dem Mesozoikum immer ältere Schichten des Karbons, fast bis zum Mittelkarbon (Fl. Issa und bei Pensa) und Unterkarbon (Gebiet von Tambow) angetroffen. Demnach sind die Beziehungen zwischen Paläozoikum und Mesozoikum in diesem Gebiet die gleichen wie zwischen Devon und Mesozoikum an der Nordflanke des Massivs von Woronesh. Die tektonische Selbständigkeit des Alatyr-Hebungsgebietes ist demzufolge nach dem heutigen Kenntnisstand zu verneinen. Diese Struktur ist nicht etwa als ein flacher „Wall“ aufzufassen, sondern ist nur ein Teil der südlichen paläozoischen Flanke der Moskauer Syneklise, die durch Einsenkung der mesozoischen Wolga-Syneklise und der Zone am Oka-Zna-Wall etwas nach Süden vordringt.

### 2. *Wjatka-Anteklise und Glasow-Syneklise*

Die große, im nördlichen Teil als Wjatka-„Wall“ bekannte antiklinalähnliche Hebungszone trennt die Moskauer Syneklise i. e. S. von der Glasow-Syneklise. Von Kirow bis zum Fluß Ilet, der oberhalb Kasan in die Wolga mündet, läßt sich auf eine Strecke von 300 bis 350 km eine 50 bis 150 km breite flache Zone aus Plakantiklinalen verfolgen, in deren Kernen innerhalb eines durchgehenden Verbreitungsgebietes tatarischer Schichten lokal Kasan ausstreicht. Im Querschnitt zeigt der Wjatka-„Wall“ insofern einen komplizierten Aufbau, als er aus einer ganzen Serie von Plakantiklinalen besteht, die entweder parallel verlaufen oder kulissenartig einander ablösen (Borissow, Blinow u. a. 1941).

Innerhalb des Wjatka-Hebungsgebietes scheidet man gegenwärtig mehrere Reihen von Plakantiklinalen aus, die aber allgemein nur recht willkürlich vereinigt werden. Annähernd in der Mitte des Walles liegt ein zentraler „Ast“, der auch als „Achsenzone“ bezeichnet wird; weiter östlich und fast parallel dazu verläuft der sogenannte Urshum-Ast.

Der westliche Ast des Walles — manchmal als Oritschi-Fileiskoje-Zone bezeichnet — besteht aus einer sehr flachen, in nordöstlicher Richtung streichenden Plakantiklinale.

Der zwischen Urshum und Sowjetsk im Süden und dem Gebiet von Kirow im Norden liegende Teil der Wjatka-Erhebung zeichnet sich durch besonders intensiv herausgehobene und scharf ausgeprägte Plakantiklinalen aus, obgleich auch hier das Schichtfallen an den Flanken gewöhnlich höchstens 1 bis 2° beträgt. Steilere Einfallswinkel sind hier entweder an den östlichen oder westlichen Flanken zu beobachten. Alle drei Äste bilden ein Bündel kulissenartig angeordneter Plakantiklinalen, die im Norden (Gebiet von Kirow) konvergieren und nach Süden auseinanderlaufen. Diese Verbreiterung des Walles nach Süden ist dadurch gut zu erkennen, daß die Oritschi-Fileiskoje-Zone direkt nach Nordosten streicht, während die Woshgaly-Urshum-Zone in fast nordsüdlicher Richtung verläuft.

Nordöstlich des zentralen Teils verengt sich die Wjatka-Anteklise bis auf 40 bis 50 km, bei allgemeinem Abtauchen der Schichten nach Norden. Auch im südlichen Gebiet ist ein solches Absinken in den tiefen Horizonten gut zu erkennen. Im verengten Teil des Walles sind zwischen dem mesozoischen Achsenteil der Moskauer Syneklise und der Glasow-Mulde auch kleinere komplizierende Plakantiklinalen entwickelt, die jedoch nur sehr flach sind und nicht einmal Kasan-Ablagerungen aufschließen.

Südlich der Wjatka ist über die Wjatka-Anteklise nur wenig bekannt; sie erstreckt sich jedoch bis weit nach Süden hin und läßt sich im Transwolgagebiet bis nördlich und nordwestlich von Kasan verfolgen. Man fand, daß die tiefe, mit Perm gefüllte Mulde zwischen Gorki und Kasan (Tscheboksary-Zigankossinski-Mulde nach KASAKOW) im Osten durch ein N–S streichendes Hebungsgebiet begrenzt wird, das sich bis zum Wjatka-„Wall“ erstreckt und durch eine Reihe kleinerer Plakantiklinalen kompliziert wird. Der Westrand dieser Struktur ist an der Wolga in der Nähe von Mariinski Possad deutlich sichtbar, wo östlich bis Kasan die Hangendgrenze des Kasan allmählich von —20 bzw. —30 m bis auf über +100 m ansteigt. Nordöstlich von Kasan tauchen die Kasan-Schichten erneut rasch bis auf einige hundert Meter unter NN ab. Die Breite dieses Hebungsgebietes von über 150 km und die N–S-Erstreckung lassen keinen Zweifel daran, daß es sich um das südliche Ende des Wjatka-Walles handelt.

Das Wjatka-Hebungsgebiet trennt die Moskauer Syneklise i. e. S. von der tief eingesunkenen Glasow-Mulde. Als Glasow-Syneklise bezeichnen wir eine Depression, die sich von der unteren Wjatka nach Nordosten bis zum Oberlauf der Kama erstreckt. Weiter im Norden endet sie an der Westflanke des Timan; im Westen wird sie durch den Wjatka-Wall, im Osten und Südosten durch den Kama-Wall und das Wolga-Ural-Gewölbe begrenzt. Diese Senke entstand am Ende des Jungpaläozoikums (oberes Perm ?), jedoch dauerten zweifellos die Senkungsbewegungen des zentralen Teiles noch weiter fort; jedenfalls läßt sie sich in der Ausbildung des Jura und der Unterkreide im Gebiet der Station Fosforitnaja noch gut erkennen.

Vom Aufbau der Glasow-Syneklise ist nur wenig bekannt. Eine bei Glasow im zentralen Teil der Mulde niedergebrachte Bohrung zeigt jedoch, daß die Liegendgrenze des Kasan in der Mulde in einer Teufe von mindestens 800 m liegt, d. h. erheblich tiefer als überall auf dem Wjatka-„Wall“ und überall am Süd- und Ostrand, d. h. am Kama-Wall, im Gebiet Solikamsk und im Transwolgagebiet bei Kasan. Somit haben die geologischen Detailaufnahmen der letzten Zeit an dieser Stelle nicht einen „Wall“, wie früher angenommen wurde, sondern eine tiefe Mulde festgestellt.

Aus dem bisher über den Aufbau des Gebietes Gesagten geht somit hervor, daß in tektonischer Beziehung der gesamte nördliche Teil des Wolgagebiets und das angrenzende Kama-Gebiet zur südlichen Glasow-Syneklise, Wjatka-Anteklise und Moskauer Syneklise (vorwiegend zu deren Südflanke) gehören. Die Wjatka-Anteklise schnürt die gesamte Glasow-Mulde von der Moskauer Syneklise ab. Dabei taucht die Frage auf, ob diese Mulde einen Teil der Moskauer Syneklise darstellt oder ob es sich um eine selbständige Einheit handelt. Diese Frage ist nur zu klären, wenn sowohl die Strukturen der Glasow-Mulde selbst als auch insbesondere die tektonische Natur und die Entstehung des Wjatka-Hebungsgebietes untersucht werden. Die Moskauer Syneklise i. e. S. und die Glasow-Syneklise entstanden zu Beginn des Mesozoikums; in beiden Strukturen sprechen Fazieswechsel und Mächtigkeiten des oberen Perms für ein gesetzmäßiges und intensives Absinken dieser Strukturen in dieser Zeit. In der Moskauer Syneklise setzten jedoch diese Bewegungen bis in die Untere Trias, den Jura und die Kreide fort; dabei haben sich alle diese Ablagerungen im achsialen Bereich recht vollständig erhalten. In der Glasow-Mulde fehlt jedoch Trias und der Obere Jura liegt unmittelbar auf den Schichten der Tatar-Stufe. Auch hier läßt sich im Becken der oberen Kama (Phosphorit führend) eine sehr regelmäßige kleine Mulde feststellen, die unabhängig vom allgemeinen Absinken der Moskauer Syneklise eine Spezialverbiegung darstellt. Die Glasow-Senke nahm damit gleichsam eine höhere Lage im Vergleich zur Moskauer Syneklise in ihrer Endentwicklung ein.

Als eine gewisse Arbeitshypothese möchte ich für die Entstehung der hier beschriebenen Strukturen folgende Deutung vorschlagen. In diesem Zusammenhang kommt der Tiefbohrung auf der Struktur Bogatyrskoje (Glasow-Syneklise) große Bedeutung zu. Es hat sich gezeigt, daß die Ablagerungen des Kungur, sofern im betreffenden Gebiet überhaupt vorhanden, zu geringmächtigen (20 m) Tonpaketen mit Gips-Zwischenmitteln reduziert sind; ebenso fehlen hier Ablagerungen der Artinsk-Stufe entweder überhaupt oder sie werden nur durch den geringmächtigen unteren Horizont vertreten. Somit ergeben sich aus dem Aufbau des unteren Perms Beziehungen zwischen diesem Gebiet und den westlichen Plakantiklinalen der Kama (Ish-Mündung, Jelabuga), der unteren Wjatka (Ortschaft Kukmor) sowie den tektonischen Strukturen des nördlichen Teiles des Wolga-Ural-Gewölbes. Zu erwähnen ist, daß die Kungur- und Artinsk-Schichten dieses Gewölbes (Gebiet Kasan) weniger mächtig sind als die entsprechenden Serien von Woshgaly, auf dem Wjatka-Wall und sogar im zentralen Teil der Moskauer Syneklise. Diese Beobachtungen zeigen, daß die Glasow-Syneklise am Ende des Karbons und im Unteren Perm zur Nordflanke des Wolga-Ural-Gewölbes und folglich auch zur Südflanke der Moskauer Syneklise gehörte. Während des Oberen Perms entstand hier eine tiefe Senkungszone, an deren Nahtlinie das Wjatka-Hebungssystem entstand. Damit ist vielleicht auch die kräftiger ausgebildete, fast N–S streichende Ostflanke der Wjatka-Hebungszone sowie ihre weniger deutlich aushaltende Westflanke mit ihren NE–SW streichenden Strukturen (Oritschi-Fileiskoje-Ast) zu erklären. Es besteht also durchaus Grund zu der Annahme, daß die Glasow-Syneklise als eine oberpermische und mesozoische Zusatzstruktur des nordöstlichen Teiles der Wolga-Ural-Anteklise, d. h. der breiten Südostflanke der Moskauer Syneklise, aufzufassen ist. In dieser Beziehung sind beide Syneklisen ungleichwertig.

### *3. Wolga-Ural-Gewölbe*

Moskauer und Glasow-Syneklise werden im Süden durch eine große tektonische Struktur begrenzt, das sog. Wolga-Ural-Gewölbe (Koslow & Schipelkewitsch 1945). Es ist eine der großen Anteklisen der Osteuropäischen Tafel. Da ihr Aufbau gut bekannt ist, können wir uns auf einige für die vorliegende Arbeit notwendige Bemerkungen beschränken.

An der Wolga teilt sich die Wolga-Ural-Anteklise in zwei Teile. Im östlichen Teil (Transwolgagebiet) hebt sich der Scheitel des Gewölbes, nach den Schichten des Oberen Perms zu schließen, allmählich in Richtung auf das Plateau von Ufa heraus; im westlichen Teil, der fast ganz unter der meso-känozoischen N–S streichenden Wolga-Syneklise begraben ist, hebt sich der Scheitel nach SW in

Richtung auf das Woronesh-Massiv heraus. Somit ist im mittleren Teil an der Wolga eine schmale synklinale Querverbiegung des Gewölbes zwischengeschaltet, an deren Ostteil die Melekess-Mulde anschließt.

Die Melekess-Mulde verläuft in N-S-Richtung von den Shiguli-Bergen fast bis in das Gebiet am linken Ufer der unteren Kama; ihre westliche geomorphologische Grenze ist das rechte Steilufer der Wolga. Die Breite dieses Beckens erreicht von West nach Ost 100 bis 125 km. Tektonisch wird die Melekess-Mulde im Süden durch die Shiguli-Flexur und im Norden durch die Hebungszone im Gebiet der Kama bei Kasan begrenzt, kompliziert durch eine Kette flacher Plakantiklinalen. Während die östliche Grenze der Mulde von der Sok-Scheschma-Hebungszone gebildet wird, bleibt die westliche Begrenzung unter der meso-känozoischen Serie des Gebietes rechts der Wolga verborgen. Wie noch gezeigt wird, setzt die Mulde am rechten Wolgaufer zwischen der Borlinsk- und der Shiguli-Flexur fort, während sie im Südosten allmählich zwischen der Shiguli-Flexur und dem Westrande des Sok-Scheschma-„Walles“ ausklingt.

Da hier die Hangendgrenze der Kasan-Schichten bis auf —300, möglicherweise sogar —400 m absinkt, muß mit einem erheblichen Eintauchen der Mulde gerechnet werden. Der am stärksten durchgebogene Teil liegt im Süden, in Annäherung an die Shiguli-Störung. Das Einfallen der Schichten ist am Nordwestrand der Mulde ungleichmäßig: Wie aus dem Profil am rechten Steilufer der Wolga hervorgeht, liegen die Schichten bis Tetjuschi waagerecht. An der Kama-Mündung ist jedoch eine kleinere sehr flache Plakantiklinale eingeschaltet und unterhalb von Tetjuschi, wo das Wolgatal in einem stumpfen Winkel die Melekess-Mulde schneidet, fallen die Gesteine konstant nach SE ein und bilden im Raum zwischen der Kamamündung und den Shiguli-Bergen einige steilere „flexurartige“ Stufen. Die erste dieser Stufen befindet sich unmittelbar unterhalb von Tetjuschi, die zweite bei Uljanowsk und die dritte unterhalb von Sengilei. Besonders zu erwähnen ist, daß sich die letzte an der Stelle des rechten Wolgaufers befindet, wo von Südwesten die Borlinsk-Flexur heranstreicht. Obwohl diese Verbiegungen manchmal nur sehr unbedeutend und kaum zu erkennen sind, komplizieren sie doch stets gesetzmäßig sowohl die Flanken großer Strukturen vom Typ der Syneklisen und Anteklisen als auch kleinere Formen vom Typ der Plakantiklinalen.

Zu erwähnen ist, daß die Querverbiegung innerhalb des Wolga-Ural-Gewölbes nicht nur in der heutigen Struktur der Melekess-Mulde ausgeprägt ist. Die Mächtigkeiten weisen vielmehr darauf hin, daß die Mulde etwas weiter südwestlich bereits im Mittel- oder Oberdevon sowie im Unterkarbon existierte.

Eine andere wenig bekannte tektonische Struktur des Wolga-Ural-Gewölbes ist die sog. „paläozoische Transwolga-Achse“ (auch als Pugatschew-Wall bekannt). Diese Struktur zeigt insgesamt eine deutliche Asymmetrie: Während die Westflanke außerordentlich flach ist und gleichzeitig die Ostflanke der Wolsk-Mulde darstellt, hat die Ostflanke die Form einer steilen flexurartigen Verbiegung, an der die Schichten rasch nach Osten und Südosten eintauchen.

Die „paläozoische Transwolga-Achse“ ist ein normaler asymmetrisch gebauter „Wall“, der den einzelnen Plakantiklinalen bei Saratow sowie der Shiguli-Plakantiklinale insgesamt durchaus ähnlich ist. Die größte Heraushebung liegt im Süden (Werchny Kuschum — Pugatschew), nordöstlich davon werden die Hebungsbeträge kleiner. Die Südflanke ist unbekannt, möglicherweise vereinigt sie sich hier mit dem in E–W-Richtung streichenden Störungssystem von Saratow.

Das zwischen der steilen Ostflanke des Pugatschew-Walles und der Samarka liegende Gebiet ist in geotektonischer Beziehung äußerst interessant.

Hier liegt das bisher vollständigste Profil des Mesozoikums vor; ebenso sind sehr mächtiges Perm und vielleicht auch noch ältere paläozoische Serien vorhanden. Danach liegt zwischen dem Pugatschew-Wall und der Samarka ein sehr tief abgesunkenes, nach Norden einfallendes Gebiet, das den nördlichen Teil der „Kaspi-Syneklise“ i. w. S. darstellt. Geophysikalische und geologische Untersuchungen haben ergeben, daß hier das kristalline Tafelfundament doppelt bis dreimal so tief liegt wie im Scheitel des Wolga-Ural-Gewölbes. In diesem Gebiet fallen im Nordosten die Schichten allgemein nach SW ein, wie aus den aufeinanderfolgenden Ausstrichen Trias–Jura–Kreide deutlich hervorgeht. Im Nordwesten fallen die gleichen Schichten etwas steiler nach SE ein.

Der Aufbau des rechts der Wolga liegenden westlichen Teiles des Wolga-Ural-Gewölbes ist durch das überlagernde Mesozoikum und Känozoikum der Wolga-Syneklise der unmittelbaren Geländeuntersuchung nicht zugänglich. Die Grundzüge dieser Struktur in diesem Teil lassen sich jedoch verhältnismäßig leicht überblicken, da die jüngeren Ablagerungen hier durch eine Reihe von Tiefbohrungen durchsunken wurden. Ich habe dieses Material sowie die Altersangaben der in den Scheitelteilen der großen Hebungsgebiete (Don-Medwediza-Struktur, Saratow, Issa u. a.) ausstreichenden paläozoischen Ablagerungen ausgewertet und eine allgemeine geologische Karte für den Zeitraum der großen Sedimentationslücken am Ende der variscischen Orogenese zusammengestellt (Schatski 1945b). Die neuen Untersuchungsergebnisse haben dieses Schema in vollem Maße bestätigt. Betrachtet man den östlichen und westlichen Teil des Wolga-Ural-Gewölbes insgesamt, so fällt auf, daß die beiden Teile zwei Großschollen darstellen, die in Richtung zueinander und zur Wolga eintauchen und wesentlich schmäler werden. Dabei stellt der südöstliche Rand der Scholle von Woronesh gleichsam die Fortsetzung der Nordwestflanke des Ufa-Massivs dar, während der Nordostrand des Massivs von Woronesh seine Fortsetzung im Südwestrand des Ufa-Massivs findet. Zwischen der Moskauer und der Glasow-Syneklise im Norden und der Kaspi-Syneklise im Süden liegt demnach ein Antiklinalscheitel, der in der Mitte, also dort, wo sich die Flanken der westlichen und östlichen Scholle gegenseitig schneiden, stark eingeengt ist. Zwischen diesen Schollen, d. h. im tiefsten Teil des Gewölbes, liegt die Melekess-Mulde, eine im Vergleich zu den emporgehobenen Teilen des Gewölbes sehr tief abgesunkene Struktur. Ihre Lage hängt demnach mit dem allgemeinen Aufbau des Wolga-Ural-Gewölbes zusammen und nicht mit einzelnen Störungen zweiter Ordnung an ihren Flanken.

### 4. *Wolga-Syneklise*

Als Wolga-Syneklise bezeichnen wir jene breite und flache meso-känozoische Mulde, die sich in nord-südlicher Richtung längs des rechten Wolgaufers erstreckt. Ihre Umrisse sind unregelmäßig. Am Unterlauf der Sura und bei Tscheboksary ist ein schwaches zentroklinales Auskeilen nach Norden zu erkennen. Im Norden erstreckt sich die Syneklise in ost-westlicher Richtung von der Zna und Worona bis zur Wolga (Uljanowsk, Sysran und Wolsk); hier ist die Syneklise regelmäßig in Form einer flachen Mulde gebaut. Im Bereich zwischen dem Unterlauf des Chopjor und dem Gebiet bei Saratow ist die Struktur erneut weniger regelmäßig gestaltet.

Die Westflanke der Syneklise fällt sehr flach ein, und zwar liegen die Werte für den sog. Schwamm-Horizont des Santon höchstens bei 0,6 bis 0,7 m pro 1 km, für ältere Horizonte des Mesozoikums etwas höher, jedoch allgemein höchstens bei 1 m pro 1 km. Das allmähliche und gleichmäßige Einfallen an der Medwediza bei Atkarsk wird durch eine steilere Flexur gestört, die sich in einem Fazieswechsel des Paläogens in diesem Gebiet deutlich ausdrückt. Westlich von Atkarsk keilt das bis zu 150 m mächtige und vollständige Paläogen-Profil als Folge des starken Anstiegs der Schichten auf der Flexur rasch aus. Dabei kommt es nicht nur zu einer Mächtigkeitsabnahme, sondern auch zu einem Wechsel in der lithologischen Zusammensetzung: Kieseltone, Opoka und opokaartige Sandsteine gehen in Glaukonit- und Quarzsande sowie in Sandsteine über. Hier erfolgt demnach der gleiche Fazieswechsel, wie er weiter südlich an der Ostflanke des Don-Medwediza-Walles so deutlich ausgeprägt ist. Zu erwähnen ist außerdem, daß etwa im gleichen Gebiet in den Oberkreideschichten auch der Übergang von der östlichen tonig-kieseligen Fazies in die sandig-tonige Fazies erfolgt (E. M. WELIKOWSKAJA 1936).

Die Atkarsk-Flexur erstreckt sich von der Medwediza (Ortschaft Lapuchowka) in nordsüdlicher Richtung bis Kopeny an der Jetkara und weiter bis zum Oberlauf der Serdoba. Weiter nördlich klingt die Flexur aus, wird undeutlich und vereinigt sich mit der Flanke des zentroklinalen Endes der Wolga-Syneklise im Flußgebiet der Sura. Im Kartenbild wird sie durch die auffallende, fast geradlinig N–S verlaufende Grenze des Paläogens und der Kreide sehr deutlich sichtbar; ihr Streichen stimmt außerdem genau mit dem N–S-Streichen der gesamten Westflanke der Wolga-Syneklise überein. Auf der schematischen Strukturkarte (Abb. 1) ist die Atkarsk-Flexur an den dicht liegenden Strukturlinien (+100 m und 0 m) der Santonbasis gut zu erkennen

Zwischen der Atkarsk-Flexur und dem rechten Wolgaufer liegt der am stärksten durchgebogene Achsenteil der Wolga-Syneklise, angefüllt mit einer mächtigen Paläogenserie. Ihre größte Tiefe erreicht die Senke im Raum Petrowsk (—100 m-Linie der Santon-Untergrenze), wo auch jüngeres Paläogen weitgehend entwickelt ist. Östlich der von Petrowsk in Richtung auf den unteren Barysch verlaufenden Achsialzone heben sich die Schichten rasch heraus (1,5 bis 2,5 m pro 1 km). An der Wolga liegt zwischen Uljanowsk und Sysran die Untergrenze des Santons stets über NN (maximal +200 m).

Danach ergibt sich für die Wolga-Syneklise ein asymmetrischer Aufbau mit einer flacheren West- und einer steileren Ostflanke. Eigentlich zerfällt die gesamte Syneklise gleichsam in zwei „Stufen“: 1) Die westliche Stufe — zwischen dem Massiv von Woronesh i. e. S. und der Atkarsk-Flexur gelegen — stellt ein gehobenes und sehr schwach nach Osten geneigtes Massiv dar; 2) die östliche, eine tiefe, stärker durchgebogene Mulde, wird durch die Atkarsk-Flexur von der ersten Stufe getrennt. Der Unterschied im Aufbau dieser beiden Einheiten ist im Norden, wo die Wolga-Syneklise ausklingt, sehr deutlich ausgeprägt. Tatsächlich erstreckt sich hier die stärker abgesunkene östliche Stufe in Form einer flachen Synklinale erheblich weiter nach Norden (bis zur Wolga). Der Beweis dafür ist die weite Verbreitung der Callovien-Oxford- und Kimmeridge-Tone als Restvorkommen an den höchsten Stellen des rechten Wolgaufers zwischen Markajewo und Tscheboksary. Die westliche Stufe begrenzt im Norden das sog. Alatyr-Hebungsgebiet und ist als erheblich stärker herausgehobener Teil auch stärker erodiert.

Die Asymmetrie der Wolga-Syneklise findet ihren Ausdruck nicht nur in der tektonischen Form, sondern auch im Aufbau der sie zusammensetzenden meso-känozoischen Ablagerungen. So sind im Osten mitteljurassische Gesteine sehr weit verbreitet, die an der Westflanke fehlen. Die Mächtigkeit des Oberen Jura ist an der Ostflanke größer, auch die Unterkreide ist hier stärker entwickelt; die Oberkreide wird von einer mächtigen Serie aus Kreide, Mergel, Opoka usw. vertreten. Im Gegensatz dazu fehlen an der Westflanke (Gebiet von Kerensk-Tschembar, Sura-Mokscha-Zone) einige Horizonte (Turon, Coniac), während andere Schichten der Oberkreide sowie das Paläogen in Küstenfazies vorliegen. Das angeführte Beobachtungsmaterial läßt keinen Zweifel daran, daß die Ostflanke der Wolga-Syneklise als Ergebnis einer allgemeinen Hebung des Ural-Vorlandes und des Transwolgagebietes im Bereich des Wolga-Ural-Hebungsgebietes gebildet wurde. Deshalb ist auch an dieser Flanke das Mesozoikum teilweise in pelagischer und nicht in Küstenfazies ausgebildet, wie an der Westflanke, die später nicht so stark wie die Ostflanke gehoben wurde. Die fortschreitende Faziesverschiebung und das Auskeilen einzelner Folgen von Ost nach West (die am tiefsten eingesunkenen tertiären Schichten liegen nicht auf der Kreidefazies der Oberkreide, sondern auf der Ton- und Opoka-Fazies, Auskeilen des marin ausgebildeten mittleren Juras an der Westflanke, Auskeilen des Turons u. a. m.) weisen darauf hin, daß sich die Asymmetrie im Verlauf der Entstehung der Wolga-Syneklise zwischen dem Oberen Jura bis zum Tertiär herausgebildet hat.

Die Wolga-Syneklise entstand während des Mesozoikums und Känozoikums nach einem eigenen Bauplan, ohne von den oben beschriebenen variscischen Synekliscn und Anteklisen irgendwelche strukturelle Merkmale zu übernehmen, abgesehen von der erwähnten Querverbiegung des Wolga-Ural-Gewölbes. Tatsächlich liegt das Mesozoikum im Osten an der Wolga (Gebiet von Kasan, zwischen Uljanowsk und den Shiguli-Bergen) auf permischen Schichten, weiter westlich und südwestlich (im Raum von Alatyr und Pensa sowie am Fl. Chopjor) liegt das Mesozoikum auf jüngerem Karbon und greift von Ost nach West und von Nordost nach Südwest auf immer ältere Horizonte und schließlich auf Devon über, eine

Entwicklung, die mit der Hebung des Scheitels der Woronesh-Anteklise in südwestlicher Richtung zusammenhängt. Die selbständige Form der Wolga-Syneklise drückt sich nicht minder deutlich darin aus, daß ihr Aufbau mit dem ihrer abgesunkenen paläozoischen Unterlage geometrisch keinesfalls übereinstimmt: 1) Die Wolga-Syneklise liegt fast quer auf dem periklinalen Ende der Woronesh-Anteklise; 2) die N–S streichende Westflanke der Wolga-Syneklise schneidet die Schichten der Woronesh-Anteklise an der Nordflanke fast rechtwinklig, an der Südostflanke spitzwinklig. Die Wolga-Syneklise wird von der Kaspi-Syneklise durch die tiefen Senkungsgebiete (?) von Stalingrad und von Usen-Jeruslan durch den Don-Medwediza-Wall und die mit diesem verknüpften Saratow-Störungen sowie den „paläozoischen Transwolga-Wall" getrennt.

Innerhalb der Wolga-Syneklise kennen wir viele sekundäre Störungen, die sich in dem bereits erwähnten breiter werdenden Teil konzentrieren. Dagegen sind im südlichen Teil, zwischen dem Woronesh-Massiv einerseits und dem Don-Medwediza-Wall bzw. den Saratow-Störungen andererseits, die Schichten sehr ruhig gelagert.

Im nördlichen Teil der Wolga-Syneklise zeigt die Lage der sekundären Störungen insofern eine gewisse Gesetzmäßigkeit, als diese Störungen gleichsam strahlenförmig deren zentroklinales nördliches Ende „zerbrechen": Im Westen erstrecken sich der Tschembar- und der Sura-Mokscha-Wall in nordwestlicher Richtung parallel zueinander; beide sind eine Art Flexur mit abgesunkener Nordwestflanke, so daß dieser Teil der Syneklise gewissermaßen aus drei Stufen besteht, die nacheinander in nordöstlicher Richtung gegen den achsialen Teil absinken. Zu erwähnen ist, daß die Flexuren zwischen den Stufen im allgemeinen Streichen mit den nordwestlich liegenden Flexurverbiegungen des Moskauer Gebiets (W. A. SHUKOW 1940) völlig übereinstimmen. Die komplizierte Plakantiklinalzone von Korsun erstreckt sich in NNE-Richtung annähernd parallel zum Achsenteil der Syneklise. Die östlichen Ausläufer des gesamten Störungssystems im Norden der Wolga-Syneklise sind die Borlinsk- und die Shiguli-Flexur. Hier sind genau so wie im Westen, jedoch in umgekehrter Richtung, Stufen bekannt geworden, die zum Zentrum der Syneklise absinken. Am stärksten herausgehoben ist die östliche Stufe, die aus dem Shiguli-Massiv, der Wolsk-Mulde und dem Massiv der „paläozoischen Transwolga-Achse" besteht; zur abgesenkten Stufe gehört das gesamte im Norden an die Shiguli-Flexur anschließende Gebiet. Dieser Raum zwischen der Shiguli- und der Borlinsk-Flexur wird durch eine größere grabenartige Senkungszone kompliziert, eine Fortsetzung der Melekess-Mulde im Wolgagebiet. Geht man an diese Fragen rein mechanisch heran, so könnte man die erkannten Flexuren und Stufen als eine Folge des Absinkens des nördlichen Teils der Wolga-Syneklise an radial auseinanderstrebenden Störungen ansehen. Eine derartige Deutung wäre jedoch etwas zu vereinfacht, denn die Wolga-Syneklise durchlief einen wesentlich längeren und komplizierteren Entwicklungsweg.

Südlich des hier beschriebenen Bereiches der Wolga-Syneklise befindet sich die Mulde von Petrowsk, der am stärksten abgesunkene Teil der Syneklise (Strukturlinien —100 und —160 m?). Weiter nach Südwesten steigt das Muldentiefste an, wird durch das flache Hebungsgebiet von Balanda kompliziert und keilt aus. Dabei bildet sie eine flache Verbiegung, welche die Wolga-Syneklise von der E–W verlaufenden Dnepr-Wolga-Kreidemulde (Ukrainische Senke) trennt. Das tief abgesunkene Gebiet der Wolga-Syneklise — von Uljanowsk über die Petrowsk-Mulde nach Südwesten zu verfolgen — wird gewöhnlich als Uljanowsk-Saratow-Senke (-Syneklise) bezeichnet. Wie aus den Untersuchungsergebnissen hervorgeht, stellt diese Senke lediglich den am stärksten durchgebogenen Teil der beschriebenen Gesamtstruktur dar.

## 5. *Kaspi-Syneklise*

Wie bereits gesagt, liegt zwischen der steilen Südostflanke der „paläozoischen Transwolga-Achse“ und den Flexuren an der Südflanke des östlichen Massivs des Wolga-Ural-Gewölbes (Flexuren von Bolschoi Kinel, Buguruslan, Maly Kinel und Samarkinsk) ein tiefes Senkungsgebiet mit einem sehr vollständigen und mächtigen Profil des Paläozoikums und Mesozoikums. Mit diesem Gebiet beginnt im Norden eine ausgedehnte tektonische Struktur, die gewöhnlich als Kaspisenke oder Kaspi-Syneklise bezeichnet wird. Die Kaspi-Syneklise gehört nicht zu den einfachen, gewöhnlich als Syneklisen bezeichneten Strukturformen. Sehr wahrscheinlich handelt es sich hier um eine komplizierte, aus Syneklisen und diesen zugeordneten Anteklisen bestehende Struktur. Wir verfügen über noch zu wenig Material, um diese Frage auch nur mutmaßlich beantworten zu können. Zweifellos wird sie aber aus mehreren Teilstrukturen zusammengesetzt und zeichnet sich durch sehr hohe Senkungsbeträge aus, wahrscheinlich durch die höchsten auf der ganzen Russischen Tafel. Sie ist nicht nur durch ein vollständiges Profil des Paläozoikums, sondern auch durch eine sehr mächtige Serie mesozoischer Ablagerungen bekannt. Der bereits beschriebene Nordrand der Kaspi-Syneklise ist durch eine E–W streichende Zone kräftiger (bis —50 und —60 mgal) Anomalien gekennzeichnet, die sich bis Uralsk und weiter in E–W- und sogar in WNW–ESE-Richtung bis zum Jeruslan verfolgen lassen; hier biegt diese Zone scharf nach SSW um, folgt der Wolga bis Stalingrad und streicht dann am östlichen Jergeni-Vorsprung entlang weiter nach Süden. Diese breite Zone aus negativen Anomalien liegt zwischen den positiven Anomalien und Nullgebieten an der Wolga bzw. des Wolga-Ural-Gewölbes einerseits und der positiven Usen-Kiik-Zone andererseits. Nach ihr läßt sich die Westgrenze der Kaspi-Syneklise längs der Wolga ziehen. Die eng gescharten Isogammen am Nordhang der E–W streichenden Zone negativer Anomalien, auf die Koslow & Schipelkewitsch (1945) hingewiesen haben, sind dem Isolinienbündel im Gebiet von Stalingrad und im Wolgatal vollkommen ähnlich.

Es ist jedoch zu erwähnen, daß die negativen Anomalien dieser Zone Werte erreichen (—60 und —50 mgal), die nicht mehr durch die Mächtigkeit der paläogenen und mesozoischen Lockerbildungen erklärt werden können. Hauptursache hierfür sind vielmehr zweifellos das sehr mächtige paläozoische Salinar (Steinsalzbohrungen im Gebiet von Krasnoarmeisk) sowie die Salzstöcke im Raum von Astrachan östlich der Wolga.

Im Gesamtbauplan der südöstlichen Russischen Tafel bildet demnach die Kaspi-Syneklise eine sehr tief abgesunkene Struktur mit scharf umrissenen Randstufen im Norden und im Westen. Besonders ausgeprägt ist die Stufe im Westen, wo am rechten Wolgaufer Ober- und Mittelkarbon herausgehoben sind, während sie östlich der Wolga unter mächtigem Meso-Känozoikum und salzführendem Paläozoikum verborgen bleiben.

### *6. Don-Medwediza-Wall, Depression von Stalingrad und Saratow-Störungsgebiet*

Der Don-Medwediza-Wall und die Depression von Stalingrad liegen an der Grenze zwischen Wolga- und Kaspi-Syneklise und sind längs der gesamten oben erwähnten Gravitationsstufe zu verfolgen; deshalb stehen sowohl der Wall als auch die Depression mit dem Rand der Kaspi-Syneklise in einem deutlichen genetischen Zusammenhang.

Der Don-Medwediza-Wall verläuft am rechten Wolgaufer vom Gebiet Saratow bis Balyklei (Wolga-Bergland), während sein westlicher Ast über den Donezbogen bis zur Karpowka zwischen Don und Wolga weiter nach Süden streicht. Die Gesamtlänge des Don-Medwediza-Walles erreicht fast 325 bis 350 km; die Breite beträgt im Norden (Bereich des Linewo-Osjorki-Massivs) 35 km, im mittleren Teil 125 km, während sie im Süden erneut stark abnimmt. Das Südende des Walles liegt an der Nordflanke des abgesunkenen Teiles des Donezbeckens. Hier wird das annähernde N–S-Streichen des Walles durch die E–W streichenden Strukturen des Donezbeckens deutlich abgelöst. Die nördliche Begrenzung des Walles durch die tektonischen Strukturen im Flußgebiet des Karamysch ist jedoch vollkommen willkürlich, da die Tektonik des Raumes von Saratow in Form, Lage und Herkunft den Strukturen des Don-Medwediza-Walles durchaus ähnlich ist.

Der Ostrand des Don-Medwediza-Walles streicht zwischen den Ortschaften Balyklei und Dobrinka konstant NE–SW, parallel zum Verlauf des Wolgatales. Die Grenze des Walles zeichnet sich hier durch einen schmalen Ausstrich von Paläozän in charakteristischer Fazies ab. Alle Horizonte der Sysran-Stufe lassen hier einen starken Fazieswechsel in Richtung auf den Rand des Don-Medwediza-Walles erkennen. Das trifft besonders zu für die Opoka, die Glaukonit-Tonsandsteine und die Glaukonitsande („Brotlaib“-Strukturen), die an der Wolga eine Mächtigkeit von 150 bis 200 m erreichen und nach Westen in Glaukonit- und Quarzsande mit Zwischenmitteln aus Kiesen (paläogene „Saratow-Fauna“) übergehen; dabei nimmt ihre Mächtigkeit um ein Mehrfaches ab. Außerdem liegen die Kamyschin-Schichten (Paläozän) transgressiv auf der Sysran-Stufe, während sie ihrerseits transgressiv von den eozänen Proleika-Schichten überlagert werden. Dieser Befund spricht ebenfalls für eine stärkere Heraushebung des Walles gegenüber der im Osten angrenzenden tektonischen Depression.

Hier muß auch auf eine allgemein bekannte Erscheinung aus der Geologie des unteren Wolgagebietes aufmerksam gemacht werden: Außer dem Einfallen der Schichten zur Wolga ist hier ein sehr flaches Abtauchen des Paläogens nach Süden zu beobachten. Das ergibt sich aus dem Auskeilen der Sysran-Opoka südlich

Kamyschin sowie aus dem Abtauchen der Saratow-Schichten etwas oberhalb der Ortschaft Wodjanoje. Gleiches allmähliches Südfallen der überlagernden Proleika-Folge und Zarizyn-Stufe ist auch weiter südlich bis nach Stalingrad und der Ortschaft Otradnoje zu beobachten. Analoge Lagerungsverhältnisse des Paläogens am rechten Wolgaufer weisen einerseits auf ein Einfallen der Schichten an der Flanke der den Don-Medwediza-Wall begrenzenden Depression hin, andererseits auf das regionale südwestliche Abtauchen der Paläogen-Unterkante.

In tektonischer Beziehung sind die den Don-Medwediza-Wall im Osten und Westen begrenzenden Gebiete wesentlich voneinander verschieden. Im Westen gibt es eigentlich keine einheitliche Senke im Sinne einer selbständigen Struktur. Wie aus der tektonischen Karte deutlich hervorgeht, fällt die Kreide am Don und am unteren Chopjor (Strukturlinien der Santon-Unterkante) sehr flach nach Süden ein und bildet hier die Nordflanke der E–W streichenden Dnepr-Donez-Kreidemulde (richtiger Dnepr-Wolga-Syneklise). Die in E–W-Richtung verlaufenden +100 m-, 0 m- und —100 m-Linien werden bei Annäherung des Walles an das Don-Massiv scharf nach Süden abgelenkt und zeichnen hier das periklinale Ende des Walles nach. Die E–W streichende +150 m-Linie dreht jedoch am oberen Busuluk (linker Nebenfluß des Chopjor) fast rechtwinklig nach Norden ab, wo die +150 m- und die +100 m-Linie mit ihrer N–S-Richtung der flachen Westflanke der Wolga-Syneklise folgen. Die +100 m-Linie der Santon-Untergrenze verläuft fast N–S von Pensa am rechten Ufer der Medwediza bis zur Mündung der Tersa (rechter Nebenfluß der Medwediza), erreicht weiter südlich den Don-Medwediza-Wall und schwenkt parallel zu den hoch herausgehobenen Santon-Schichten an der Westflanke dieses Walles scharf nach Norden ab. Hier bildet sie das nach Norden offene zentroklinale Ende einer kleinen Mulde, die den Don-Medwediza-Wall im Norden begrenzt. Längs der Westflanke der Don-Medwediza-Hebungszone fehlt somit eine einheitliche durchgehende Synklinale. Am oberen Busuluk liegt ein außerordentlich flacher Senon-Sattel: Die Schichten steigen hier ungestört nach Nordwesten zum Fluß Chopjor bei Borissoglebsk (Massiv von Woronesh) an und fallen an der anderen Seite etwas steiler nach Südosten in Richtung auf den Don-Medwediza-Wall ein. Nach Nordosten tauchen sie gegen die Westflanke der Wolga-Syneklise, nach Süden gegen die E–W streichende Flanke der Dnepr-Wolga-Mulde ab.

Die für die Lagerung der Kreide in diesem Gebiet bestimmenden Struktureinheiten sind die flachen Flanken der Dnepr-Wolga- und der Wolga-Syneklise, kompliziert durch den Don-Medwediza-Wall. Folglich sind am gesamten Westrand des Walles alle muldenartig verlaufenden Strukturlinien auf die positive tektonische Struktur des Walles und nicht auf eine selbständige tektonische Synklinalform zurückzuführen. Oder anders ausgedrückt: Die außerordentlich flach nach E und S einfallenden mesozoischen Schichten werden hier durch einen schräg verlaufenden horstartig gehobenen Wall kompliziert. Danach gäbe es hier keine durchgehende Uljanowsk-Saratow-Syneklise (im Sinne einer selbständigen Synklinalstruktur), die sich am Unterlauf des Chopjor mit der Dnepr-Donez-„Senke“ vereinigt. Wie bereits erwähnt, fällt die Dnepr-Donez-Kreidemulde nach SE ein und läßt sich am Ostufer des Don — gleichsam als Südgrenze des Don-Medwediza-Walles — weiter verfolgen; sie vereinigt sich dann nicht mit der sogenannten Uljanowsk-Saratow-Mulde, sondern taucht zur Kaspi-Syneklise ab.

Ganz anders ist der Aufbau der östlichen Begrenzung des Walles.

Die untere Grenze des Paläogens, westlich von Stalingrad noch bis +100 m ansteigend, ist im Wolgatal bereits auf —300 m unter NN abgesunken. Bei Balyklei sinkt die Liegendgrenze der Sysran-Stufe quer zur Wolga von +150 auf —200 m ab; bei Kamyschin liegt die gleiche Bezugsfläche im Wolgatal in einer Tiefe von —100 m und steigt nördlich der Ortschaft Dobrinka bis auf —50 m an.

Diese Werte lassen keinen Zweifel daran, daß sich östlich des Walles eine tiefe Senke mit konstant von Norden nach Süden abtauchendem Achsenteil befindet. Diese sog. Stalingrad-Senke erstreckt sich nach Norden bis Saratow, wo sie umschwenkt und als E–W streichende Struktur am Südrand des Obschtschi Syrt gut zu verfolgen ist.

Von Osten wird der Don-Medwediza-Wall durch eine erheblich größere selbständige Synklinalstruktur begrenzt. Ich möchte glauben, daß die Stalingrad-Senke und der Don-Medwediza-Wall tektonisch miteinander verknüpfte Strukturen darstellen; dabei mag der Senke die größere Bedeutung zukommen. Der schnelle Fazieswechsel im Paläogen der Ostflanke des Walles geht nicht auf den eigentlichen Wall zurück, sondern vielmehr auf den steilen flexurähnlichen Rand der Stalingrad-Senke. In diesem Zusammenhang sei auf den durchaus ähnlichen und analogen Fazieswechsel im Paläogen am Rand der Atkarsk-Flexur der Wolga-Syneklise hingewiesen.

Die Heraushebung des Don-Medwediza-Walles relativ zu den benachbarten Gebieten geht aus dem Einfallen des Cenomans an den Flanken deutlich hervor. Die entsprechenden Werte lassen sich zu folgender Tabelle zusammenfassen:

Abtauchen (in m) und Lagerungstiefe (in Klammern) des Cenomans

| Flanken | Nördlicher Teil | Mittlerer Teil | Südlicher Teil |
|---|---|---|---|
| Westflanke | 160 bis 190<br>(0 bis +10) | 80 bis 90<br>(+10 bis +20) | 100 bis 120<br>(0 bis +10) |
| Ostflanke<br>(Stalingrad-Senke) | >240 bis 270<br>(—40) | >430 bis 450<br>(—250) | >450 bis 500<br>(—350) |

Diese Daten bestätigen erneut:

1. Im Osten schließt eine erheblich größere Senke an als im Westen, wo die Cenoman-Oberkante 5 bis 6 mal höher liegt als im Osten.

2. Entlang der östlichen Senke fallen die Schichten konstant nach Süden ein.

3. Das vom Autor genannte sattelförmige Hebungsgebiet im Westen besteht tatsächlich, es wird nach Nordosten zur Wolga-Syneklise und nach Süden zur Dnepr-Donez-Mulde jeweils durch ein Abtauchen der Schichten begrenzt. Diese Queraufwölbung steht strukturell mit dem Don-Medwediza-Wall nicht in Beziehung, da sie an den am wenigsten herausgehobenen Teil des Walles grenzt; sie

ist vielmehr vom Aufbau der Westflanke der Wolga-Syneklise abhängig, eine Tatsache, die wiederum das Fehlen einer selbständigen Depression im Westen bestätigt.

4. Die Verkettung der Stalingrad-Senke und des Don-Medwediza-Walles läßt sich durch deren ständige und unmittelbare Beziehungen im gesamten Raum von Stalingrad bis Saratow beweisen.

Der Don-Medwediza-Wall ist ein herausgehobenes System von Plakantiklinalen und Horsten, das im Norden durch das Saratow-Becken eine deutliche Grenze findet und im Süden an der Nordflanke des Großen Donbass allmählich abklingt. Sowohl das Saratow-Becken als auch die den Wall im Westen begrenzende Mulde (gewöhnlich als südlicher Teil der Uljanowsk-Saratow-Syneklise bezeichnet) entstanden als negative Strukturen durch die Heraushebung des Don-Medwediza-Walles auf den flachen Flanken der Wolga-Syneklise.

Das unter der Bezeichnung Saratow-Störungen bekannte Bruchsystem wird vom Don-Medwediza-Wall durch jene tief abgesunkene E–W streichende Mulde abgegrenzt (Saratow-„Becken"), die sich auf der Karte durch breit ausstreichendes Paläogen von Saratow fast bis zur Medwediza abzeichnet. Im Norden wird die Depression durch die steile Saratow-Flexur begrenzt. Sie beginnt in ost-westlicher Richtung bei Saratow, erreicht die Medwediza unmittelbar südlich der Lyssyje Gory und verläuft in gleicher Richtung bis zur Ortschaft Besobrasowka am Fl. Balanda, wo sie plötzlich nach Süden umbiegt; hier klingt die Flexur allmählich aus und geht, ohne das Nordende des Don-Medwediza-Walles zu erreichen, in die flache E–W streichende Flanke der Saratow-Mulde über.

Danach läßt die Saratow-Mulde in ihrem Aufbau eine deutliche Asymmetrie erkennen. An ihrer sehr steilen Nordflanke fällt das Jungmesozoikum stellenweise bis zu 20—30° ein, während an der Südflanke das Einfallen wiederum flacher wird. Im Westen findet die Mulde in einer recht steilen N–S verlaufenden Flanke ihre Grenze, im Osten (südlich von Saratow), wo sich die Mulde einengt, ist ein deutlich ausgeprägtes zentroklinales Ende zu beobachten. Daraus ergibt sich eine Länge von rund 100 km; die Breite beträgt in der westlichen Hälfte 40 bis 50 km, während sie gegen das östliche Ende schnell abnimmt. Hier ist sie nur noch als eine schmale muldenartige Verbiegung zwischen den Plakantiklinalen von Sokolowa Gora und Uweksk ausgebildet.

Das E–W-Streichen der Saratow-Mulde stimmt mit der Streichrichtung des diese Mulde im Süden begrenzenden Nordrandes des Don-Medwediza-Walles, aber auch mit der Jelschanka-Sergejewka-Hebungszone im Norden völlig überein. Diese große E–W gerichtete Struktur stellt in ihrem Streichen eine natürliche Begrenzung des Don-Medwediza-Walles dar. Allerdings sind die Schichten in dieser Mulde nicht sehr tief eingesunken.

So liegt hier z. B. der Schwamm-Horizont des Santon nicht tiefer als —50 m, das wäre etwa die gleiche Höhe wie im achsialen Bereich der Wolga-Syneklise zwischen Atkarsk, Petrowsk und Kusnezk.

Somit resultiert die scharf ausgeprägte tektonische Form hauptsächlich daraus, daß die Mulde zwischen den intensiven Hebungsgebieten des Don-Medwediza-

Walles und des Saratow-Systems liegt. Die Saratow-Mulde ist also gleichsam eine „passive“ tektonische Struktur, da sie nicht durch selbständiges Einsinken, sondern als Ergebnis eines Aufstiegs benachbarter Strukturen entstand. Sogar die steile Randflexur im Westen ist gewissermaßen als Fortsetzung der oben beschriebenen regionalen Atkarsk-Flexur der Wolga-Syneklise aufzufassen.

Der die Saratow-Mulde im Norden begrenzende Störungsbogen besteht aus den für Tafeln charakteristischen großen und stark asymmetrischen Plakantiklinalen. Unmittelbare Beziehungen scheinen jedoch zwischen diesen Plakantiklinalen nicht zu bestehen, da die steilen Flanken, die an der Oberfläche die Lage der an Brüchen abgesunkenen Schollen des Gneisfundaments anzeigen, bald an der Außenseite (Plakantiklinalen von Jelschanka-Sergejewka, Orkino, Teplowka-Irininskaja), bald an der Innenseite des „Bogens“ liegen (Plakantiklinalen von Sapadnaja und Chlebnoje-Malinowka). Von Interesse ist, daß die Vermutungen der ersten Geologen dieses Gebietes, die Einfallwinkel müßten an der konvexen Seite dieser Plakantiklinalen steiler als an der konkaven sein, durch spätere Untersuchungen ihre volle Bestätigung gefunden haben. I. Koshewnikow (1947) kam zu dem Schluß, daß „die in Begleitung von Hebungsgebieten auftretenden Depressionszonen offenbar passiv durch Zusammenwirken flacher Monoklinalflanken untereinander oder mit regional einfallenden Flächen vom Typ der Homoklinalen entstehen“. Mit dieser Deutung lehnt Koshewnikow die tektonische und strukturelle Einheit des Bogens von Saratow als Ganzes ab. Dem ist jedoch kaum zuzustimmen. In Wirklichkeit liegt z.B. im Bereich der Wolga-Syneklise die Santon-Basis in den tiefsten Teilen (Senke von Petrowsk) in der Nähe des Bogens von Saratow bei —100 bis —125 m NN, im Saratow-Becken südlich des Bogens bei —50 m und im Bereich der Wolsk-Mulde, östlich des Bogens, zwischen —125 bis —150 m. Die Santon-Untergrenze der Syneklise liegt demnach in unmittelbarer Nähe des Hebungsgebietes von Saratow im Bereich von —100 bis —150 m. Demgegenüber liegt die Santon-Unterkante im Zentrum des Bogens von Saratow (Korsakowo-Senke) bei +100 und +50 m über NN, d. h. um 200 bis 250 m höher als in der Syneklise und sogar um 100 m höher als in der Saratow-Senke. Diese Daten lassen nicht daran zweifeln, daß bei der Entstehung des Bogens von Saratow neben den intensiven Hebungsbewegungen der einzelnen Plakantiklinalen auch die allgemeine Heraushebung des Massivs als Ganzes eine gewisse Rolle gespielt hat (P. E. Offman 1945).

Nordöstlich des Bogens von Saratow wird die Ostflanke der Wolga-Syneklise durch die Plakantiklinalen von Gussicha und Karabulak kompliziert. In ihren Kernen ist Unterkreide aufgeschlossen, die von Oberkreide und Paläogen umgeben wird. Die Plakantiklinale von Gussicha und von Teplowka-Irininskaja begrenzen von Nordwesten bzw. Westen eine tiefe Synklinalstruktur, deren Achse dem Flußtal der Tereschka folgt. Diese in der Literatur als Wolsk-Senke bekannte Struktur zeichnet sich durch den Ausstrich des Paläogens und der Oberkreide am rechten Wolgaufer sehr deutlich ab. Sie ist sehr tief eingemuldet, denn südwestlich von Wolsk liegt am rechten Wolgaufer die Santon-Basis bei —150 m unter NN. Zur Wolsk-Senke gehören zweifellos auch erhebliche Gebiete östlich der

Wolga, wo sie sich auf Grund der noch erhaltenen Kreide- und Paläogenreste auf der Wasserscheide zwischen dem Fl. Maly Laramak und dem unteren Bolschoi Irgis vermuten läßt. Hier liegt die Maastricht-Oberkante und die Oberkreide-Basis auf der gleichen Höhe wie die entsprechenden Strukturlinien am rechten Wolgaufer.

Die Achse der Wolsk-Senke fällt nach Südwesten ein. Im Süden ist über den Aufbau der Senke nichts bekannt, da sie hier östlich der Wolga von mächtigem Quartär und Pliozän überlagert ist; das vorliegende Material läßt jedoch erkennen, daß sie sich wohl kaum weit nach Südwesten fortsetzt. Im Transwolgagebiet von Saratow wird sie von einem großen Hebungsgebiet begrenzt, das die Fortsetzung der südlichen E–W streichenden Saratow-Plakantiklinale links der Wolga darstellt. Sehr wahrscheinlich streicht die positive tektonische Struktur des Gebietes von Saratow in E-W-Richtung weit nach Osten und vereinigt sich allmählich mit der Südflanke des „paläozoischen Transwolga-Walles“. Dieses Hebungsgebiet begrenzt von Süden die Wolsk-Senke.

Auf den ersten Blick könnte man meinen, die Wolsk-Senke stelle das zentroklinale Ende der Stalingrad-Depression dar, denn sie liegt in deren Fortsetzung. Wir wissen jedoch, daß das Saratow-Störungssystem ebenso vom Don-Medwediza-Wall durch die tiefe Mulde des Saratow-Beckens getrennt wird, wie die Wolsk-Senke von der Stalingrad-Depression durch das E-W streichende Hebungsgebiet des Saratow-Systems. West- und Südflanke der Wolsk-Senke sind gleichzeitig die Flanken der Saratow-Strukturen, während die Ostflanke die flach einfallende Flanke der Wolga-Syneklise bildet.

Auf den vorangegangenen Seiten wurden einige Fragen über die tektonischen Beziehungen zwischen den Gebieten westlich und östlich der Wolga berührt. Damit ist eines der noch am wenigsten geklärten tektonischen Probleme des hier beschriebenen Teiles der Russischen Tafel überhaupt angeschnitten. Die im Raum von Saratow liegenden Gebiete östlich der Wolga sind weitgehend von mächtigem Oberpliozän und Quartär bedeckt, so daß uns die entsprechenden meso-känozoischen Strukturen der direkten Beobachtung entzogen sind.

Die allgemeine tektonische Struktur der Transwolgagebiete im Raum von Satatow läßt sich etwa in folgender Form umreißen.

Die Stalingrad-Senke ist nach Norden bis Dobrinka und Solotoje und nach Nordosten längs des Wolgatales zu verfolgen. Etwa von Dobrinka und von der Mündung des Jeruslan biegt die Muldenachse nach Osten ab und streicht von der oberen Bolschaja Usen fast E–W bis in das Gebiet von Uralsk und klingt östlich davon aus. Dieser breite Teil der Senke — offenbar mit wesentlich anderem Aufbau und vollkommen anderem Streichen — ist unter der Bezeichnung Jeruslan-Usen-Mulde abzutrennen. Die E–W streichenden Strukturen des Raumes Saratow verlaufen als eine breite Hebungszone (Kette von Plakantiklinalen ?) vom rechten Wolgaufer nach Osten über die Wolga; hier verflachen sie südwestlich der Wolsk-Mulde und vereinigen sich mit der südlichen Teilflanke der „paläozoischen Transwolga-Achse“.

### *7. Jergeni-Hügel und Wolgagebiet bei Astrachan*

Wichtigste Struktur der südlichen Jergeni ist ein von F. P. Pantelejew (1947) als Süd-Jergeni-Antiklinale bezeichnetes asymmetrisches Hebungsgebiet. Die relativ steile Südwestflanke besteht aus Miozän und Paläogen, die mit 2—10° nach Südwesten und Süden einfallen; das allgemeine Einfallen beträgt 50 bis 60 m pro 1 km. Damit stellt die Südflanke des Hebungsgebietes eine Flexur dar, die in Richtung auf das abgesunkene Massiv von Stawropol stark abfällt. Sie erstreckt sich geradlinig nach Nordwesten und streicht längs des Jegorlyk und des Don in die durch die Bohrung Rasdorskaja festgestellte Störung (oder Flexur). Die Nordostflanke der Süd-Jergeni-Antiklinale ist mit einem Einfallen von 1—2 m pro 1 km wieder sehr flach.

Die Süd-Jergeni-Antiklinale liegt im Bereich der Wasserscheide zwischen den Flüssen Sal und Manytsch. Im Osten ist sie bis zum Ostrand der Jergeni zu verfolgen, im Westen verläuft sie bis zum Sal und Don zum offenen Teil des Donezbeckens. Der Scheitelteil ist durch mehrere sekundäre Antiklinalen kompliziert, die in Richtung auf den Donez streichen.

Im Norden wird die Süd-Jergeni-Antiklinale durch eine im Westen (Don) gut ausgeprägte sehr flache Mulde begrenzt. Sie ist als östliche Fortsetzung der Dnepr-Donez-Mulde aufzufassen, deren Achse in diesem Gebiet nach ESE abtaucht. Erheblich schwächer zeichnet sich die Mulde im Paläogen der nördlichen Jergeni ab; hierbei ist ein allmähliches Ausklingen nach Osten zu beobachten. Am östlichen Jergeni-Vorsprung biegt der Ausstrich des Paläogens von der Nordflanke der Süd-Jergeni-Antiklinale fast in die N–S-Richtung um und streicht damit ähnlich wie das Paläogen in der südlichen Senke von Stalingrad. Somit erstreckt sich die Westflanke der Stalingrad-Senke sehr wahrscheinlich weit nach Süden bis in den Achsenbereich der Süd-Jergeni-Antiklinale.

Das bisher Gesagte läßt keinen Zweifel daran, daß das Süd-Jergeni-Hebungsgebiet eine Fortsetzung des offenen Teiles des Donezbeckens ist (vgl. u. a. Pantelejew 1947). Dann ist das südlich der Manytsch-Flexur (Südflanke der Süd-Jergeni-Antiklinale) liegende Gebiet als eine Fortsetzung des abgesunkenen Ukrainischen Massivs aufzufassen. Somit wären in diesem Gebiet posthume Deformationen der fast E–W verlaufenden variscischen Strukturen des Donezbeckens und des Ukrainischen Kristallinmassivs entwickelt; analoge posthume Formen sind auch die Antiklinalen von Beloglinka und Remontnoje innerhalb der Süd-Jergeni-Antiklinale. Auf flach liegendes Paläozoikum in der Süd-Jergeni-Antiklinale weisen paläozoische Quarzite im Paläogen von Stepnoje und bunte Gerölle in den Turon-Kalken der Bohrungen Belaja Glinka hin.

Abschließend müssen wir noch auf eine besonders schwierige und noch völlig ungeklärte Frage der Tektonik dieses Teiles der Russischen Tafel eingehen; es handelt sich um den Aufbau der Nismennaja-(Kaspi-)Steppe im Gebiet westlich der Wolga sowie im Transwolgagebiet um Stalingrad. Die tektonischen Grundzüge des Raumes sind wegen der sehr komplizierten Geschichte im Quartär und Pliozän nur schwer zu erkennen. Gegenwärtig wissen wir sehr wenig über die Ursachen der großen Mächtigkeiten dieser jungen Ablagerungen. Einerseits bestehen keine Zweifel darüber, daß die Mächtigkeitszunahme des Aktschagyl, Apscheron und Quartär darauf zurückzuführen ist, daß die vor dem Aktschagyl entstandenen tiefen und großen Abflußtäler und Erosionsdepressionen mit Sedimenten aufgefüllt wurden. Das geschah aber zur Zeit einer allgemeinen und starken Heraushebung der südöstlichen Russischen Tafel.

Andererseits sprechen sehr viele Tatsachen unzweifelhaft für intensive junge Senkungsbewegungen in diesem Gebiet. Das betrifft vor allem den äußersten Süden (östlicher Manytsch, Kuma), d. h. die Nordflanke der Kaukasus-Randsenke. Hier liegen sowohl Quartär als auch Pliozän in großer Mächtigkeit vor. Nach M. M. Shukow (1940) gehören zu den jungen Senken die Depressionen der Nismennaja-Steppe und der Südflanke des Obschtschi-Syrt. Die große Mächtigkeit des Apscheron in Astrachan und Adyk (über 300 m) sowie des Aktschagyl in der Bohrung Gaissin (165 m) und in Kaschkentasch-tschale (270 m) ist möglicherweise das Ergebnis einer stärkeren Durchbiegung; das ist umso wahrscheinlicher, als diese Gebiete zu den mobilen negativen Zonen östlich der Wolga gehören (Stalingrad-, Jeruslan-Senke). Uns liegen jedoch keine endgültigen Beweise für die tektonische Entstehung der jungen Sedimente und keine Untersuchungsergebnisse über die Form dieser vermuteten tektonischen Strukturen vor. Die von Shukow (1940) mitgeteilten geologischen Daten sprechen erstens für eine relativ große tektonische Mobilität der Gebiete östlich der Wolga und der Nismennaja-Steppe gegenüber den Gebieten an der unteren Wolga. Zweitens machen sie das Auftreten von Senken und Hebungsgebieten wahrscheinlicher, die vielleicht aus älteren meso-känozoischen tektonischen Strukturen hervorgegangen sind. Wir wollen versuchen, die meso-känozoische Struktur dieses Gebietes kurz zu umreißen.

Pantelejew (1947) hat in den südlichen Jergeni festgestellt, daß am Jaschkul (nördlich von Stepnoje) an der Nordflanke der Süd-Jergeni-Antiklinale das Streichen von E–W nach N–S umschwenkt; dabei ist ein allgemeines Einfallen von 0,5—1,5° E zu beobachten. Die Hangendgrenze der Oberkreide liegt an diesen Stellen bei —400 und —500 m unter NN. Wir müssen annehmen, daß dieses östliche Einfallen noch tief in den Bereich der Nismennaja-Steppe fortsetzt. Damit ist erwiesen, daß der östliche Vorsprung der Jergeni tektonisch die unmittelbare Fortsetzung der Westflanke der Stalingrad-Mulde ist. Das zeigen auch die für die Stalingrad-Senke so charakteristischen negativen Schwereanomalien. Sie lassen sich entlang des östlichen Vorsprungs der Jergeni weit nach Süden verfolgen und werden hier lediglich durch eine Zone begrenzt, welche die positiven Anomalien der östlichen Fortsetzung des Donezbeckens mit den positiven Anomalien im Gebiet von Astrachan verbindet. Östlich der Wolga (Gebiet von Elton und Baskuntschak) verläuft möglicherweise der Ostrand der Stalingrad-Senke, wobei östlich dieses Randes ein Gebiet mit positiven Anomalien der sogenannten Usen-Kiik-Zone folgt. Die gleichen Beziehungen ergeben sich auch im Süden zwischen dem südlichen Teil der Jergeni und dem Raum Astrachan. Am östlichen Vorsprung der Jergeni biegt die Hangendgrenze der Oberkreide weit unter —500 m

NN ab; bei Astrachan ist in einer Tiefbohrung die Grenze Senon/Turon in 654 m Tiefe angefahren worden. Die größte Mächtigkeit von Senon und Dan kann im unteren Wolgagebiet mit 200—250 m angenommen werden, während die Mächtigkeit des Campans und Maastrichts, vielleicht auch des Dans, in den südlichen Jergeni etwa 230 m, die des gesamten Senons hier wahrscheinlich mindestens 300 m beträgt. Weiter östlich (Emba) wird die Mächtigkeit des gesamten Senons und Dans auf 450 m geschätzt. Danach läge die Grenze zwischen Oberkreide und Paläogen in Astrachan bei —200 bis —350 m. Diese Werte zeigen, daß im Süden zwischen den Jergeni und dem Raum Astrachan ein Senkungsgebiet — die weniger tief abgesunkene Fortsetzung der Stalingrad-Mulde — liegt. Daß negative Schwereanomalien an dieser Stelle fehlen, läßt sich durch das Fehlen mächtiger jungpaläozoischer Steinsalzserien erklären. Das ist umso wahrscheinlicher, als das betreffende Gebiet an der Grenze zwischen dem vermuteten variscischen Faltensystem nördlich des Kaspischen Meeres und dem abgesunkenen Teil des Donezbeckens liegt.

### *8. Allgemeine Baumerkmale der südöstlichen Russischen Tafel*

Bereits im Kartenbild fällt der starke Unterschied zwischen dem Aufbau des westlichen und des östlichen Teiles der Tafel auf (Abb. 1). Im westlichen Teil liegt das metamorphe Fundament höher; hier sind auf der Oberfläche devonische und karbonische Ablagerungen weit verbreitet, in der Woronesh-Anteklise streichen sogar präkambrische Granitoide aus. Demgegenüber sind im östlichen Teil nur Perm und Meso-Känozoikum durchgehend verbreitet und lediglich in den Scheitelbereichen der einzelnen lokalen Plakantiklinalen treten ober- und mittelkarbonische Gesteine zutage.

Diese Merkmale sind erstmalig von A. P. Karpinski erkannt worden. Ihre strukturelle Deutung fanden sie in den Arbeiten von A. D. Archangelski, der in der östlichen Tafel eine fast N–S streichende Senke — die Ostrussische Senke — festgestellt hatte.

Nicht weniger charakteristisch sind auch die allgemeinen strukturellen Züge der beiden Tafelteile. Der westliche Teil ist ein Gebiet mit NW–SE bis fast E–W streichenden großen tektonischen Tafelstrukturen: westlicher Teil der Moskauer Syneklise, Woronesh-Massiv, Dnepropetrowsk-Donez-Syneklise, Donezbecken und Ukrainisches Kristallinmassiv. Demgegenüber sind im Osten tektonische N–S-Elemente stark ausgeprägt: Glasow-Mulde, Wolga- und Kaspi-Syneklise. Allerdings treten hier untergeordnet auch E–W streichende Strukturen auf, so das Wolga-Ural-Gewölbe oder die Usen-Kiik-Zone.

Die Entwicklungsgeschichte der Ostrussischen Zone (Senke) hat kürzlich R. M. Pistrak sehr ausführlich rekonstruiert. Mit Hilfe der Fazies- und Mächtigkeitsanalyse wurde nachgewiesen, daß im Givet und im Frasne (Schtschigry-Stufe, Jewlanowo-Schichten) das Wolga-Ural-Gewölbe stark hervortrat, während die Russische Tafel insgesamt durch annähernd E–W verlaufende allgemeine Strukturen gekennzeichnet war. Eine gewisse Änderung im Bauplan zeichnete sich am

Ende des Devons ab, und im Karbon entwickelte sich im Bereich der Ostrussischen Senke eine N–S streichende tiefe Depression, welche die ursprünglichen E–W streichenden Strukturen überlagerte. Das Wolga-Ural-Gewölbe trat während des Karbons nur noch im Tournai und in der sog. „kohleführenden“ Zeit sehr schwach hervor, während es in der Serpuchow-Zeit und später als selbständige Struktur bereits nicht mehr zu erkennen ist. Das Gleiche trifft auch für das Perm zu. Erst am Ende des Perms und in der Trias gewann das Wolga-Ural-Gewölbe wieder an Bedeutung. Die in nord-südlicher Richtung verlaufende Einmuldung der Ostrussischen Zone setzte auch im Mesozoikum und Känozoikum fort (Kaspi-, Wolga-Syneklise).

Somit zeigt die Geschichte der östlichen Russischen Tafel, daß die ursprünglich im Bereich der Ostrussischen Zone im Devon, Karbon und später entwickelten, etwa E–W streichenden Strukturen durch ein N–S streichendes Senkungsgebiet — die Ostrussische Senke — kompliziert wurden. Auf ihr schimmern die in E–W-Richtung verlaufenden Formen als „vererbte“ und verhältnismäßig schwach ausgeprägte Reststrukturen hindurch. Unter diesem Blickwinkel stellt die Kaspisenke im Pliozän und Quartär den Abschluß der großen Nord-Süd-Durchbiegung der Ostrussischen Zone dar.

Es entsteht nun die Frage, ob die Ostrussische Senke (nach meiner Auffassung Zone) allmählich und ruhig nach Osten abgesunken ist oder ob sie als eine selbständige große Strukturform, die eine Reihe von Syneklisen und Anteklisen vereinigt, anzusehen ist. Ich glaube, daß die zweite Deutung die einzig richtige ist. Tatsächlich besteht die Westgrenze dieser komplizierten Struktur aus einer Reihe deutlich ausgeprägter kulissenförmig angeordneter Nord-Süd-Störungen. Dazu gehört der Ostrand der Wjatka-Anteklise, die Ardatow-Flexur und der Westrand des nördlichen zentroklinalen Endes der Wolga-Syneklise.

P. E. Offman (1945) nimmt an, daß der Westrand der Wolga-Syneklise vom Woronesh-Massiv durch eine N–S streichende, sehr flache, aber deutlich ausgeprägte Flexur getrennt ist. Gleichsam eine Bestätigung dafür sind die N–S streichenden Strukturlinien des höheren Mesozoikums in diesem Gebiet. Die Stalingrad-Flexur (?) bzw. Stalingrad-Senke und der Don-Medwediza-Wall trennen — wie wir bereits gesehen haben — die tief eingesunkene Kaspi-Syneklise von dem gehobenen westlichen Teil der Tafel. Möglicherweise stellt diese Grenzlinie auf der Tafel die Fortsetzung jener vermuteten Bruchzone dar, durch die weiter südlich (Astrachan, Nordwestrand des Kaspischen Meeres) die abgesunkene variscische Faltenzone von der Russischen Tafel getrennt wird. Danach wäre die Senkung von Stalingrad als eine Synklinale aufzufassen, die der Nahtstelle der genannten Bruchzone aufgelagert ist. Vielleicht lassen sich auf diese Weise die zahlreichen Verwerfungen und Gräben auf der Stalingrad-Flexur erklären. Demgegenüber stellt der Don-Medwediza-Wall u. U. eine horstähnliche Hebungszone dar, die an der Grenze zwischen dem abgesunkenen Block östlich der Wolga und dem relativ gehobenen Massiv der unteren Wolga keilartig nach oben gerichtet ist. Weiter nach Süden zeichnet sich die Grenze zwischen der Ostrussischen Zone und dem westlichen Teil der Tafel durch den Ostrand der Jergeni deutlich ab.

Aus dem Gesagten folgt, daß die Ostrussische Zone vom westlichen Teil der Russischen Tafel durch mehrere flexurähnliche Verbiegungen getrennt ist, die im Süden von einer für die Russische Tafel so einmaligen tektonischen Struktur kompliziert werden, wie es der Don-Medwediza-Wall ist. Flexur und „Wall" sind grundsätzlich identisch mit jenen Flexuren und Plakantiklinalen, die bei Senkungsbewegungen an den Flanken von Syneklisen entstehen. Die Flexuren am Westrand der Ostrussischen Zone und der Don-Medwediza-Wall zeichnen sich jedoch durch ihre Größe aus, außerdem schneiden sie verschiedene Strukturelemente (Syneklisen, Anteklisen), so daß sie als tief angelegte Formen höherer Ordnung aufzufassen sind. Das gleiche trifft auch für die gesamte Ostrussische Zone zu: Sie vereinigt eine Reihe von Syneklisen und Anteklisen, bildet jedoch insgesamt eine riesige flache Durchbiegung (Scholle), die im Süden am stärksten abgesunken ist und nach Norden (Kama) allmählich auskeilt.

## II. Einige Baumerkmale des Vorkaukasus und Kaukasus sowie die Beziehungen zwischen Ostrussischer Zone und Kaukasus-Geosynklinalsystem

Die strukturellen Unterschiede zwischen der Ostrussischen Zone und dem anschließenden westlichen Teil der Tafel lassen sich auch weiter nach Süden bis in den Bereich des Vorkaukasus verfolgen.

Für die Konstruktion einer genauen Strukturkarte des Vorkaukasus steht uns wegen der wenigen Tiefbohrungen nur ein unzureichendes Material zur Verfügung. Eine Umrechnung wäre infolge der äußerst rasch wechselnden Mächtigkeiten im Jungtertiär und Paläogen sehr unsicher. Deshalb ist dieses Gebiet auf der Strukturkarte lediglich in Form relativer Strukturlinien und nicht in absoluten Höhenlinien dargestellt.

Bereits in der schematischen Strukturkarte läßt sich im Vorkaukasus ein gewisser Unterschied im Aufbau des westlichen und östlichen Teiles (Kaspisches Meer) erkennen. Die wichtigste positive Struktur dieses Gebiets ist das Plateau von Stawropol, ein asymmetrisches Hebungsgebiet, das im Süden hoch herausgehoben ist und in die Flexur der Kaukasus-Nordflanke übergeht. Im Norden erfolgt ein allmähliches Absinken zur Manytsch-Senke, die das Plateau von der Süd-Jergeni-Antiklinale trennt.

Unterschiedlichen Aufbau zeigen auch der West- und Ostabfall. Im Westen taucht die Struktur sehr flach nach W ein und gliedert sich in die Newinnomyssk-Mulde und die Jegorlyk-Senke. Die Newinnomyssk-Mulde bildet mit ihrer nach Westen absinkenden Achse das östliche Ende der Kuban-Randsenke. Im Osten zeigt auch die Nordflanke alle Merkmale einer tektonischen Tafelstruktur; im Westen wird der Südrand durch Falten kompliziert, wie sie für Flanken von Saumsenken an der Grenze zu Faltensystemen charakteristisch sind. Nördlich der Newinnomyssk-Mulde fällt die Flanke des Stawropol-Hebungsgebietes allmählich nach Nordwesten ab und bildet eine breite Mulde.

Demgegenüber zeichnet sich der Ostrand des Stawropol-Hebungsgebietes als eine steile Flexur ab, die im Süden fast N–S streicht, nach Norden aber in nordnordöstliche Richtung umschwenkt. Diese Flexur ist bestimmend für den raschen Fazieswechsel in den Mediterran- und Sarmat-Ablagerungen, die auf dem Stawropol-Plateau durch geringmächtige sandige und kalkige Gesteine, an der Flexur und östlich davon jedoch durch mächtige sandig-tonige Bildungen vertreten werden. An der Westflanke des Plateaus fehlen — von der Randsenke abgesehen — derartig schnelle Fazieswechsel. Östlich dieser sog. Mineralnyje-Wody-Flexur folgt eine ausgedehnte tiefe Mulde, die Terek-Randsenke.

Fassen wir das bisher über den Vorkaukasus Gesagte zusammen, so lassen sich daraus einige grundsätzliche Schlußfolgerungen ziehen. Im Norden tritt das Süd-Jergeni-Gewölbe hervor. Seine sehr steile flexurartige Südflanke vereinigt sich im Streichen mit dem Südrand des offenen Teiles des Donezbeckens und bildet zweifellos auch die Grenze des östlichen abgesunkenen Donbass. Das Plateau von Stawropol, zumindest der nördliche Teil, die Nordwestflanke und die benachbarten Muldenstrukturen am Unterlauf des Don und Jegorlyk, sind nur als eine Fortsetzung des Ukrainischen Kristallinmassivs aufzufassen, das bis zur östlichen Flexur des Plateaus von Stawropol den abgesunkenen Teil des Donezbeckens von Süden begrenzt. Im Kuban-Gebiet tritt die Randsenke des Kaukasus deutlich hervor. Die Flexur von Mineralnyje Wody stellt die natürliche Ostbegrenzung der genannten tektonischen Strukturen dar. Besonders wichtig ist, daß sie von Mineralnyje Wody im Norden an die östliche Flexur der Jergeni herankommt und von dieser durch die nach Osten abtauchende Manytsch-Senke getrennt ist.

Stalingrad-Flexur, östliche Jergeni-Flexur und Mineralnyje-Wody-Flexur hängen demnach sehr eng miteinander zusammen und stellen gegenseitige Fortsetzungen dar. Wie bereits erwähnt, besteht der eingetauchte „unterirdische" Teil der Terek-Senke und des nordwestlichen Kaspi-Gebietes (Gebiet von Astrachan) aus einem variscischen Faltenbau.

Wir sehen also, daß die Ostrussische Zone als eine komplizierte Depression nicht von den Jergeni begrenzt wird, sondern weiter nach Süden fortsetzt, hier die gesamte Kaspisenke erfaßt und von den herausgehobenen westlichen Strukturen durch die Ost-Jergeni-Flexur und die Flexur von Mineralnyje Wody getrennt wird.

Es gibt jedoch auch Anzeichen dafür, daß die Senkungsbewegungen der Ostrussischen Zone auch den Kaukasus erfaßt haben. Im folgenden soll deshalb kurz auf einige strukturelle Besonderheiten dieses Orogens eingegangen werden.

Der Große Kaukasus ist ein echtes Brachyantiklinorium, das periklinal nach Westen und Osten abtaucht. Erstaunlich ist der asymmetrische Aufbau des Scheitelteiles: Während im Kern der westlichen Hälfte Paläozoikum und ältere präkambrische Gesteine weit verbreitet sind, streichen im Osten (östlich des Terek) im Kern außerordentlich mächtige jurassische Schieferserien aus. Obwohl diese Asymmetrie genügend bekannt und von vielen Forschern mehrfach betont worden ist — in letzter Zeit besonders von P. I. Lebedew (1947) — fehlt bisher jede Erklärung dieser Besonderheit, abgesehen von den wenig befriedigenden

Hinweisen auf die größere Breite des östlichen (dagestanischen) Kaukasus. Angeblich verteilte sich im Osten die Energie der gebirgsbildenden Bewegungen über eine größere Fläche als im Westen, so daß es zu einer stärkeren Hebung des westlichen Teiles kam. Demgegenüber ist jedoch bereits aus der geologischen Karte zu entnehmen, daß die Faltenstrukturen des Westkaukasus kein kleineres Gebiet umfassen als die des Ostkaukasus. Vielmehr steht die eigenartige Verbreiterung der östlichen Hälfte mit der merkwürdigen Struktur des sog. Dagestanischen Keils in Zusammenhang.

Während an der Südflanke des Großen Kaukasus, an der Nordflanke des Westendes und überall im Scheitelbereich die Faltung durchweg kaukasisch, d. h. NW–SE streicht, ist im nördlichen Kaukasus ein regionales Abweichen von dieser Richtung zu beobachten. So streichen z. B. in der Terek-Randsenke u. a. die Terek-, Sunshenskoje-, Grosny-, Gudermes-Antiklinale fast in ost-westlicher Richtung. Im Mesozoikum und Tertiär ist östlich des Terek sowie in den Tschorny Gory (Gebiet von Grosny) ebenfalls ein vorherrschendes E–W- oder WNW–ESE-Streichen zu beobachten. N. N. Rostowzew (1948), L. N. Rosanow (1940) u. a. haben im nördlichen Dagestan im Mesozoikum und Tertiär E–W streichende Antiklinalen festgestellt; es handelt sich hier um die Antiklinalen Sala-Tau und Gadarskaja, das Maraul-arka-Gebirge, die Antiklinale Chadumskaja, die Kukurtau-Kuppel und weiter südlich um die Mugrinskaja-, Kubatschi-Falte u. a., die in den westlichen Teilen fast E–W streichen, im Osten jedoch parallel zur Küste des Kaspischen Meeres nach NW–SE und NNW–SSE umbiegen. Ihr Streichen entspricht also wiederum nicht dem allgemeinen Verlauf des Kaukasus. Rostowzew versuchte, die Entstehung des Dagestanischen Keiles (Dagestanischer Vorsprung nach Rostowzew) und den damit verknüpften Wechsel im Faltenstreichen durch eine bis zu 6000 m mächtige Sandsteinserie des oberen Toarcien zu erklären, die in dem am Kaspischen Meer liegenden Teil Dagestans fast N–S streicht. Diese rein mechanische Deutung ist jedoch abzulehnen, da sie die auf große Erstreckung E–W streichenden Falten westlich von Sulak und Karakoisu, also außerhalb des Einflußbereiches der „Sandsteinlinse", nicht erklären kann.

Ich stelle demgegenüber für die hier interessierende Besonderheit im Aufbau des Nordostkaukasus eine andere Erklärung zur Diskussion. Sie gründet sich auf die allgemein bekannte Gesetzmäßigkeit, daß die Hauptrichtungen (manchmal aber auch andere tektonische Strukturen des Fundaments oder, was das gleiche ist, des Strukturstockwerks einer vorangegangenen Faltung) von jüngeren Faltensystemen übernommen werden. Diese Posthumität ist um so deutlicher, je kürzer die Sedimentationsunterbrechung zwischen zwei benachbarten Strukturstockwerken war. Es liegt nahe, den Wechsel im Streichen der nordkaukasischen Falten mit dem Streichen der unterlagernden paläozoischen Strukturen in Zusammenhang zu bringen. Für diese Annahme liegen genügend Beweise vor.

Das in einzelnen Zonen vorkommende Paläozoikum streicht im westlichen Teil des Verbreitungsgebietes längs der Belaja und Laba kaukasisch. An der Südflanke des Großen Kaukasus zeigen karbonische Schichten auch weiter östlich kaukasisches Streichen (Swanetien, Fl. Ungur), während an der Nordflanke längs der Flüsse Selentschuk, Kuban und Teberda das allgemeine Streichen der paläozoischen Faltung fast in die E–W-Richtung abdreht, die auch für das Paläozoikum im Gebiet des Elbrus und von Kislowodsk charakteristisch ist. Hier erreicht der Gesamtausstrich alter Bildungen — von den Graniten bei Kislowodsk bis zur Südflanke — eine maximale Breite von fast 100 km. Östlich des Baksan und des Tschegem, d. h. östlich des Meridians der Mineralnyje-Wody-Flexur, verengt sich diese Zone bis auf 30 km, am Ardon und Terek taucht sie nach Osten ab und besteht nur noch aus einer Reihe einzelner isolierter Aufschlüsse (alte Granite, Jungpaläozoikum). Trotzdem streichen die paläozoischen Schichten hier überall fast E–W, wie an der oberen Malka, am Baksan und Tschegem und weiter nach Osten bis in das Gebiet des Kasbek besonders gut zu beobachten ist.

Interessant ist, daß zwischen den Flüssen Uruch und Terek der Ausbiß des Paläozoikums im ganzen ebenfalls fast E–W streicht, dann aber leicht nach NW–SE abbiegt. Daraus ergibt sich für die paläozoische Faltung dieses Gebietes insgesamt die Form eines nach Osten auseinanderstrebenden Bündels. Diese Virgation kommt dadurch zustande, daß die nördlichen Ausstriche des Paläozoikums im Osten in ost-westlicher Richtung verlaufen; damit in Zusammenhang steht auch die Verbreiterung des gesamten Paläozoikums zwischen dem Elbrus und Kislowodsk.

Im Westen läßt sich am Nordhang des Kaukasus das Paläozoikum bis zur Malka deutlich verfolgen; es verläuft fast parallel zum Gesamtstreichen der Kreide und des Tertiärs in diesem Gebiet. Dagegen wird das Paläozoikum östlich von Kislowodsk von der monoklinalen Kreide- und Tertiärzone der Flexur von Mineralnyje Wody spitzwinklig geschnitten. Besonders charakteristisch ist jedoch, daß innerhalb der Tertiär- und Kreideausstriche östlich der Flexur von Mineralnyje Wody die bereits genannten E–W streichenden Antiklinalen auftreten, die gewissermaßen als östliche Fortsetzung der paläozoischen Faltung in Form posthumer Dislokationen aufzufassen sind. In den tief eingeschnittenen Flußtälern des Tschegem, Baksan und der Malka ist mehrfach nachgewiesen worden, daß die Störungen in den mesozoischen Schichten auf alte paläozoische Störungen zurückgehen. Alle diese Beobachtungen sprechen dafür, daß die wichtigsten tertiären Antiklinalen des nordöstlichen Kaukasus aus dem paläozoischen Fundament „durchgepaust" worden sind.

Interessant ist, daß die nördliche Senke des Kaspischen Meeres sowohl im Westen (Dagestan) als auch im Osten (Tuar-kyr) von NW–SE und NNW–SSE streichenden posthumen Falten begrenzt wird. Es ist sehr wahrscheinlich, daß in diesem Teil der Kaspisenke im Gebiet der paläozoischen Faltung Hebungsgebiete gelegen haben, die das Material für die bereits erwähnte, annähernd N–S streichende Sandsteinlinse (Rostowzew 1948) geliefert haben.

Ich bin der Ansicht, daß wir zu neuen und wichtigen Kenntnissen über die Entstehung und die tektonische Entwicklung des Großen Kaukasus gelangen, wenn wir den Untersuchungen den Gedanken der Posthumität zugrunde legen. Die vorliegenden kurzen Ausführungen zeigen meiner Meinung nach jedoch deutlich, daß sich die Asymmetrie im Streichen des Kaukasus weder durch die Besonderheiten der meso-känozoischen Faltung in der östlichen Hälfte noch durch die Besonderheiten des paläozoischen Fundaments erklären läßt. Als einzige Erklärung müssen wir annehmen, daß der Ostkaukasus sowie der angrenzende Teil des Vorkaukasus erheblich stärker abgesunken sind als der westliche Teil.

Im Vorkaukasus verläuft die Grenze zwischen der östlichen abgesunkenen und der westlichen gehobenen Zone längs der Flexur von Mineralnyje Wody. Weiter im Süden biegt sie nach Südosten ab, läßt sich jedoch an der bereits erwähnten Schnittlinie zwischen der E–W streichenden paläozoischen Faltung und dem monoklinalen Meso-Känozoikum zwischen den Flüssen Malka und Terek gut erkennen. Südlich des Tschegem zeichnet sich diese Flexur mit südsüdöstlichem Streichen sogar in den unter- und mitteljurassischen Schichten deutlich ab. Das gleiche Bild zeigt sich östlich des Uruch. Somit erfolgt der Übergang vom westlichen zum abgesunkenen östlichen Kaukasus nicht an einer einzigen Bruchlinie, sondern wahrscheinlich an einer Reihe kleinerer stufenförmiger Flexuren.

Das vorliegende Untersuchungsmaterial läßt keinen Zweifel daran, daß sich vom Flußgebiet der Kama bis zum Großen Kaukasus einschließlich eine breite Muldenzone erstreckt, deren maximale Senkungsbeträge möglicherweise im unteren Transwolgagebiet und in den nordwestlichen kaspischen Gebieten zu suchen sind. Möglich ist auch, daß einzelne Teile dieser Senkungszone zu verschiedenen Zeiten entstanden sind. So lassen sich im Vorkaukasus, an der unteren Wolga und wahrscheinlich auch im Nordkaukasus Bewegungen im Paläogen und zu Beginn des Miozäns nachweisen; erhebliche Absenkungen fanden im südlichen Teil dieser Zone während des Juras (Lias und Dogger) statt. Das gleiche trifft für die Gebiete östlich der unteren Wolga am Ende des Paläozoikums zu. All das zeigt uns, daß sich die Entwicklung dieser Zone über eine sehr lange Zeit (seit dem Devon) erstreckte und recht unregelmäßig verlief.

Das hier behandelte Senkungsgebiet umfaßt sehr unterschiedlich aufgebaute Krustenbereiche: Östlich der mittleren und an der unteren Wolga handelt es sich um eine typische alte Platte mit präkambrischem Fundament, im Gebiet von Astrachan und in den angrenzenden Teilen der Kaspi-Senke um eine vermutlich variscische Tafel mit paläozoisch gefaltetem Fundament; im Großen Kaukasus beeinflußt es schließlich das junge alpidische Faltensystem und deren Randsenke. Bemerkenswert ist, daß sich innerhalb des Orogens die Falten im Meso-Känozoikum allgemein unabhängig von diesem Senkungsgebiet verhalten und dem Entwicklungsplan des Großen Kaukasus untergeordnet sind.

Auch der Vulkanismus an der Kaukasus-Südflanke ist offenbar an kaukasisch streichende Brüche geknüpft. Dagegen sind im Bereich der Flexur von Mineralnyje Wody und ihrer südlichen Fortsetzung nach P. I. LEBEDEW (1947) u. a. magmatische Vorgänge an die N–S-Richtung, in jedem Fall an solche Linien gebunden, die den Großen Kaukasus schneiden.

Wir können aus alledem schließen, daß die Faltung des Großen Kaukasus, die Entstehung der Längsbrüche und wahrscheinlich der an diese Störungen geknüpfte Vulkanismus das Ergebnis von Bewegungen waren, die weniger tief in die Kruste hinabreichten als das bei Entstehung der Ostrussischen Zone, des Ostkaukasus und der Kaspisenke der Fall war. In dieser Beziehung besteht eine vollkommene Analogie zu dem am Anfang dieses Aufsatzes beschriebenen Hebungsgebiet des Wolga-Ural-Gewölbes und des mittleren Urals.

Tektonische Großstrukturen und Bewegungen, die Krustenbereiche mit ganz verschiedenem geologischen Aufbau erfassen, münden in die Frage, ob es in den Tiefenbereichen unserer Erde unter sehr verschiedenartigen Oberflächenstrukturen eine Gemeinsamkeit in den Bewegungen und vielleicht auch eine Gemeinsamkeit in den stofflichen Veränderungen gibt. Die Untersuchungen zeigen aber darüber hinaus, daß in Geosynklinalgebieten außer diesen Tiefenprozessen auch oberflächennähere Bewegungen eine sehr große Rolle spielen, die Reliefbildung beeinflussen und bisweilen jene tief angelegten Strukturen überlagern.

# Über die Entstehung der Patschelma-Senke

## Vergleichende Tektonik alter Tafeln 5

Bjulleten Moskowskogo obschtschestwa ispytatelei prirody **30**, 5, 5—26, 2 Abb.; Moskau 1955

INHALT



## Einführung

In der zentralen Russischen Tafel wurde durch Basis- und Erkundungsbohrungen eine große, aus Präkambrium aufgebaute Synklinale festgestellt und in großen Zügen abgegrenzt. A. A. Bakirow (1948) deutete diese tektonische Depression zunächst als eine devonische „Bucht", welche die Mittelrussische Syneklise mit der Kaspi-Syneklise verbindet. Später beschrieb sie Bakirow (1951, 1954) als Saratow-Rjasan-Senke bzw. -Syneklise sowie R. M. Pistrak (1950, 1953) und N. S. Schatski (1952) als tiefe und schmale grabenartige Patschelma-Senke bzw. Rjasan-Patschelma-Senke. Die genannte Struktur unterscheidet sich von den gewöhnlichen Syneklisen sowohl durch ihre langgestreckte schmale Form als auch durch die sehr großen Senkungsbeträge. Das geht aus den erheblichen Mächtigkeiten hervor, die nur wenig unter den Beträgen einiger äquivalenter geosynklinaler Bildungen bleiben. Dabei ist aber zu erwähnen, daß der lithologische Charakter und der Formationstyp der alten Gesteine eher der Randsenkenfazies und nicht der Tafelfazies entsprechen, obwohl die Senke nicht am Rande, sondern fast in der Mitte der Russischen Tafel liegt.

Es soll in dieser Arbeit versucht werden, Charakter und Entstehung der Patschelma-Senke zu klären. Der vergleichenden Untersuchung dieser Struktur kommt jedoch nicht nur eine regionale Bedeutung zu. Noch wichtiger erscheinen die allgemeingeologischen Ergebnisse: Die Entwicklungsgeschichte der Senke zeigt erneut, welche wichtige Rolle die Regeneration bei der Entstehung großer Tafelstrukturen spielt; sie gibt aber auch Hinweise über den Bildungsmechanismus der Senke im Rahmen der aus Schollen bestehenden gesamten Krustenstruktur.

## I. Stratigraphie der Patschelma-Senke

Die geologische Untersuchung der Patschelma-Senke erfolgte sehr uneinheitlich. Im Gegensatz zur Stratigraphie und Tektonik der oberen paläozoischen und meso-känozoischen Ablagerungen, die seit langem untersucht werden und verhältnismäßig gut bekannt sind, setzte die Untersuchung der alten prädevonischen Serien, besonders aber ihrer Tektonik, erst relativ spät ein.

Durch eingehende Auswertung der Basisbohrungen konnten zuerst W. A. SYTOWA (1951) und R. M. PISTRAK (1953), später noch detaillierter I. E. POSTNIKOWA (1953, 1955) das Prädevon der Patschelma-Senke auf Grund der petrographischen Ausbildung in eine Reihe von Serien gliedern. Die von POSTNIKOWA ausgeschiedenen Serien werden zu drei Komplexen zusammengefaßt (von oben nach unten):

Baltischer Komplex,
Waldai-Komplex,
Serdobsk-Serie.

Ich übernehme unverändert die von POSTNIKOWA vorgeschlagene Gliederung, obwohl ich gegen die Alterseinstufung gewisse Bedenken habe.

Die Beschreibung des stratigraphischen Profils erfolgt von unten nach oben.

### *1. Kawerino-Serie*

Fein- bis grobkörnige Sandsteine, vorwiegend rotbraun, schlecht sortiert, mit seltenen Zwischenmitteln aus Konglomeraten; das Gestein wird nach Südosten gröber, in gleicher Richtung nimmt auch der Sortierungsgrad ab. Die Gerölle der Konglomerate bestehen aus Graniten, Quarzen und Quarziten. Ihrer Zusammensetzung nach sind es Quarz- und Quarz-Feldspat-Sandsteine, häufig Arkosesandsteine. Feldspate und Kaolinit sind stark verwittert. Im Streichen schalten sich nach Nordwesten in die Sandsteine Zwischenlagen (bis 50 m) aus dunklen rotbraunen und graugrünen Aleuriten und Argilliten ein. Die Argillite führen ihrerseits dünne Schmitzen und Linsen sideritischer und dolomitischer Mergel. POSTNIKOWA nimmt für diese Serie wahrscheinlich kontinentale Entstehung an; die Gesteine erinnern gelegentlich an proluviale und vielleicht auch an deluviale Sedimente. Möglicherweise sind dieser mächtigen Serie auch marine Bildungen eingeschaltet. POSTNIKOWA stellt diese Schichten in die Serdobsk-Serie, hält es jedoch für wahrscheinlicher, daß es sich um einen selbständigen Komplex handelt und weiterhin als eine besondere Serie auszuscheiden sei. Dem ist durchaus zuzustimmen. Da diese Serie in der Bohrung Kawerino in großer Mächtigkeit vorliegt und gegenüber den anderen ripheischen Bildungen eine bestimmte stratigraphische Stellung einnimmt, schlage ich vor, sie als Kawerino-Serie zu bezeichnen.

Auf den Flanken der Senke liegt die Kawerino-Serie unmittelbar dem Archäikum des gefalteten Grundgebirges auf. Die Mächtigkeiten dieser Serie sind in der Patschelma-Senke durchweg bedeutend; in Kawerino (nordwestlicher Teil der Senke) war bei über 800 m das Liegende der Serie noch nicht erreicht (POSTNIKOWA 1955). Die größte Mächtigkeit liegt wahrscheinlich mindestens bei 1000 m.

### *2. Serdobsk-Serie*

Dieser Serie sind zuzuordnen (von unten nach oben): a) die Serie der Glaukonitsandsteine und b) die Serie der Dolomite, Argillite und Sandsteine.

a) *Serie der Glaukonitsandsteine.* Sie besteht in einigen Gebieten vorwiegend aus sandigen Aleuroliten (stellenweise mit Aleurolit-Sandsteinen) und Zwischenmitteln aus Argilliten; an anderen Stellen besteht die Serie aus Sandsteinen. Die sandigen Aleurolite sind Quarz- (90% Quarz) und Quarz-Feldspat-Gesteine mit grüngrauer, stellenweise rotbrauner Färbung. Die dünnen Zwischenmittel aus dunkelgrauen oder braunen, manchmal schwarzbraunen Argilliten verleihen dem Gestein eine gewisse Streifung oder Feinschichtung. Bindemittel vorwiegend karbonatisch (Dolomit, in seltenen Fällen Rhodochrosit) oder kieselig. Innerhalb der Sandsteine treten im nordwestlichen Teil der Senke grobe Varietäten, Gravelite und seltener auch Konglomerate auf, deren Gerölle aus Graniten, Quarz und Quarzit bestehen; toniges Bindemittel. Die größte Mächtigkeit beträgt 270 m.

b) *Terrigene Dolomitserie.* Nach Postnikowa besteht in der südwestlichen Zone der Depression der untere Teil der Serie fast durchweg aus karbonatischen Gesteinen (bis 100 m), vertreten durch eine Wechselfolge graugrüner, rosafarbener oder schwarzer geschichteter Dolomite mit dünneren Zwischenlagen aus kirschroten Argilliten und Mergeln. In den Dolomiten sind ziegelrote Kieseleinschlüsse häufig. Die Dolomite sind fein- bis grobkörnig, häufig mit Oolithen. Insgesamt besteht dieser Teil des Profils aus einer feingestreiften und feingeschichteten, sehr dichten rotbraunen und seltener grünlich-braunen Serie. Im südöstlichen Teil der Senke geht der Karbonatanteil der Serie allmählich in die obere Serie über (70 m), die aus Sandsteinen und Aleuroliten mit dünnen Zwischenmitteln aus Dolomiten, Mergeln und Argilliten (ebenfalls vorwiegend rotbraun) aufgebaut ist. Die beschriebenen karbonatischen Ablagerungen werden in der nordwestlichen Zone der Senke insgesamt faziell von einer rotbraunen Sandstein- und Aleurolitserie abgelöst. Argillite spielen hier nur eine untergeordnete Rolle, ebenso Karbonatgesteine, die lediglich als dünne, häufig linsenförmige Zwischenmittel auftreten. Der karbonatische Charakter der Serie drückt sich hier durch das allgemein dolomitische Bindemittel der Sandsteine und Aleurolite aus. Die Mächtigkeit der Serie erreicht in den Achsenteilen der Depression 170 m.

### *3. Untere Patschelma-Serie*

Unter dieser Bezeichnung sollte vielleicht jene mächtige Serie terrigener prädevonischer Ablagerungen zusammengefaßt werden, die über der karbonatischen Serdobsk-Serie (Sinium) folgt und durch viele Bohrungen im Gebiet von Patschelma erschlossen wurde. Postnikowa sieht in dieser Folge ein Analogon zur Gdow- und Laminarites-Serie des Waldai-Komplexes.

Obwohl diese Folge zweifellos dem oberen Teil der ältesten Ablagerungen angehört, bleibt die von Postnikowa durchgeführte Parallelisierung mit den bekannten Horizonten des Präkambriums oder Unterkambriums der nordwestlichen Russischen Tafel ungenügend begründet. Die Altersfrage dieser Ablagerungen soll später noch eingehender behandelt werden. Zunächst die von Postnikowa ausgeschiedene Schichtenfolge (von unten nach oben):

a) Die *Serie der mittleren Rotsandsteine und Argillite* besteht im südöstlichen Teil aus einer Wechsellagerung von Sandsteinen, Aleuroliten und Argilliten, häufig mit einer arkoseartigen Zusammensetzung und mit Kaolin. Die Gesteine sind rotbraun gefärbt, stellenweise grünlich gefleckt. Im nordwestlichen Teil wird sie von einer Serie rotbrauner dichter Argillite mit einzelnen linsenförmigen Einschlüssen aus Aleuroliten und Sandsteinen abgelöst. Postnikowa hat im Nordwesten an der Basis dieser Serie sehr interessante Gesteine beschrieben, u. a. grobe polymikte Sandsteine verschiedener Korngröße mit dünnen Kieslinsen und schlecht abgerollten Geröllen aus Quarz, Quarzit und Feldspäten. Der Sandstein hat eine grüngraue, stellenweise braune Färbung. Nach oben geht er allmählich über in ein sandig-toniges Gestein mit schnell wechselnder Korngröße (sandiger Ton mit groben Geröllen aus Granit und Diorit). Die Mächtigkeit dieser grobkörnigen Gesteine beträgt 5 bis 12 m; die Gesamtmächtigkeit der Serie erreicht 82 m.

b) Die „*Untere Wechselfolge*" besteht aus einer allgemein grüngrauen, stellenweise sehr geringmächtigen Wechsellagerung aus Aleuroliten und Argilliten mit seltenen Zwischenmitteln aus Sandsteinen, Mergeln (bis 5 cm), Kalken und Dolomiten. Quarz und Feldspat als Hauptbestandteile liegen in einem karbonatischen Bindemittel; im südöstlichen Teil der Senke ist ein hoher Glaukonitgehalt zu beobachten. Die Serie enthält viel inkohltes organisches Material und in Zusammenhang damit auch dispersen Pyrit. Gesamtmächtigkeit 250 m.

Zu dieser Serie rechne ich die drei oberen Serien nach Postnikowa, die sie — meines Erachtens ohne ausreichende Begründung — mit dem Kambrium im Nordwesten der Russischen Tafel gleichsetzt. In der Beschreibung der Serien selbst folge ich den Angaben von Postnikowa.

c) Die *Serie der Rotsandsteine* besteht aus rotbraunen, buntgefleckten Quarz- und Feldspatsandsteinen mit unterschiedlicher Korngröße, in denen Zwischenmittel aus Aleuroliten und Argilliten auftreten. Neben vorwiegend rotbraunen Folgen erscheinen auch rosa- und himbeerfarbene, weißlich-gelbe und grüne Lagen. An der Basis liegen Konglomerate mit Geröllen örtlich anstehender Gesteine (rote Aleurolite und grüne dichte Tone). In der Muldenachse erreicht die Serie eine Mächtigkeit bis zu 386 m.

d) „*Obere Wechselfolge*". Durch Zunahme aleuritischen und tonigen Materials sowie sideritischen Bindemittels geht die liegende Serie allmählich in die sog. „Obere Wechselfolge" über. Gleichzeitig erscheinen dunkle, graue und grünliche Farbtöne. Die Serie setzt sich aus geringmächtigen Aleurolit-, Sandstein- und Argillitlagen zusammen; sie ist der „Unteren Wechselfolge" ähnlich, jedoch nehmen der Glaukonit- und Karbonatgehalt beträchtlich ab. Im südöstlichen Teil der Senke beträgt die Mächtigkeit 190 m.

Die Serie der bunten Sandsteine besteht aus unterschiedlich gefärbten Quarzsandsteinen und Aleuroliten mit seltenen Zwischenmitteln aus grauen und grünen Tonen. Die Mächtigkeit dieser Serie, die ebenso wie die beiden vorangegangenen nur im Südosten der Senke entwickelt ist, beträgt bis zu 275 m.

Damit schließt nach POSTNIKOWA das Profil der alten prädevonischen Ablagerungen der Patschelma-Senke ab. Die Gesamtmächtigkeit beträgt im südwestlichen Teil mindestens 1800 bis 2000 m, im nordwestlichen Teil wahrscheinlich maximal 1300 bis 1500 m.

POSTNIKOWA parallelisiert die Karbonatschichten der Serdobsk-Serie und die liegenden Glaukonit-Schichten mit den ebenfalls Glaukonit führenden Dolomiten der Minjar- und Inser-Serie. In der Annahme, daß es im Patschelma-Gebiet keine Analoga für die Kataw-Serie gibt, verglich sie die Serie der unteren Rotsandsteine, d. h. die Kawerino-Serie, mit der Silmerdak-Folge der Kara-tau-Serie (Ripheikum) am Westhang des südlichen Urals. Den gesamten über 1000 m mächtigen Komplex, beginnend mit der Serie der mittleren Rotsandsteine und Argillite bis zur obersten Serie der bunten Sandsteine mußte POSTNIKOWA einerseits mit der Ascha-Serie des Urals und andererseits mit dem Unterkambrium der nordwestlichen Tafel parallelisieren, zu dem sie nicht nur die Folge der Blauen Tone und die liegenden Oberen Laminarites-Schichten, sondern auch die Laminarites- und die Gdow-Serie rechnet. Eine Bestätigung dafür fand POSTNIKOWA in der Sporenzusammensetzung dieser Schichten.

Nach unseren heutigen Kenntnissen über das Alter und die Stratigraphie der alten Serien des Urals und des nordwestlichen Teiles der Tafel sind die von POSTNIKOWA vorgeschlagenen Vergleiche durchaus möglich; möglich sind aber auch andere Altersdeutungen.

Erstens kann angenommen werden, daß alle prädevonischen Schichten des Patschelma-Profils in das Ripheikum gehören und daß Unterkambrium hier fehlt. Tatsächlich liegen überzeugende Beweise dafür vor, daß die Gdow- und die Laminarites-Schichten präkambrisch und ripheisch sind (SCHATSKI 1952). Dagegen sprechen auch nicht die in diesen Schichten gefundenen Sporen, die Ähnlichkeit mit unterkambrischen Formen haben.

So stellt z. B. B. W. TIMOFEJEW (1954) die Gdow- und die Laminarites-Schichten in das sinische System, d. h. in das Ripheikum. In der von S. N. NAUMOWA für die alten Glaukonit-Sandsteine (Inser-Sandsteine nach POSTNIKOWA) veröffentlichten Tabelle kommen drei Sporen vor, von denen *Trachytriletes minimus* NAUM. gleichzeitig auch für den unterkambrischen Blauen Ton und *Leiotriletes rugulosus* NAUM. für die Laminarites-Schichten angegeben werden. Sind alle diese Bestimmungen richtig, so sprechen sie nur dafür, daß der Sporenkomplex der oberen ripheischen Ablagerungen und der unterkambrische Komplex einander ähnlich sind (TIMOFEJEW 1954). Läge in den Tonen keine kambrische Fauna vor und hätte man die Sporen erstmalig im Ripheikum gefunden, so würden zweifellos unsere Paläobotaniker auch die „Blauen Tone" als präkambrisch ansehen.

In das Präkambrium (Sinium) stellt auch B. S. SOKOLOW (1953) den sog. Waldai-Komplex (Gdow- und Laminarites-Schichten). Andererseits ist es sehr wahrscheinlich, daß die oberen Serien, also die Patschelma-Serie nach unserer Auffassung, tatsächlich mit der Ascha-Serie zu parallelisieren sind. Das unterkambrische Alter der Ascha-Serie ist jedoch ebenfalls nirgends bewiesen worden, so daß sogar die Gleichaltrigkeit der Patschelma-Serie und der Ascha-Serie noch kein Beweis für das unterkambrische Alter der oberen Schichten des alten Patschelma-Profils ist. Für ein unterkambrisches Alter der oberen Serie spricht außerdem nach POSTNIKOWA die Gliederung in zwei Zyklen, die dem Waldai-Komplex und dem Baltischen Komplex analog sein sollen. Dem widerspricht aber die obere Serie der bunten Sandsteine, die gleichsam einen dritten Komplex andeutet; deshalb stellt POSTNIKOWA die bunten Sandsteine, die das Bild stören, nur unter Vorbehalt in das Unterkambrium.

Zweitens ist die Parallelisierung der Kawerino-Serie mit der Silmerdak-Folge und der Serdobsk-Folge mit der Inser- und Minjar-Folge ebenfalls nicht bewiesen, obgleich diese beiden Serien insgesamt wahrscheinlich dem Kara-tau-Komplex oder Teilen davon äquivalent sind.

POSTNIKOWA begründet ihre Einstufung damit, daß in der Serdobsk-Serie die präkambrischen Karbonatschichten auf Glaukonit-Sandsteinen liegen, etwa vergleichbar mit den Verhältnissen im Ural, wo die gleichen glaukonitischen Inser-Sandsteine im Liegenden der karbonatischen Minjar-Folge auftreten. Glaukonitgesteine sind jedoch in der Patschelma-Senke nicht nur unter, sondern auch über der Karbonatserie entwickelt. Außerdem zeigt die karbonatische buntgestreifte Serdobsk-Serie äußerlich mit der ebenfalls bunten Kataw-Serie mehr Ähnlichkeit als mit der Minjar-Folge. Mir scheint deshalb, daß die von POSTNIKOWA und L. F. SOLONZOW (1954) vorgeschlagene Parallelisierung der Glaukonit-Sandsteine mit der Inser-Folge und der Dolomit- und Argillitschichten mit der Minjar-Folge nicht genügend begründet ist.

Das ripheische Profil der Patschelma-Senke läßt sich im ganzen recht gut mit dem südnorwegischen Sparagmit des Mjösen-Sees vergleichen. Sowohl der Mjösen-Sparagmit als auch das Patschelma-Ripheikum liegen auf tief erodierten (?) archäischen Granitgneisen und jotnischen Graniten bzw. Quarziten. Auch die Mächtigkeiten beider Serien sind vergleichbar: Für den Mjösen-Sparagmit werden 1750 bis 1800 m angegeben, POSTNIKOWA nimmt für das Prädevon (Ripheikum) im südlichen Teil der Patschelma-Senke 1800 m an.

An der Basis des norwegischen Präkambriums liegt dunkelgrauer grobgeschichteter Sparagmit mit Konglomeratlagen, die von dunklen, teilweise schwarzen, gewöhnlich sandigen oder stark glimmerhaltigen Schiefern abgelöst werden. Diese 500 m mächtige Folge wird als Bröttum-Sparagmit bezeichnet. Im Liegenden des Patschelma-Ripheikums folgt eine 800 m mächtige Serie aus rotbraunen und grauen Quarz-Feldspat-Sandsteinen mit Zwischenmitteln aus Konglomeraten und geringmächtigen dunklen Argillitlagen. Nach oben geht die Serie in grüngraue glaukonithaltige und rotbraune Sandsteine sowie Aleurolite mit Konglomeraten über; Mächtigkeit 270 m. Die mittlere Serie des Präkambriums besteht aus folgenden Einheiten (von oben nach unten):

Biri-Kalke und -Kalk-Tonschiefer (150 m),
Biri-Konglomerat mit Zwischenmitteln aus Sparagmit (100 bis 120 m),
Bröttum-Rotsandsteine und Schiefer (100 m).

Die mittlere Serie im Gebiet von Patschelma zeigt ebenfalls einen hohen Karbonatgehalt; sie besteht von oben nach unten aus folgenden Einheiten:

Wechsellagerung aus Aleuroliten, Argilliten und Sandsteinen, weiter oben auch aus Mergeln, vorwiegend grüngrau (250 m),
Serie der grüngrauen oder rotbraunen Quarz-Feldspat-Sandsteine und Aleurolite (80 m),
Serie der Dolomite und Argillite (170 m).

Über diesen karbonatreichen Schichten folgen sowohl in Norwegen als auch im Gebiet von Patschelma gleiche Serien: der rote Moelv-Sparagmit (300 bis 340 m) und die rotbraunen Quarz-Feldspat-Sandsteine (390 m). Die im Hangenden folgenden oberen Horizonte der hier behandelten Profile sind ebenfalls außerordentlich ähnlich. So liegen am Mjösen-See über dem geringmächtigen phyllitartigen Moelv-Konglomerat (10 bis 20 m) und der geringmächtigen Serie grünlicher und roter Tonschiefer von Ekre (40 bis 50 m) die grauen Verdal-Sparagmite (250 m), die von den hellen Ringsacher-Quarziten überlagert werden. In gleicher Weise folgen in Patschelma über den roten Gesteinen grüngraue Quarz-Feldspat-Aleurolite, Sandsteine und Argillite (190 m) und das Profil endet hier, genau so wie am Mjösen-See, mit grauen und rosafarbenen Quarzsandsteinen, denen graue Aleurolite eingeschaltet sind (275 m).

Unterstrichen wird diese Ähnlichkeit noch durch den beiden Profilen gemeinsamen starken Fazieswechsel. So werden z. B. die Biri-Kalke zunehmend oolithisch und gehen in Dolomite oder Kalksandsteine über. Ähnliche Veränderungen lassen sich auch überall in den Karbonatgesteinen der Patschelma-Senke von Südosten nach Nordwesten beobachten. Besondere Aufmerksamkeit verdienen die von Postnikowa in der nordwestlichen Zone an der Basis der unteren Patschelma-Schichten gefundenen braunen sandig-tonigen Gesteine (5 bis 12 m), in denen einzelne große (bis 5 cm) Gerölle aus Eruptivgesteinen (Granit und Diorit) auftreten. Nach Postnikowa gehen die „Geröll-Lehme“ nach unten allmählich (?) in einen schlecht sortierten grünlichen oder braunen polymikten Sandstein mit Lagen aus Kies und kleinen Geröllen über. Hier handelt es sich wahrscheinlich um proluviale Bildungen. Sie sind jedoch nach den Beschreibungen von O. Holtedahl (1953) dem unsortierten südnorwegischen Moelv-Konglomerat (10 bis 20 m) sehr ähnlich, der als Tillit, d. h. als eine am Ende des Proterozoikums gebildete glazigene Ablagerung angesehen wird. Das Auftreten von Karbonaten, die weite Verbreitung von Glaukonit in marinen Sedimenten, die intensive chemische Verwitterung (Kaoline) in den vermutlich kontinentalen Bildungen des Ripheikums der Patschelma-Senke sprechen eher für eine proluviale, als für eine glaziale Entstehung der unsortierten Patschelma-Gesteine. Ich glaube außerdem, daß eine derartige Entstehung auch für die „tillitähnlichen“ Konglomerate des norwegischen Sparamits nicht ausgeschlossen ist.

## II. Tektonik der ripheischen Serien der Patschelma-Senke

Auf Grund der lithologischen Ausbildung des Ripheikums ist anzunehmen, daß die Sedimentation in der Patschelma-Senke gleichzeitig mit intensiven, aber lokal beschränkten Senkungsbewegungen vor sich ging, ein Befund, der für Tafelräume ungewöhnlich ist. Die Intensität der Einsenkung ergibt sich indirekt daraus, daß — wie wir gesehen haben — die Mächtigkeit des Ripheikums in der Patschelma-Senke und die des südnorwegischen Sparagmits, der unter frühen Geosynklinalverhältnissen abgelagert wurde, etwa gleich sind. Sie beträgt jedoch nur die Hälfte oder ein Drittel der Mächtigkeit des Kara-tau- und des Ascha-Komplexes, die in einem Gebiet mit außerordentlich schneller Sedimentation gebildet wurden, und zwar am Ende der ripheischen Entwicklung der westlichen Ural-Randzone. Für eine begrenzte Ausdehnung des Senkungsgebietes sprechen sowohl die lithologischen Eigenschaften der ripheischen Serie (Konglomerate, schlechter Sortierungsgrad, schneller Fazieswechsel) als auch die Mächtigkeitsänderungen innerhalb der Struktur. Die größten Mächtigkeiten lassen sich im Streichen der Muldenachse aus dem Gebiet der Störungen von Saratow (Teplowka) über Lipjagi bis nach Patschelma, Morsowo, Kawerino und offenbar noch weiter in nordwestlicher Richtung verfolgen. Die Depression zeigt einen asymmetrischen Aufbau, da südwestlich der Achse in Richtung auf das Massiv von Woronesh die Mächtigkeitsabnahme der ripheischen Schichten gleichmäßiger erfolgt als nach Nordosten, in Richtung auf den sog. Vorsprung von Tokmowo. Hier keilen die unteren Horizonte der ripheischen Ablagerungen schnell aus, einzelne Horizonte lassen auf kürzeste Entfernungen eine transgressive Lagerung erkennen. So liegen z. B. die Glaukonit-Sandsteine von Serdobsk unmittelbar auf der metamorphen Unterlage.

Den Verlauf der Patschelma-Senke als eine den Sarmatischen Schild schneidende schmale Zone gibt die Abb. 1 wieder (vgl. SCHATSKI 1952). Aus dem westlich angrenzenden Massiv gehen im Zuge der weiteren Entwicklung der Tafel das Massiv von Woronesh sowie das Ukrainische und das Belorussische Massiv hervor. Im Osten liegt jenes Massiv, von dem ein Teil später am Aufbau des Wolga-Ural-Gewölbes beteiligt war.

Die Lage der Struktur und der angrenzenden Massive läßt sich auf Grund der bisher vorliegenden Bohrergebnisse gut erkennen. So liegt im achsialen Bereich die metamorphe gefaltete Unterlage in sehr großen Teufen (Jelschanka 2717 bis 2724 m, Patschelma 1485 m, Subowa Poljana 1368 m und Nepeizino 1497 m), andere Bohrungen haben bei gleichen und noch größeren Teufen im achsialen Bereich der Senke das Tafelfundament noch nicht angefahren (Kawerino 2312 m, Mossolowo 1528 m, Morsowo 1641 m, Peressypkino 1916 m, Serdobsk 1080 m, Teplowka 1910 m, Balanda 2100 m usw.). Am Rande der Senke liegen dagegen die Granite, Gneise und metamorphen Gesteine des Präkambriums erheblich höher (Tokmowo 802 m, Issa 810 m, Gebiet Gorodischtsche 932 bis 1061 m, Balaschow 1065 m, Tambow 709 m, Rjashsk 894 m).

Aus den angeführten Werten geht hervor, daß das Gneisfundament an den Flanken der Senke allgemein mit 10 bis 20 m/km einfällt. Dagegen scheint das Einfallen im achsialen Bereich steiler zu werden. So beträgt es z. B. von Tokmowo bis Subowa Poljana noch etwa 8 m/km und steigt auf der gleichen Linie im Achsenbereich bis auf 20 km/m und mehr an. Es liegen Hinweise für das Auftreten von Verwerfungen an den Flanken der Senke vor. Das trifft insbesondere für die steilere Nordostflanke zu.

Der Beweis für die Dislozierung der ripheischen Ablagerungen in der Patschelma Senke ergibt sich aus der diskordanten Lagerung des Givet, das nach einer großen Sedimentationsunterbrechung auf die ripheischen Serien übergreift. PISTRAK

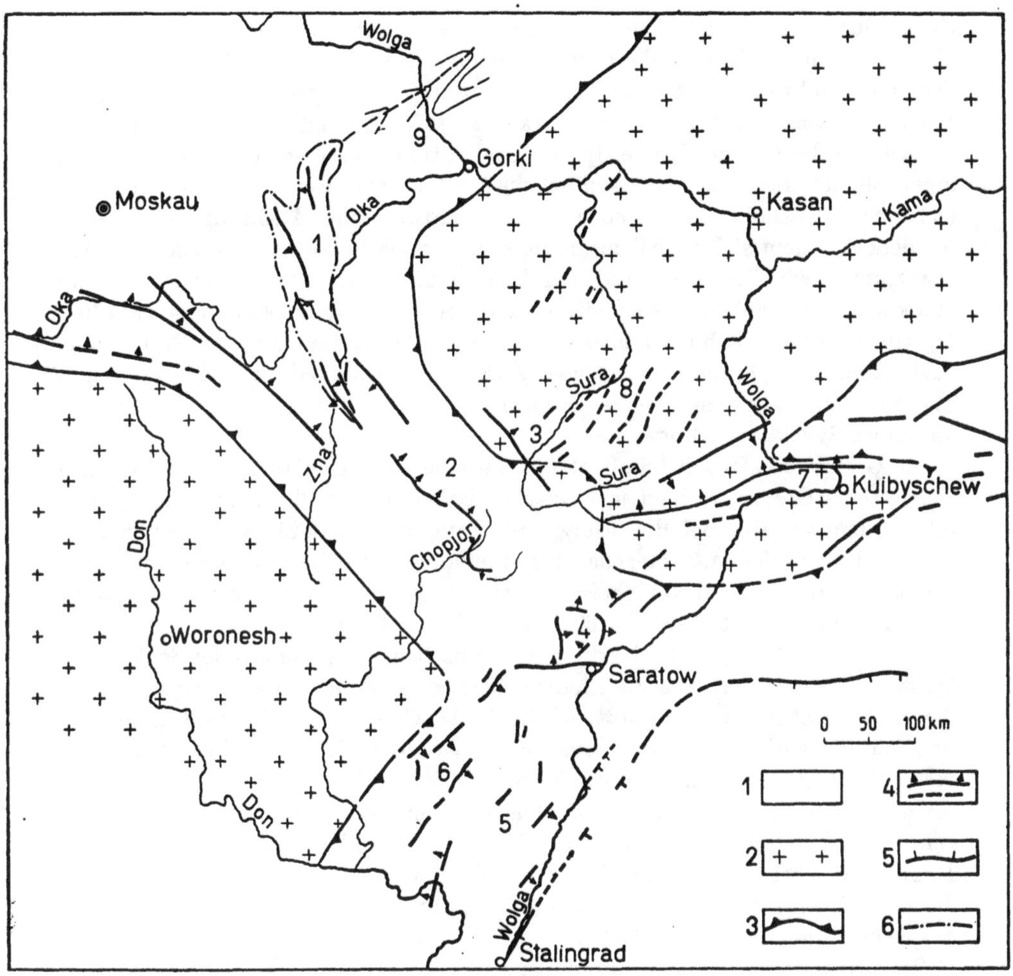


Abb. 1. Paläogeographische Karte der prädevonischen Landoberfläche für den mittleren Teil der Russischen Tafel

1 — ripheische Sedimentserien; 2 — präripheisches kristallines Fundament; 3 — Strukturgrenzen; 4 — posthume jungpaläozoische und meso-känozoische tektonische Formen; 5 — Stufen von Stalingrad und Shadow; 6 — Oka-Zna-Wall und dessen periklinales Ende.
Bezeichnung der Strukturen auf der Karte: 1 — Oka-Zna-Wall; 2 — Kerensk-Tschembar-Hebungsgebiet; 3 — Sura-Mokscha-Hebungsgebiet; 4 — Saratow-Störungen; 5 — Don-Medwediza-Wall; 6 — Medwediza-Busuluk-System; 7 — Shiguli-Hebungsgebiet; 8 — Karsuniden; 9 — periklinales Ende des Oka-Zna-Walles.

weist darauf hin, daß in Serdobsk die Rotsandsteine der oberen Patschelma-Serie während des Givet bis auf 30 bis 80 m erodiert wurden, wogegen sie in Patschelma noch vollständig erhalten sind (386 m); das gleiche gilt auch für einen erheblichen Teil der überlagernden ripheischen Ablagerungen. Auch hier wurde im gleichen

Gebiet durch nur einige Kilometer voneinander entfernt liegende Bohrungen ein Unterschied in der Erosion des oberen Ripheikums von 300 bis 350 m angetroffen. Dieser Befund weist auf starke Dislokationen hin, die möglicherweise vorwiegend Verwerfungscharakter haben. Postnikowa (1955) gelangt zu dem Schluß, daß der achsiale Bereich der Mulde starken Undulationen ausgesetzt war: So läßt sich innerhalb der Struktur eine südöstliche große Spezialmulde (Gebiet von Patschelma) ausscheiden. Die ebenfalls in nordwestlicher Richtung streichende Muldenachse hebt sich verhältnismäßig schnell nach Südosten (Bereich der Saratow-Kuppel von Teplowka und Jelschanka) und nach Nordwesten (Richtung Morsowo–Kawerino) heraus. Weiter nach Nordwesten und Norden ist zwischen Rjasan–Mossolowo–Schilowo erneut ein regionales Abtauchen des Ripheikums nach Norden zu beobachten. Diese Verhältnisse sind jedoch nicht durch die Tektonik der Patschelma-Senke, sondern durch den Aufbau der Südflanke der Moskauer Syneklise bedingt.

Die Gestalt der Patschelma-Senke ist im einzelnen noch wenig bekannt. Ihre südwestliche Grenze zeichnet sich zwischen Balaschow und Tambow bzw. Rjashsk relativ deutlich ab. Bei Balaschow und Tambow fehlt Prädevon, Devon liegt unmittelbar auf dem metamorphen Tafelfundament. In Rjashsk wurde unter dem Devon eine wahrscheinlich ripheische Serie aus Sandsteinen, Aleuriten und Argilliten mit einer Mächtigkeit von 60 m angefahren. Daraus läßt sich bereits recht genau die Zone festlegen, in der die prädevonischen Ablagerungen der Senke nach Westen auskeilen. Kurz vor Michailow biegt diese Zone (Linie) unvermittelt in die E–W-Richtung um und läßt sich bis in das Gebiet nördlich von Stalinogorsk und südlich von Tula, dann weiter nach Westen in Richtung Tscherepet und Kamenka (am Fl. Shisdra), etwa 50 km südlich Kaluga, verfolgen. In diesem ost-westlich streichenden Gebiet mit auskeilenden prädevonischen Ablagerungen zeichnet sich bereits die Südflanke der Moskauer Syneklise mit ihrem ungestörten Einfallen der kristallinen Unterlage nach Norden hin ab: etwa 4 m/km zwischen Tula (— 759 m) und Serpuchow (— 1139 m) und etwas über 4 m/km zwischen Serpuchow und Moskau (—1507 m).

Die Verbreitungsgrenze des Prädevons verläuft demnach an der südwestlichen Flanke der Senke geradlinig mit 130 bis 135° und entspricht damit dem Streichen der Muldenachse.

Demgegenüber zeigt die nordöstliche Begrenzung der Mulde einen komplizierteren Aufbau. Bei allgemein nordwestlichem Streichen der Flanke, d. h. parallel zur Südwestflanke zwischen Tokmowo und Kasanlow (Gebiet von Saratow), erfolgt nach Postnikowa im Gebiet von Julowo–Ischim eine recht kräftige Umbiegung im Streichen der ripheischen Ablagerungen nach Nordosten. Der Grund dafür ist in noch unbekannten Querstrukturen (Verwerfungen, Gräben ?) zu suchen. Etwas nordwestlich von Tokmowo verläuft die östliche Begrenzung der Mulde bereits fast Nord–Süd; zwischen Arsamas und Murom streicht sie in nordöstlicher Richtung und folgt somit dem Verlauf der Südflanke der Moskauer Syneklise während des Ripheikums. Die metamorphe Unterlage fällt mit 2—7 m/km sehr flach zur Achse der Syneklise ein.

Die Patschelma-Senke erstreckt sich demnach als eine grabenartige Depression vom Gebiet der Saratow-Störungen nach Nordwesten bis fast nach Rjasan, verbreitert sich dann trichterförmig und vereinigt sich mit der Südflanke der ripheischen Moskauer Syneklise. Wie bereits erwähnt, hebt sich im Gebiet der Saratow-Störungen die Achsenzone der Mulde — wahrscheinlich als Ergebnis erheblicher sekundärer Störungen — stark heraus. Die Mulde selbst verengt sich etwas und geht östlich der Saratow-Strukturen sowie südlich von Balanda mit der gleichen trichterförmigen Erweiterung wie im Norden in das tief abgesunkene Gebiet der Kaspi-Syneklise über.

Die im Ripheikum entstandene und weiter ausgestaltete Patschelma-Senke stellte demnach gegen Ende des Ripheikums eine grabenartige Depression mit einer Breite von 150 bis 200 km und einer Länge von 400 bis 500 km dar, im Osten und Westen begrenzt durch die kristallinen Massive des Sarmatischen Schildes. Die ripheischen Ablagerungen waren innerhalb der Senke bereits in prädevonischer Zeit recht stark deformiert. Wahrscheinlich begannen die Senkungsbewegungen schon früher und waren im südöstlichen Teil der Mulde intensiver. Ich sehe darin einen Zusammenhang mit den intensiveren und tieferen Absenkungen des links der Wolga liegenden Teiles der Tafel im Vergleich zum nordwestlichen Tafelbereich.

## III. Posthume Tektonik der Patschelma-Senke und der benachbarten Strukturen

Wie überall im zentralen Teil der Tafel, so haben wir auch in der Patschelma-Senke zwischen den Schichten des oberen Ripheikums und dem Givet eine große Sedimentationslücke nachgewiesen. Die Sedimentationsunterbrechung umfaßt also das Kambrium, zumindest Mittel- und Oberkambrium, sowie das Silur und die untere Hälfte des Devons. In diese Zeit fallen die Heraushebung der Tafel nach der Baikal-Faltung, die vorkaledonischen Senkungsbewegungen der nordwestlichen und westlichen Tafel (Tremadoc — obere Schichten des Silurs) und schließlich der postkaledonische Aufstieg der Tafel (Unterdevon und unteres Mitteldevon). Im Gegensatz zu der außerordentlich großen Mächtigkeit des oberen Ripheikums fehlen in der Patschelma-Senke Ordovizium, Silur und Unterdevon. Das aber spricht zweifellos dafür, daß die Entstehung der Senke als eine große Synklinalstruktur im oberen Ripheikum erfolgte und wahrscheinlich entweder noch im Ripheikum oder aber zu Beginn des Kambriums abgeschlossen war, was jedoch nicht bedeutet, daß innerhalb der Senke keinerlei Bewegungen mehr erfolgten. Im Gegenteil, posthume Bewegungen waren im Paläozoikum und Mesozoikum sogar recht intensiv. Dazu einige Beispiele:

Nach A. A. Bakirow (1948) lag im Givet die Achsenzone seiner Saratow-Rjasan-Syneklise (= Patschelma-Senke) erheblich weiter südwestlich, so daß über der Achse der ripheischen Depression (Teplowka, Lipjagi, Patschelma, Morsowo, Kawerino) die Nordostflanke der Givet-Senke zu liegen kam. Während des unteren Frasne lag das maximale Senkungsgebiet wiederum etwa dort, wo es sich in präkambrischer Zeit befand. Im oberen Frasne wanderte jedoch die

Senke erneut nach Südwesten und lag mit dem Achsenteil in der Linie Saratow–Tambow–Rjasan, d. h. auf der südwestlichen Flanke der ripheischen Struktur. Das uns heute vorliegende Material weist außerdem darauf hin, daß die ripheische Patschelma-Senke in der nachfolgenden Zeit (Famenne, Karbon und Meso-Känozoikum) keinen Einfluß auf die Isopachysen und die Fazies in diesem Gebiet hatte. Faziesuntersuchungen im Devon und Karbon der Russischen Tafel führten PISTRAK (1950) zu den gleichen Ergebnissen. Aus den Veränderungen der Mächtigkeit und der lithologischen Ausbildung der entsprechenden Ablagerungen geht tatsächlich hervor, daß im achsialen Bereich der ripheischen Patschelma-Senke nur am Ende des Givet und in der zweiten Hälfte des Frasne eine deutliche und intensive Durchbiegung erfolgte. Zu dieser Zeit entstand zwischen dem Wolga-Ural-Gewölbe („Shiguli-Barre" nach PISTRAK) und dem Massiv von Woronesh eine über 600 km breite Syneklise, deren tiefste Teile räumlich sowohl mit dem nordwestlichen Teil der alten Patschelma-Senke als auch mit ihrem an der Wolga liegenden Teil übereinstimmt.

Gegen Ende des Devons und besonders im Karbon kam es zu keiner weiteren Absenkung dieser Syneklise. Nach PISTRAK (1950) erfolgten die stärksten Bewegungen an der Süd- und Ostflanke des Wolga-Ural-Gewölbes, in geringerem Maße auch innerhalb der Moskauer Syneklise; Ergebnis dieser Bewegungen war gegen Ende des Paläozoikums jene typische Strukturform, wie sie sich auf der paläogeologischen Karte der präjurassischen Denudationsfläche abzeichnet (Abb. 2).

Zusammenfassend lassen sich die strukturellen Veränderungen innerhalb der Patschelma-Senke im Devon, am Ende des Paläozoikums und zu Beginn des Mesozoikums folgendermaßen darstellen: An Stelle der verhältnismäßig schmalen (bis 200 km) NW–SE streichenden grabenartigen ripheischen Senke bildete sich im Mitteldevon und zu Beginn des Oberdevons eine über 600 km breite Syneklise mit etwa dem gleichen Streichen; die am stärksten eingesunkene Achsenzone der Syneklise hat die allgemeine Streichrichtung und Lage von der ripheischen grabenartigen Senke übernommen. Im Zuge der tektonischen Entwicklung alter Tafeln werden grabenartige Senken gewöhnlich in Syneklisen umgestaltet. Als ein ähnliches Beispiel dafür ist der Große Donbass zu nennen: Der im Jungpaläozoikum noch deutlich ausgeprägte „Graben" des Donezbeckens entwickelte sich im Jungmesozoikum und Tertiär zu der breiten Dnepr-Donez-Mulde(-Syneklise), die mit ihren Flanken auch den südlichen Teil des Massivs von Woronesh und den nördlichen Teil des Ukrainischen Schildes erfaßt. Ebenso wie im Gebiet von Patschelma findet der Graben des Großen Donbass im Achsenteil der Dnepr-Donez-Syneklise in zwar lokal begrenzten, jedoch erheblichen Mächtigkeitszunahmen (Kreide, Paläogen u. a.) seinen Ausdruck.

Andere posthume Züge sind in der Dnepr-Donez-Syneklise noch viel stärker ausgeprägt als im Gebiet von Patschelma. Der Grund für diesen Unterschied ist — so glaube ich — nicht nur darin zu suchen, daß bei Entstehung des „Grabens" des Großen Donbass unvergleichlich stärkere Bewegungen wirkten als bei Bildung der Struktur von Patschelma. Daß im Donezbecken die Posthumität stärker

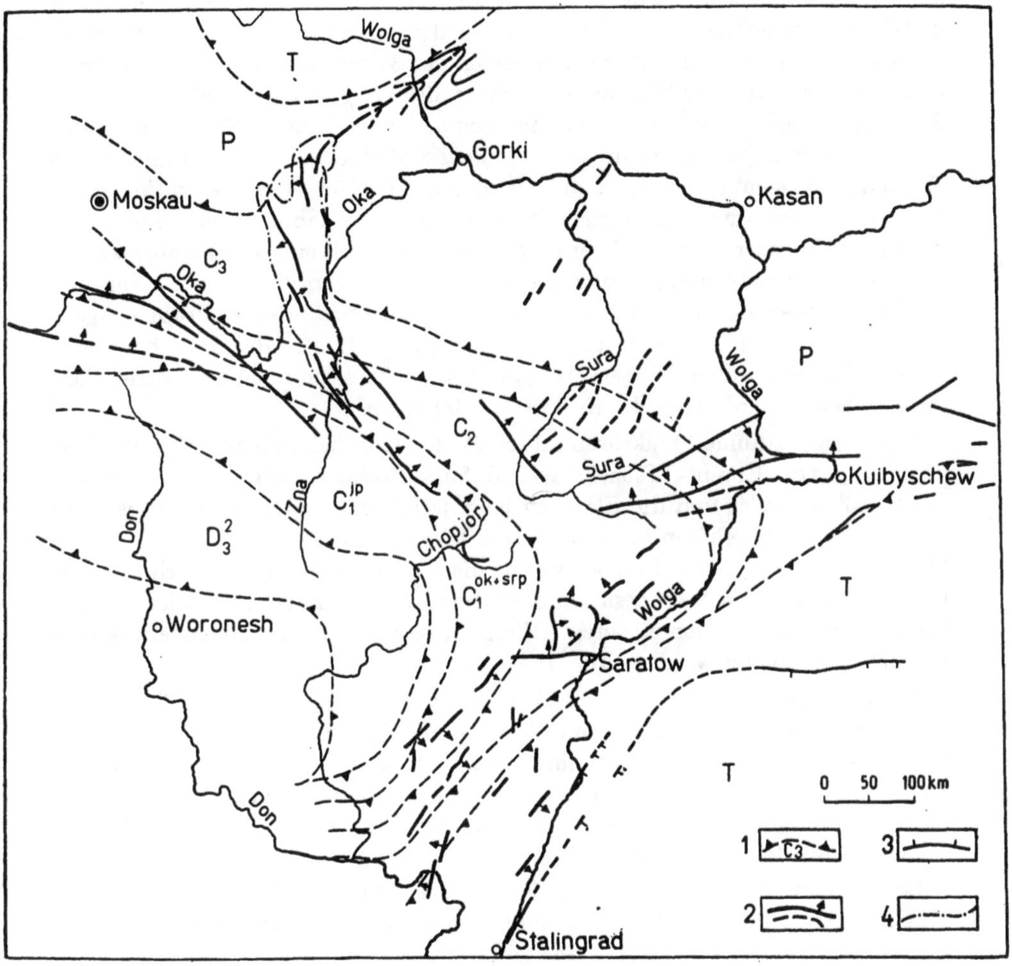


Abb. 2. Paläogeologische Karte der prämesozoischen Landoberfläche der Russischen Tafel

1 — stratigraphische Grenzen; 2 — Plakantiklinalen und Flexuren; 3 — Stufen von Stalingrad und Shadow; 4 — Begrenzungen des Oka-Zna-Walles.

hervortritt als in der Patschelma-Senke mag vielmehr daran liegen, daß der Zeitraum zwischen Paläozoikum und Kreide um ein Vielfaches größer ist als die Zeit zwischen Ripheikum und Givet.

Während des folgenden zweiten Entwicklungsstadiums (Ende Devon — Karbon) büßt die Struktur von Patschelma ihre posthum erworbenen Konturen vollständig ein und wird zu einer großen NE–SW streichenden Anteklise umgestaltet. Diese neue Form ist gleichsam als das periklinal abtauchende Ende des Woronesh-Massivs aufzufassen und wird im Nordwesten und Südosten durch die Moskauer und die Kaspische Syneklise begrenzt. Obwohl zwischen der ripheischen Patschelma-Senke sowie den angrenzenden Massiven des Sarmatischen Schildes einerseits und den Strukturen der Woronesh-Syneklise, des Wolga-Ural-Gewölbes und auch der jungmesozoisch entstandenen Syneklisen andererseits keine Gemeinsamkeiten bestehen, treten doch auch in diesen jungmesozoischen und meso-känozoischen Neubildungen strukturelle Züge auf, die nur mit den ältesten Dislokationen aus dem Ripheikum zusammenhängen können. Die Übernahme alter tektonischer Züge ist nicht nur eine überall verbreitete, sondern auch eine sich ständig weiterentwickelnde Erscheinung in dem Sinne, daß in den verschiedenen Abschnitten der tektonischen Morphogenese nur bestimmte, alten tektonischen Formen eigene Züge posthum übernommen werden. Die Ursache dafür ist, daß am mechanischen Ablauf einer posthumen Weiterentwicklung alter Strukturen neben anderen Faktoren stets der Schollenbau der Erdkruste beteiligt ist.

Derartige posthume Strukturen innerhalb der Patschelma-Senke sind die Dislokationen von Kerensk–Tschembar und Sura–Mokscha, ferner die Störungen des Oka-Zna-Walles und die Flexuren bei Rjasan und weiter südlich (SCHATSKI 1952). Eigentlich gehören hierzu auch alle Dislokationen vom Typ der Plakantiklinalen, Flexuren, Kuppeln usw., welche die großen Räume nordöstlich und östlich des Massivs von Woronesh am Südostrand der Moskauer Syneklise und am Wolga-Ural-Gewölbe komplizieren. Einige dieser Strukturen sollen etwas ausführlicher betrachtet werden (Abb. 1, 2).

Die 130° streichende Kerensk-Tschembar-Hebungszone stimmt in ihrer Lage und im Verlauf genau mit dem am tiefsten abgesunkenen Achsenteil der Patschelma-Senke überein. Die Plakantiklinalen und Flexuren dieser Zone zeichnen sich durch steile Nordostflanken und sehr flache Südwestflanken aus. An das südöstliche Ende dieser Hebungszone schließt eine NE–SW streichende Plakantiklinale mit steiler Nordwestflanke an.

Bereits ARCHANGELSKI hat nachgewiesen, daß die Kerensk-Tschembar-Störungszone nach einer gewissen Unterbrechung in nordwestlicher Richtung in das Störungssystem des Oka-Zna-Walles überleitet. Es handelt sich hierbei um ein recht kompliziertes, sichelförmig angeordnetes System von Plakantiklinalen, das im Süden typisch „patschelmisch" d. h. NW–SE streicht, längs der Oka jedoch in fast nörd-südliches, weiter im Norden sogar in nordöstliches Streichen übergeht.

Von der sog. Kljasma-Schleife bei Mstera in Richtung auf Putschesh an der Wolga läßt sich eine schwach ausgeprägte nordöstliche Fortsetzung des Oka-Zna-Hebungsgebietes verfolgen (SCHATSKI 1948). Das periklinale Ende dieses Hebungsgebietes, das im Süden von der Kowernino-Mulde begrenzt wird, ist bereits im Raum links der Wolga gut zu erkennen. Entsprechend dem Wechsel im Verlauf der gesamten Hebungszone verändert sich auch das Streichen der diese Zone komplizierenden Plakantiklinalen. So streicht die am weitesten südlich liegende Plakantiklinale von Kaweriino mit ihrer steilen Südwest- und flachen Nordostflanke 130°, d. h. in gleicher Richtung wie auch die Kerensk-Tschembar-Struktur. Den gleichen Aufbau zeigen bei gleichem Streichen die komplizierten Plakantiklinalen nördlich von Kawerino. Die weiter östlich parallel dazu verlaufende Plakantiklinale von Subowa Poljana wird von I. G. SASONOWA (1954) als eine Spezialstruktur auf der Nordostflanke des Oka-Zna-Walles beschrieben. Weiter nördlich streicht die Achse der Kassimow-Plakantiklinale mit ihrer steilen Nordostflanke 140 bis 145°, die Kletnja-Plakantiklinale mit ihrer steilen südwestlichen Flanke streicht 155 bis 160°. Die im Süden NW–SE und im Norden fast N–S streichende Nepeizino-Plakantiklinale läßt ebenfalls eine steile Westflanke erkennen. Die Kowrow-Plakantiklinale im Norden des Oka-Zna-Walles streicht fast N–S und weiter nördlich NE–SW, d. h. in der gleichen Richtung, in der auch der gesamte Oka-Zna-Wall abtaucht.

Somit sind die Plakantiklinalen des Oka-Zna-Walles kulissenförmig angeordnet und ihre Achsen streben bündelartig auseinander, indem sie im Süden nordwestlich streichen, im Norden dagegen allmählich in östliche Richtung umschwenken. Ebenso wie die Kerensk-Tschembar-Zone stimmt auch die südliche Hälfte des Oka-Zna-Walles mit der am stärksten durchgebogenen Achsenzone der Patschelma-Senke überein. Wie bereits erwähnt, sind gerade auf der Kawerino-Plakantiklinale die mächtigsten (800 m) Serien auf den ältesten Schichten der ripheischen Ablagerungen dieses Gebiets erbohrt worden. Ebenso wie in der Kerensk-Tschembar-Zone stimmen die südlichen Dislokationen des Oka-Zna-Walles aus dem Jungpaläozoikum und Mesozoikum sowohl in ihrer Lage als auch im Streichen genau mit der Achsenzone der ripheischen Senke überein. An der Posthumität der jungen tektonischen Formen sind hier keinerlei Zweifel möglich. Die Kerensk-Tschembar-Zone, der Oka-Zna-Wall (zumindest die Südhälfte) und die Plakantiklinale von Subowa Poljana sind demnach posthume Strukturen, die sich auf den alten Strukturen des Achsenteiles und der Nordostflanke (Subowa Poljana) der ripheischen Patschelma-Senke entwickelt haben.

Einige tektonische Formen, die von der ripheischen Struktur der Südwestflanke der Patschelma-Senke posthum übernommen wurden, lassen sich im Jungpaläozoikum und Mesozoikum an der Südflanke der Moskauer Syneklise (Rjasan, Tula, Moskau) deutlich erkennen. Hier handelt es sich vor allem um flexurartige Strukturen, d. h. um Zonen mit steilerem Einfallen der jungpaläozoischen Schichten nach Norden (W. A. SHUKOW 1940, 1945). Das allgemeine Einfallen der jungpaläozoischen Schichten beträgt an der Südflanke gewöhnlich 1,5 bis 2 m/km, während die Gesteine auf den Flexuren mit 4 bis 8 m/km erheblich steiler einfallen. Die Flexuren sind als schmale (5 bis 10 km) Zonen auf große Entfernungen hin zu verfolgen.

In letzter Zeit sind einige dieser Flexuren genauer untersucht worden. Eine verläuft in südöstlicher Richtung aus dem Gebiet von Moskau südlich an Kolomna vorbei und weiter längs der Oka bis südlich von Rjasan und von hier aus in gleicher Richtung bis zur Zna nördlich von Morschansk. Eine weitere Zone verläuft mit WNW–ESE-Streichen von Serpuchow bis südlich Kaschira und weiter nach Südosten fast parallel zur ersten. Eine dritte Zone ist von der Oka südlich Kaluga in ost-westlicher Richtung etwa bis zum Längengrad von Stalinogorsk und von hier nach Südosten, fast parallel zur ersten Zone, zu verfolgen.

Insgesamt bilden diese Flexurzonen ein nach Nordwesten divergierendes Bündel, das etwa an die bereits beschriebene Gruppe von Plakantiklinalen des Oka-Zna-Systems erinnert. Beide Bündel laufen im Südosten dicht zusammen, streben aber nach Nordwesten in Richtung Moskau und Wladimir wieder weit auseinander;

dabei bilden sie einen breiten „Trichter", in dem die bekannte Juramulde von Schazk liegt, deren Lage auf die am stärksten abgesunkene Zone der ripheischen Struktur zurückgeht.

Betrachtet man zusammenfassend die tektonischen Spezialstrukturen an der Südflanke der jungpaläozoischen Moskauer Syneklise dort, wo sie auf dem Nordwestende der ripheischen Patschelma-Senke aufliegt, so lassen sich in bezug auf ihre Anordnung deutlich einige Gesetzmäßigkeiten erkennen. Südöstlich der Linie Rjasan–Kassimow verlaufen alle diese Dislokationen — sowohl die Plakantiklinalen als auch die in genetischer Beziehung identischen „Flexurstufen" nach Shukow — untereinander, zu den Rändern und zu der tief abgesunkenen Achsenzone der Patschelma-Senke genau parallel. Gleichzeitig verlaufen sie schräg zum Streichen des Karbons der Syneklise, ebenso wie die Südflanke der Moskauer Syneklise von der Patschelma-Senke geschnitten wird. Die Tatsache, daß die Hauptstruktur und die sie komplizierenden Dislokationen im Streichen nicht übereinstimmen, ist nur durch ein posthumes Durchpausen der alten ripheischen Richtungen in die jungpaläozoischen Strukturen zu erklären. Demgegenüber stimmt im Westen (Kaluga-Tula) das Streichen der paläozoischen Flanke und das der Flexurstufen wiederum fast überein; wie wir wissen, unterscheidet sich hier die Lagerung des Ripheikums, abgesehen von der Größe des Einfallwinkels, kaum von den Lagerungsverhältnissen des Karbons und des Devons (Abb. 1 u. 2). Das ursprünglich im Ripheikum angelegte Streichen der Störungen bleibt demnach auch in der weiteren tektonischen Morphogenese erhalten, d. h. sie finden auch dann posthum ihren Ausdruck, wenn das Gesamtstreichen der jüngeren Strukturen (und Bewegungen) von den ursprünglichen Richtungen stark abweicht.

Der im Jungpaläozoikum als Querstruktur entstandene Oka-Zna-Wall (Bakirow 1951) — eine Spezialstruktur auf der Südflanke der paläozoischen Moskauer Syneklise — stellt demnach eine tektonische Form dar, die parallel zum Westrand des Tokmowo-Massivs (Sarmatischer Schild) liegt. Weiter nach Nordosten stimmt das Gesamtstreichen der Periklinale des Oka-Zna-Walles und das der Kowernino-Mulde mit dem allgemeinen Streichen des Jungpaläozoikums in diesem Teil der Südflanke der Moskauer Syneklise vollkommen überein.

Die Posthumität in der tektonischen Entwicklung des nordwestlichen Teiles der Patschelma-Senke wird so ausführlich behandelt, um den Aufbau und die Geschichte der nordwestlichen Kaspisenke während des Ripheikums diskutieren zu können. Zunächst sind jedoch noch einige sekundäre Störungen in den mesokänozoischen und jungpaläozoischen Ablagerungen im südöstlichen Teil der Patschelma-Senke zu erwähnen.

Nordöstlich der Kerensk-Tschembar-Zone und parallel dazu erstreckt sich die Sura-Mokscha-Zone. Sie beginnt mit der Issa-Plakantiklinale und läßt sich als steile Flexur mit abgesunkener Nordostflanke und als eine Kette von Kuppeln über Lunino nach Julowo–Ischim und weiter nach Südosten über eine Gesamterstreckung von 100 bis 120 km verfolgen. Die Sura-Mokscha-Zone zeigt im Aufbau, im Alter, im Typ der tektonischen Formen, in der Intensität der Deformationen, im Verlauf und sogar im Gesamtstreichen durchaus Ähnlichkeit mit der

Kerensk-Tschembar-Zone, in der Tiefengeologie unterscheiden sich jedoch beide Zonen deutlich voneinander. Während die Kerensk-Tschembar-Zone dem Achsenteil der Patschelma-Senke aufgelagert ist, liegt die Sura-Mokscha-Zone auf ihrem Rande, wahrscheinlich über größere Erstreckung auf dem Rand des Tokmowo-Massivs, da an der Issa ripheische Ablagerungen fehlen. Dabei ist zu erwähnen, daß in der nachripheischen Zeit die Entwicklungsbedingungen für die Sura-Mokscha-Zone und für die Kerensk-Tschembar-Zone die gleichen waren (annähernd gleiche Mächtigkeiten).

Bei Beschreibung der Kerensk-Tschembar-Zone erwähnten wir bereits, daß an ihrem Südende ein nordwestlich, d. h. senkrecht zum allgemeinen Verlauf der Zone streichendes Hebungsgebiet liegt. Gleiche Plakantiklinalen, aber noch kleiner und in ihren Umrissen nur sehr undeutlich zu erkennen, sind nordöstlich der Sura-Mokscha-Zone bekannt; sie streichen ebenfalls senkrecht zum allgemeinen Verlauf dieser Hebungszone. Weiter im Nordosten konnte Permjakow (1949) die gleichen schwach ausgeprägten Kuppeln als sog. Karsuniden zu mehreren kleineren Ketten mit NE–SW-Streichen vereinigen. Obgleich diese Kuppeln und Plakantiklinalen sehr schwach ausgebildet sind (außerordentlich geringe Amplitude) und sich nur mit großen Schwierigkeiten zu linearen Zonen vereinigen lassen, ist das Auftreten kleiner NE–SW gerichteter Strukturen im Raum von Pensa, Gorodischtsche, Insa usw. doch von wesentlichem Interesse. Erstens finden darin möglicherweise einige posthum übernommene Besonderheiten im Aufbau der nordöstlichen Flanke der Patschelma-Senke ihren Ausdruck (starke Verbreiterung in Form einer kurzen Abzweigung nach Nordosten); zweitens bezeichnet die nordöstliche Struktur am Oberlauf des Chopjor gleichsam den Beginn der mächtigen NE–SW streichenden Dislokationen des Don-Medwediza-Walles, die in Alter und Herkunft dem Oka-Zna-Wall vollkommen homolog sind, diesen jedoch in Größe und Intensität der Deformationen noch übertreffen.

Die wechselseitigen Beziehungen zwischen dem südöstlichen Ende der Patschelma-Senke und den alten Strukturformen im nordwestlichen Teil der Kaspi-Depression lassen sich schon schwieriger und nur unter Vorbehalt feststellen. Aber auch hier sind die alten strukturellen Beziehungen auf Grund der posthumen jungen Formen des jüngeren Paläozoikums und besonders des Meso-Känozoikums zu erkennen. Auf diese Fragen sei kurz eingegangen.

Die posthumen Plakantiklinalen und Flexuren der Patschelma-Senke mit ihrem beständigen nordwestlichen Streichen sind im Südosten bis zum oberen Chopjor und bis zum Flußgebiet der Sura östlich von Pensa zu verfolgen. In diesem Gebiet werden sie von tektonischen Formen abgelöst, die der Kerensk-Tschembar- und der Sura-Mokscha-Zone ähnlich sind, sich jedoch über 300 km Entfernung in fast ost-westlicher Richtung als Shiguli-Hebungszone erstrecken. Von der Tarlakowsk-Kuppel (südwestlich von Kusnezk) verläuft diese Struktur als fast E–W streichende Zone bis zur Flexur von Spassk, weiter nordöstlich bis Ussolje und erneut in ost-westlicher Richtung am Nordhang der Shiguli. Die Shiguli-Hebungszone ist die größte aus einem Bündel fast E–W und ENE–WSW verlaufender Flexuren und Plakantiklinalzonen. Zu diesem gleichen Bündel gehört außer den Shiguli auch die bekannte Borlinsk-Zone und südlich der Shiguli auch die beiden kleinen E–W streichenden Ketten der Kuppeln von Sysran. Desgleichen sind in diesem Zusammenhang die weiter südlich gelegenen Strukturen von Pugatschew, Tschapajewsk-Jeljusansk und die Shadow-Stufe zu nennen, deren Tiefenstruktur oberflächlich durch junge känozoische Brüche kompliziert wird.

In meiner früheren Einteilung der Plakantiklinalen hatte ich festgestellt, daß die Shiguli-Zone als eine Hebungsstruktur auf der Syneklise in ihrem Aufbau und ihrer Lage auf der Flanke der Hauptform dem Oka-Zna-Wall am nächsten steht. Beide Plakantiklinalen sind Querstrukturen zu den entsprechenden jungpaläozoischen und meso-känozoischen Syneklisen (SCHATSKI 1945b) (Abb. 2). Wir haben bereits nachgewiesen, daß der jungpaläozoische und meso-känozoische querverlaufende Oka-Zna-Wall eine von der Längsstruktur der ripheischen Patschelma-Senke und der Südflanke der Moskauer Syneklise posthum übernommene Form darstellt. Die gleiche Genese kann auch für den Shiguli-Wall angenommen werden, der als jungpaläozoische (?) und meso-känozoische Querstruktur eigentlich als eine Form aufzufassen ist, deren Streichen von den alten (ripheischen) Längsstörungen übernommen worden ist. Das gleiche trifft für die Formen der übrigen fast E–W streichenden Strukturen (Shadow-Stufe, Pugatschew-Erhebung u. a.) zu. Als Beweis für die Richtigkeit dieser Schlußfolgerung kann angeführt werden, daß die nördliche Verbreitungsgrenze ripheischer Ablagerungen im Gebiet westlich (Raum Saratow) und östlich der Wolga ebenfalls fast E–W verläuft.

So wurden ripheische Schichten in den Bohrungen Teplowka und Jelschanka (Bereich des Saratow-„Ringes") angetroffen, während sie im Profil der Kasanlino-Struktur offenbar bereits fehlen. Weiterhin fand POSTNIKOWA in einer Bohrung bei Pugatschow in einem Kern typische Dolomite der Serdobsk-Serie, während weiter nördlich in Krasnaja Poljana Spuren ripheischer Ablagerungen fehlen.

Diese Angaben sind demnach als eine Bestätigung für unsere Vermutung zu werten, daß die E–W streichenden tektonischen Flexuren, Brüche und Plakantiklinalen im Raum von Saratow und der unteren Wolga bei Kuibyschew posthum auf ripheische oder richtiger prädevonische, ebenfalls annähernd E–W verlaufende Störungen zurückgehen.

Wir im Norden die von den ripheischen Strukturen der Patschelma-Senke posthum übernommenen tektonischen Formen an der Südflanke der Moskauer Syneklise trichterförmig auseinanderstreben, so divergieren auch in gleicher Weise die jungen Strukturen am südöstlichen Ende der Depression und am angrenzenden Nord- und Westrand der tektonischen Zone. Die Bezeichnung dieser Zone als Kaspi-Syneklise ist nicht ganz richtig, man sollte eher von einer komplizierten Platte sprechen. Die posthume Tektonik ihrer Nordflanke haben wir soeben kurz umrissen. Die Westflanke setzt sich aus den gut untersuchten tektonischen Formen des Don-Medwediza-Walles und westlich davon aus der Medwediza-Busuluk-Plakantiklinalgruppe zusammen, einer Struktur zwischen den Flüssen Tersa, Busuluk und Medwediza (J. S. SCHAFIRO 1955). Östlich dieses Walles, bereits am Rande des Transwolgagebietes, verläuft die wichtigste Strukturform dieses Gebietes, die sog. Stalingrad-Strukturstufe.

Alle diese tektonischen Formen und ihre Beziehungen sind mehrmals eingehend beschrieben worden. Kurze Angaben über die gesamte Struktur dieses Teiles der westlichen und östlichen Wolgagebiete sind in einer der Arbeiten zur „Vergleichenden Tektonik alter Tafeln“ enthalten (SCHATSKI 1947). Es seien hier nur folgende Tatsachen erwähnt:

1. Die Mehrzahl der Plakantiklinalen und Flexuren in dieser aus mesozoischen und paläogenen Schichten bestehenden Zone streicht NE–SW. Einige dieser Formen verlaufen jedoch fast N–S (Shirnowo-Kuppel, N-S-Begrenzungen im Norden des Don-Medwediza-Walles, Donskaja luka), andere in E–W (Saratow-Mulde, Flexuren im Süden des Walles). Insgesamt lassen jedoch alle Strukturen dieses Teiles der Wolgagebiete NE–SW-Streichen erkennen.

2. Der Komplex der tektonischen Formen liegt insgesamt parallel zur Ostbegrenzung des Woronesh-Massivs.

3. Das Streichen der jungpaläozoischen Gesteine entspricht durchaus dem Gesamtstreichen der meso-känozoischen Strukturen.

4. Der Don-Medwediza-Wall übertrifft in Größe und Verformungsintensität den Oka-Zna-Wall und viele Strukturen der Nordflanke. Danach wäre anzunehmen, daß die wahrscheinlich auf dieser Westflanke existierenden alten ripheischen Ablagerungen in den gleichen Richtungen disloziert sind, wie auch die meso-känozoischen und die jungpaläozoischen Gesteine. Mit scheint, daß auch die geophysikalisch nachgewiesenen Stufen von Shadow und von Stalingrad für diese Vermutung sprechen.

## IV. Entstehung der Patschelma-Senke

In den beschriebenen tektonischen Großformen konnten wir überall posthume sekundäre Dislokationen nachweisen, deren konstantes Streichen nur stellenweise entweder durch zusätzliche oder für diese Zone fremde Richtungselemente gestört ist. An der Südflanke der Moskauer Syneklise herrscht annähernd E–W- oder WNW–ESE-Streichen vor. An der Nordflanke des Tokmowo-Massivs sind nur NW–SE streichende Dislokationen bekannt; an der Westflanke der Kaspi-Syneklise ist — wie im Tokmowo-Massiv — vorwiegend NW–SE-Streichen zu beobachten, jedoch wird die vorherrschende Richtung hier häufiger von einzelnen N–S- oder E–W-Elementen unterbrochen. An der Nordflanke der Kaspi-Syneklise streichen die tektonischen Großformen — ebenso wie an der Südflanke der Moskauer Syneklise — fast E–W, jedoch wird dieses regelmäßige Bild durch häufig auftretende NE–SW gerichtete Dislokationen gestört.

Danach bilden die Flanken der Kaspi-Syneklise in bezug auf den zentralen Teil der Russischen Tafel, genauer in bezug auf den Sarmatischen Schild der ripheischen Zeit, einen sog. Innenwinkel. Die Südflanke der Moskauer Syneklise und die Nordwestflanke des Tokmowo-Massivs laufen ebenfalls in einem stumpfen Winkel zusammen, der von Nordwesten in das Sarmatische Massiv springt.

Zwischen den Spitzen dieser gleichsam in den Sarmatischen Schild hineinragenden Winkel liegt nun die Patschelma-Senke. Und das ist der Grund, warum ich den Mechanismus dieser Struktur in gleicher Weise erkläre, wie die Entstehung einiger anderer Strukturen, so z. B. des Großen Donbass, des Wichita-Systems, des Delaware-Beckens, des Oslo-Grabens usw. Die Patschelma-Senke stellt demzufolge ebenfalls eine „Struktur des Innenwinkels einer Tafel“ dar, allerdings eine Struktur von besonderer Art, entstanden durch Bewegungen der Tafelschollen und nicht durch das Eindringen einer geosynklinal gefalteten Scholle in den Innenwinkel einer Tafel, wie es in allen oben angeführten Beispielen der Fall ist.

Diese Vorstellungen zur Entstehung der Patschelma-Senke bedürfen noch einiger Erläuterungen. Die alten ripheischen Formen (Moskauer und Kaspische Syneklise) besaßen wahrscheinlich eine unterschiedliche tektonische Mobilität. Die höhere Beweglichkeit der Kaspi-Syneklise ergibt sich aus zwei Tatsachen: Erstens aus der deutlichen Asymmetrie im Aufbau des Wolga-Ural-Gewölbes mit seiner wenig gestörten und flachen Nordflanke (Moskauer Syneklise) und der steilen und sekundär erheblich stärker beanspruchten Südflanke; zweitens weisen alle bisher vorliegenden Beobachtungsdaten auf eine stärkere Durchbiegung im Vergleich zur Moskauer Syneklise hin.

Zugegeben, das genannte Material bezieht sich auf die jungpaläozoische und meso-känozoische Struktur und Geschichte, es ist jedoch indirekt ein Hinweis für die größere Mobilität der Kaspi-Syneklise während des Ripheikums und für den früheren Beginn ihrer Entstehung innerhalb des präkambrischen Körpers der Russischen Tafel zu werten. Die nachgewiesene Posthumität in der Entwicklung der tektonischen Formen lassen eine solche Annahme zu. Als eine gewisse Bestätigung hierfür ist die Stratigraphie der ripheischen Ablagerungen anzusehen.

So zeigen die von POSTNIKOWA beschriebenen Faziesveränderungen der Serdobsk- und der Patschelma-Serie in der Patschelma-Senke, daß in ihrem südöstlichen Teil lange Zeit hindurch marine Verhältnisse geherrscht haben (hoher Glaukonitgehalt, Karbonatgesteine), während im nordöstlichen Teil vorwiegend rotbraune Sandsteine und Aleurolite, also entweder reine Küstensedimente oder aber kontinentale Bildungen zur Ablagerung kamen. Hier sprechen die Mächtigkeitsänderungen für ein intensiveres Absinken des südöstlichen Teiles der Senke. Dieser Befund sowie die Ähnlichkeit zwischen Patschelma- und Serdobsk-Serie an der mit der Randzone der Ural-Geosynklinale zusammenhängenden Nordflanke der Kaspi-Syneklise (Pugatschew) lassen zwei Schlußfolgerungen zu: 1) der Südrand der Patschelma-Senke und die Kaspi-Syneklise sanken intensiver ein als der Nordrand dieser Senke und die Moskauer Syneklise; 2) im Südosten begann die Durchbiegung wahrscheinlich früher als im Nordwesten. Den Bildungsmechanismus der Patschelma-Senke hätte man sich danach folgendermaßen vorzustellen: Die Senkungsbewegungen der ripheischen Kaspi-Syneklise erfolgten an tiefen Brüchen, die als Innenwinkel in den Körper der Russischen Tafel vordrangen. Dieser Senkungsvorgang im Bereich des Innenwinkels erfaßte eine Zone quer zur Syneklise, die damit tiefer zu liegen kam, als die benachbarten Massive.

Aus den Beziehungen zwischen der Querlage verschieden stark abgesunkener Schollen auf alten Tafeln, aus ihren Umrissen und ihrer Lage zueinander lassen sich für die Bildung tektonischer Formen vom Typ der Patschelma-Senke einige

Schlußfolgerungen ableiten. Es ist wohl kaum zu bestreiten, daß das Einsinken sowohl der Syneklisen als auch der Depressionen vom Typ Patschelma oder Großer Donbass im Zusammenhang mit gerichteten Veränderungen (Verdichtung?) des subkrustalen Materials erfolgt. Damit ist aber nur der Senkungsvorgang zu erklären, nicht aber die Form und die gegenseitige Anordnung der unterschiedlich stark abgesunkenen Schollen. Die uns zu dieser Frage zur Verfügung stehenden Untersuchungsergebnisse lassen keine Zweifel darüber, daß die Form und die räumlichen Beziehungen der Syneklisen und Senken während des Senkungsvorganges von der Schollenstruktur der Erdkruste bestimmt werden, d. h. von einem präexistenten oder potentiellen weltweiten („planetarischen") Netz von Brüchen und tektonischen Nähten. Ich meine damit Brüche zweier Systeme, eines orthogonalen Systems mit N–S oder E–W streichenden Brüchen und eines diagonalen Systems mit NE–SW oder NW–SE streichenden Brüchen. Je bedeutender und länger diese Brüche sind (Hunderte und Tausende von Kilometern), desto beständiger ist das Streichen in beiden Systemen, besonders aber im orthogonalen Netz; je unbedeutender und kürzer diese Brüche sind, um so mehr weichen sie von der N–S- oder E–W-Richtung ab. Das ist durchaus verständlich, denn bei der außerordentlich großen Länge und Tiefe der tektonischen Nähte stellt die Kruste ein quasihomogenes Medium dar, während das regelmäßige Streichen der kleinen Brüche durch geologische Teilstrukturen an der Oberfläche gestört wird. Die weltweite Verteilung derartiger tektonischer Nähte ergibt sich aus der Erdrotation und deren möglichen Veränderungen. Dabei ist die große Beständigkeit dieses weltweiten Netzes zu betonen. Aus den bisher vorliegenden Daten geht hervor, daß weder die Sialhülle noch die Kruste und der Mantel seit dem Proterozoikum irgendwelche Bewegungen in jenen Maßstäben durchgemacht haben, von denen die Mobilisten verschiedenster Richtungen sprechen.

Aus den Darlegungen wird auch verständlich, warum neben den Flexuren und Plakantiklinalen mit einem bestimmten Generalstreichen in einem Gebiet auch kleinere Formen mit anderem Streichen auftreten können. Wo es zu einer Durchkreuzung der Brüche innerhalb einer Syneklise kommt (Bereich der Innenwinkel), haben wir bei den kleinen Dislokationen besonders unbeständige Streichrichtungen zu erwarten. Eben damit ist die komplizierte Tektonik des „Ringes" von Saratow (Spitze des Innenwinkels!) zu erklären.

Somit gehört die Patschelma-Senke ihrer Form und Entstehung nach zu den tektonischen Strukturen vom Typ der sogenannten „Quersenken" (Schatski 1946c). In querverlaufenden Randsenken hat jedoch die in den Innenwinkel eindringende Struktur Geosynklinalcharakter und ist deshalb besonders mobil. In der Patschelma-Struktur liegt dagegen ein allgemeiner Fall dieser tektonischen Strukturformen vor: Bei gleichen Verhältnissen ist das einspringende Massiv ebenfalls ein Tafelmassiv, so daß diese Depression auch nicht als Randsenke aufzufassen ist. Theoretisch sind sog. Innenwinkel-Strukturen vom Typ der Patschelma-Senke durchaus möglich, praktisch sind sie jedoch bisher noch nicht beschrieben worden, obgleich sie wahrscheinlich in der Erdkruste nicht selten sind und manchmal sehr große Ausmaße erreichen. So glaube ich, daß z. B. auch die Benuë-

Senke eine tektonische Form dieses Typs ist. Diese in vieler Beziehung dem Großen Donbass ähnliche gefaltete Kreidesenke liegt an einem Innenwinkel, der durch den Golf von Guinea gebildet wird und in die Afrikanische Tafel hineinragt. Sie entstand während der Kreidezeit durch Absinken eines Segments des Gondwana-Kontinents.

Am Beispiel der Patschelma-Senke läßt sich die große Bedeutung alter posthumer Tektonik bei der Entstehung von Tafelstrukturen überzeugend nachweisen. Diese Posthumität drückt sich in der Tafelmorphogenese in zwei Richtungen aus, wie aus der Entwicklung der Patschelma-Senke hervorgeht.

Die eine Richtung läuft darauf hinaus, daß nach einer gewissen Entwicklungsperiode die tektonische Form einer gleichen oder im Typus verwandten Struktur übernommen oder erneuert wird. Beispiel hierfür ist die tiefe und verhältnismäßig schmale Patschelma-Senke, die am Ende des Präkambriums und vielleicht ganz zu Beginn des Paläozoikums entstand und im mittleren Devon als eine breite und flache Syneklise posthum übernommen wurde. Die ripheische und die devonische Senke (Syneklise) von Patschelma unterscheiden sich zwar im Senkungsbetrag, sind jedoch in Form, Lage und Herkunft sehr ähnliche Strukturformen. Diese Richtung der Posthumität von Strukturen ist zweifellos dadurch bedingt, daß Krustenabsenkungen, als deren Ergebnis die beiden genannten Strukturtypen entstehen, an bestimmte „Verdichtungsherde“ im Erdmantel gebunden sind, die im Laufe der Zeit sowohl in bezug auf Intensität und Tiefe der Vorgänge, als auch in bezug auf das Volumen des in sie einwandernden Materials Änderungen unterworfen sind.

Die zweite Richtung der strukturellen Posthumität in Tafelgebieten drückt sich darin aus, daß Streichrichtungen von Strukturen, linearen Systemen, Grenzen usw. übernommen werden. Dieser Typ der Posthumität ist konstanter als der erste und sehr konservativ. Er findet im wesentlichen seinen Ausdruck in einem weltweiten Netz von Brüchen, das gleichsam ein Gerüst darstellt, dem sich alle nachfolgenden Krustendeformationen unterordnen.

# LITERATUR

Die Literaturangaben aller Beiträge sind zu einem Verzeichnis, getrennt in russische und nichtrussische Titel, zusammengefaßt.


ASKLUND, B.: Hauptzüge der Tektonik und Stratigraphie der Mittleren Kaledoniden in Schweden. — Sver. Geol. Unders. C 417, 1—99, 1 Taf., 2 Tab., 51 Fig.; Stockholm 1938.

BACKLUND, H. G.: Die Umgrenzung der Svekofenniden. — Bull. Geol. Inst. Univ. Upsala 27, 219—269, 12 Fig.; Upsala 1937.

BACKLUND, H. G.: The problems of the Rapakivi granites. — Journ. Geol. 46, 3, 339—396; Chicago 1938.

BAILEY, E. B. & O. HOLTEDAHL: Northwestern Europe Caledonides. — Regionale Geologie der Erde, 2, 2, 1—76, 16 Fig., 2 Taf.; Leipzig 1938.

BENTZ, A. & H. CLOSS: Erdöl und geophysikalische Reichsaufnahme in Großdeutschland. — Öl u. Kohle 1939, 41, 731—740, 11 Abb.; Berlin 1939.

BERTRAND, M.: Sur la continuité du phénomène de plissement dans le Bassin de Paris. — Bull. Soc. Géol. France (3) 20, 118—165, 11 Fig., 1 Taf.; Paris 1892.

BUBNOFF, S. VON: Geologie von Europa. 1, 1—322, 8 Taf., 86 Textfig.; Berlin 1926 (Geologie der Erde).

BUBNOFF, S. VON: Geologie von Europa. 2, 1, 1—690, 4 Taf., 201 Textfig.; Berlin 1930. (Geologie der Erde.)

BUBNOFF, S. VON: Geologie von Europa. 2, 3, 1135—1603, 1 Taf., 104 Textfig.; Berlin 1936. (Geologie der Erde.)

BUBNOFF, S. VON: Der ostdeutsche Grenzraum. Struktur und Bodenschätze. — Geol. Rundschau 30, 7—8, 695—702, 1 Karte; Stuttgart 1939.

BUBNOFF, S. VON: Die Struktur Osteuropas. — Ebenda 31, 7—8, 554—589, 4 Abb.; Stuttgart 1940.

BUBNOFF, S. VON: Einführung in die Erdgeschichte. 1. Voraussetzungen — Urzeit — Altzeit. VII, 320 S., 32 Taf., 125 Abb., Berlin 1941.

BUBNOFF, S. VON: Der Südrand Skandinaviens. — Geol. Rundschau 34, 2—6, 197—208, 1 Abb.; Stuttgart 1943 (1944).

CLOOS, H.: Bau und Bewegung der Gebirge in Nordamerika, Skandinavien und Mitteleuropa. — Fortschr. Geol. Paläont. VII, 21, 241—322, 6 Taf., 16 Fig.; Berlin 1928.

CLOSS, H. & R. VON ZWERGER: Eine Schwerekarte von Polen und Bemerkungen zur südlichen Fortsetzung der Tempelburger Achse. — Öl u. Kohle 1940, 1, 2—6, 1 Karte; Berlin 1940.

CZARNOCKI, J.: Field work in the Święty Krzýz Mountains in 1938. — Serv. Géol. Pal., Inst. Géol. Pal. Bull. 15, 1—41, 7 Fig., 4 Taf.; Warschau 1939. [Polnisch mit engl. Zusammenfassung.]

DALINKEVIČIUS, J. A.: The stratigraphy of the Devonian deposits and Lower Carboniferous transgression in Lithuania. — Mém. Fac. Sci. Univ. Kaunas 13, Geol., 9—51, 2 geol. Karten, 2 Prof., 2 vergl. stratigr. Tab.; Kaunas 1939 [Litauisch und englisch.]

DALY, R. A.: Strength and structure of the earth. — IX, 434 S., 85 Fig., 69 Tab.; New York 1940.

DELLE, N.: Devonablagerungen der Niederung von Zemgale, des Gebietes des Augšzeme (Oberkurland) und Litauens. — Acta Univ. Latviensis (2) 5, 105—384, geol. Übersichtskarte, zahlreiche Profile u. Kartenskizzen, 14 Taf., vergl. stratigr. Tab.; Riga 1937. [Lettisch mit ausführlicher deutscher Zusammenfassung.]

GEOLOGIC MAP of the United States by the U. S. Geol. Survey; scale 1:2 500 000. — 1932.

GEOLOGIC MAP of the dominion of Canada; scale 1:3 801 600. — 1945.

GILBERT, G. K.: Studies of Basin-Range structure. — U. S. Geol. Survey Prof. Paper 153, 1—92, 57 Fig., 40 Taf.; Washington 1928.

GRIPENBERG, S.: A study of the sediments of the North Baltic and adjoining seas. — Havsforskningsinst. Skrift. 96, 1—231, 45 Fig., 28 Tab.; Helsingfors 1934.

HÖGBOM, A. G.: Fennoscandia. — Handbuch der regionalen Geologie. 4, 3, 1—197, 56 Fig., 1 Taf.; Heidelberg 1913.

HOLTEDAHL, O. (a. o.): The geology of parts of Southern Norway. — Proc. Geol. Assoc. 45, 3, 307—377, Taf. 22—32, Fig. 36—47; London 1934.

HOLTEDAHL, O.: Norges geologi. 1. — Norges geol. Unders. 164, XI, 583 S., 261 Fig.; Oslo 1953.

JENTZSCH, A.: Der vortertiäre Untergrund des nordostdeutschen Flachlandes. — Festschrift 12. Allgem. Deutsch. Bergmannstag Breslau 1913, 1, 1—48, 1 Karte; Berlin 1913.

KING, P. B.: An outline of the structural geology of the United States. — Guidebook 28, Intern. Geol. Congr. XVI. Sess. United States 1933, 1—57, 1 Karte; Washington 1933.

KING, P. B.: Permian of West Texas and Southeastern New Mexico. — Bull. Amer. Assoc. Petrol. Geol. 26, 535—763; Tulsa, Okl. 1942.

KOBER, L.: Tektonische Geologie. VIII, 492 S., 200 Abb., 4 Taf.; Berlin 1942.

KREUTZ, St. & A. GAWEL: Essai d'une caractéristique des roches dans le profil Borysław — Mráznica — Schodnica. — Mém. 1ère Réun. Assoc. Karpatique en Pologne, 1—44, 5 Taf.; Varsovie 1926—1927.

MAGNUSSON, N. H.: A short comparison between the evolution of the Svecofennides in Finland and Central Sweden. — Bull. Comm. Géol. Finlande 115, 179—183; Helsinki 1936.

MICHALSKI, A.: Jak nalezu szukae soli kamiennij w pólnocnej szesci Królestwa. — Wszeswiat 22; Warszawa 1903.

MISER, H. D. & A. H. PURDUE: Geology of the De Queen and Caddo Gap Quadrangles, Arkansas. — Bull. U. S. Geol. Survey 808, 1—195, 9 Fig., 18 Taf.; Washington 1929.

MOORE, R. C.: Late Paleozoic crustal movements of Europe and North America. — Bull. Amer. Assoc. Petrol. Geol. 19, 9, 1253—1307, 2 Tab., 14 Fig.; Tulsa, Okl. 1935.

NOWAK, J.: Nouvelles données sur l'ensemble de la tectonique des Karpates et de l'avant-pays en Pologne. — Mém. 1ère Réun. Assoc. Karpatique en Pologne; Varsovie 1926 bis 1927.

PAWŁOWSKI, St.: Pomiary grawimetryczne w Polsce do r. 1938 włącznie. In: BOHDANOWICZ, K.: Activité de l'Institut Géologique de Pologne en 1938. — Serv. Géol. Pologne, Inst. Géol. Pologne Bull. 18, 46—48, 1 Tab.; Warszawa 1939.

PEACH, B. N., J. HORNE, W. GUNN (a. o.): The geological structure of the North-West Highlands of Scotland. — Mem. Geol. Survey Great Britain 1907, XVIII, 668 S., 66 Fig., 52 Taf., 1 Karte; Glasgow und London 1907.

SAURAMO, M.: The mode of the land upheaval in Fennoscandia during Late-Quarternary time. — Bull. Comm. Géol. Finlande 125, 39—63, 9 Fig.; Helsinki 1939.

SCHUCHERT, Ch.: Orogenic times of the Northern Appalachians. — Bull. Geol. Soc. Amer. 41, 701—724, 5 Fig.; New York 1930.

SCHUCHERT, Ch.: Stratigraphy of the Eastern and Central United States. XV, 1013 S., 3 Taf., 78 Tab., 123 Fig.; New York 1943.

SCUPIN, H.: Ostbaltikum. 1. Algonkium, Paläozoikum und Mesozoikum. — 270 S., 2 Karten, 3 Taf., 13 Profile; Berlin 1928. (Die Kriegsschauplätze 1914—1918 geologisch dargestellt. 9.)

STILLE, H.: Grundfragen der vergleichenden Tektonik. — VII, 443 S., 14 Fig.; Berlin 1924.

STILLE, H.: Tektonische Formen in Mitteleuropa und Mittelasien. — Z. deutsch. geol. Ges. 81, 2—8; Berlin 1930.

STILLE, H.: Einführung in den Bau Amerikas. — XX, 717 S., 128 Abb.; Berlin 1940.

SUESS, E.: La face de la terre. Traduit par E. DE MARGERIE. — 1. XV, 835 S., 2 Karten, 122 Fig.; Paris 1897. — 2. 878 S., 2 Karten, 128 Fig.; Paris 1900. — 3, 1. XI, 530 S., 3 Karten, 94 Fig.; Paris 1902.

SUJKOWSKI, Z.: La Silurien de Volhynie d'aprés le sondage de Bocianówka. — Serv. Géol. Pologne, Inst. Géol. Pologne Bull. 12, 1—29, 4 Taf., 2 Fig.; Warszawa 1939. (Polnisch mit französ. Zusammenfassung.)

SUJKOWSKI, Z.: Sédiments continenteaux, probablement du Carbonifère inférieur, en Pologne orientale. — Ebenda 15, 113—118, 3 Fig.; Warszawa 1939. (Polnisch mit französ. Zusammenfassung.)

SWIDERSKI, B.: O zfozach solnych Wielkego ksiestwo Poznanskiego. — Kosmos 46, 2—3, 194; Lwow 1922.

TECTONIC MAP of the United States. Amer. Assoc. Petrol. Geol.; scale 1:2 500 000. — 1944.

TEISSEYRE, W.: Zarys tektoniki porównawcrzei Podkarpacia. — Ebenda 47, 2—3; Lwow 1922.

TETIAEFF, M.: Les grandes lignes de la géologie et de la tectonique des terrains primaires de la Russie d'Europe. — Ann. Soc. Géol. Belg. Mém. 39, 143—234, 1 Taf.; Liége 1912.

THORSLUND, P.: Notes on the Lower Ordovician of Falbygden. — Bull. Geol. Inst. Univ. Upsala 27, 145—165, 2 Taf., 7 Fig.; Upsala 1937.

TOMLINSON, C. W.: The Arbuckle Mountains and Ardmore Basin. — Guidebock 6, Intern. Geol. Congr. XVI. Sess. United States 1933, 33—46, 2 Fig., 1 Taf.; Washington 1933.

TORNQUIST, A.: Die Tektonik des tieferen Untergrundes Norddeutschlands. — Sitz. Ber. K. Preuß. Akad. Wiss. 1911, 822—836, 3 Fig.; Berlin 1911.

VÄYRYNEN, H.: Über die Stratigraphie der Karelischen Formationen. — Bull. Comm. Géol. Finlande 101, 54—78, 4 Fig., 1 Karte; Helsinki 1933.

WATERSCHOOT VAN DER GRACHT, W. A. J. M. VAN: Die jungpaläozoische Gebirgsbildung in Nord-Amerika. — C. R. 2. Congr. Stratigr. Carbonifère, Heerlen 1935, 3, 1431—1483, 5 Tab., 4 Fig.; Maestricht 1938.

WEGMANN, C. E.: Über die Tektonik der jüngeren Faltung in Ost-Finnland. — Fennia 50, 16, 1—22; Helsinki 1928.

WIMAN, C.: Über das Silurgebiet des Bottnischen Meeres. — Bull. Geol. Inst. Univ. Upsala 1, 1, 65—75; Upsala 1893.

WRATHER, W. E.: Oklahoma and Texas. — Guidebook 6, Intern. Geol. Congr. XVI. Sess. United States 1933, 1—91, 28 Fig., 13 Taf.; Washington 1933.

ARCHANGELSKI, A. D.: Zur Frage des geologischen Aufbaus des Raumes der magnetischen Ancmalie von Kursk und ihrer möglichen Ursachen. — Komitee zur Erforschung der natürlichen Produktionskräfte der UdSSR. Akad. Wiss. UdSSR 1922, 3; Moskau 1922. (Архангельский, А. Д.: К вопросу о геологическом строении местности Курской аномалии и возможных причинах последней. Ком. по изуч. ест.-пр. сил АН, вып. 3, 1922).

ARCHANGELSKI, A. D.: Einführung in das Studium der Geologie des Europäischen Rußlands. Teil I. Tektonik und Entwicklungsgeschichte der Russischen Tafel. — Moskau-Petrograd 1923. (Архангельский, А. Д.: Введение в изучение геологии Европейской России, ч. I. Тектоника и история развития Русской платформы. — Москва-Петроград 1923).

ARCHANGELSKI, A. D.: Zur Frage der Lagerungsbedingungen der präkambrischen Gesteine in den östlichen Teilen der Südrussischen Mulde. — Arbeiten der Sonderkommission zur Erforschung der magnetischen Anomalien von Kursk. Arbeiten geol. Abt. Lieferung 15, 1924. (Архангельский, А. Д.: К вопросу об условиях залегания докембрийских пород в восточных частях Южно-Русской мульды. — Труды особ. ком. по исслед. курских магнитных аномалий. Тр. геол. отд., вып. 5, 1924).

ARCHANGELSKI, A. D.: Geologischer Aufbau der UdSSR. Europäischer und mittelasiatischer Teil. — 1932a. (Архангельский, А. Д.: Геологическое строение СССР. Европейская и Средне-Азиатская части. — 1932).

ARCHANGELSKI, A. D.: Der geologische Aufbau der UdSSR. — Wissenschaftlich-technischer Verlag für geologische Erkundung, 1932b. (Архангельский, А. Д.: Геологическое строение СССР. Научн.-техн. геол.-разв. изд., 1932).

ARCHANGELSKI, A. D.: Über den Aufbau der Russischen Tafel. — Bull. Moskauer Ges. Naturf. **1940**, 3—4; Moskau 1940. (Архангелский, А. Д.: О строении Русской платформы. — Бюлл. Моск. общ. исп. прир., № 3—4, 1940).

ARCHANGELSKI, A. D.: Geologischer Aufbau und geologische Geschichte der UdSSR. — Staatlicher wissenschaftlich-technischer Verlag, Moskau-Leningrad 1941. (Архангельский, А. Д.: Геологическое стоение и геологическая история СССР. — Гос. научн.-техн. изд. Москва-Ленинград 1941).

ARCHANGELSKI, A. D., KRESTOWNIKOW, W. N. & N. S. SCHATSKI: Die Cenoman- und Tertiär-Phosphorite der Südrussischen Senke. — Phosphorite der UdSSR, Verlag der Geologischen Kommission, 1926. (Архангелский, А. Д., Крестовников, В. Н. и Н. С. Шатский: Сеноманские и третичные фосфориты Южно-Русской впадины. — Фосфориты СССР, изд. Геол. ком., 1926).

ARCHANGELSKI, A. D., MICHAILOW, A. A., FEDYNSKI, W. W. & E. N. LJUSTICH: Geologische Bedeutung der Schwereanomalien in der UdSSR. — Nachr. Akad. Wiss. UdSSR, Geol. Ser. **1937**, 4; Moskau 1937a. (Архангельский, А. Д., Михайлов, А. А., Федынский, В. В. и Е. Н. Люстих: Геологическое значение аномалий силы тяжести в СССР. — Изв. АН СССР, сер. геол., № 4, 1937).

ARCHANGELSKI, A. D., ROSE, N. B., KOLJUBAKIN, W. W., ORLOW, W. P. & A. I. PADEREWSKAJA: Tektonik des präkambrischen Fundaments der Osteuropäischen Tafel nach den Unterlagen der allgemeinen magnetischen Aufnahme der UdSSR. — Nachr. Akad. Wiss. UdSSR, Ser. Geogr. Geophys. **1937**, 2; Moskau 1937b. (Архангельский, А. Д., Розе, Н. В., Колюбакин, В. В., Орлов, В. П. и А. И. Падеревская: Тектоника докембрийского фундамента Восточно-Европейской платформы по данным общей магнитной съемки СССР. — Изв. АН СССР, сер. геогр. и геофиз., № 2. 1937).

ASSATKIN, B. W., GEKKER, R. F., LJUTKEWITSCH, E. M. & M. E. JANISCHEWSKI: Geologische Karte des südlichen Teiles des Leningrader Gebiets. — Arbeiten der Leningrader geologischen Verwaltung, **15**; Leningrad 1937. (Асаткин, Б. В., Геккер, Р. Ф., Люткевич, Е. М. и М. Е. Янишевский: Геологическая карта южной части Ленинградской области. — Тр. Лен. упр., вып. 15, 1937).

BAKIROW, A. A.: Geologischer Aufbau und Erdöl-Erdgasführung der paläozoischen Ablagerungen der mittelrussischen Syneklise. — Verlag „Gostoptechisdat" (Staatlicher wissenschaftlich-technischer Verlag für Literatur über Erdöl und fossile Brennstoffe), Moskau 1948. (Бакиров, А. А.: Геологическое строение и перспективы нефтегазоносности палеозойских отложений Среднерусской синеклизы. — Гостоптехиздат Москва, 1948).

BAKIROW, A. A.: Die wichtigsten Züge der geotektonischen Entwicklung der inneren Russischen Tafel. — Sammelband „Zur Geologie der zentralen Teile der Russischen Tafel". Unions-Forschungsinstitut für Naturgase, Moskau 1951. (Бакиров, А. А.: Главнейшие черты геотектонического развития внутренней части Русской платформы. — Сб. „К геологии центральных областей Русской платформы“. Всес. н.-и. ин-т природн. газов., Москва 1951).

Bakirow, A. A.: Gegenwärtige Vorstellungen über den geologischen Aufbau des kristallinen Fundaments der Russischen Tafel. — Arbeiten der Akademie für Erdölindustrie, 1; Moskau 1954. (Бакиров, А. А.: Современные представления о геологическом строении кристаллического фундамента Русской платформы. — Тр. Акад. нефт. промсти, вып. 1. Москва 1954).

Beloussow, W. W.: Fazies und Mächtigkeiten der Sedimentserien im europäischen Teil der UdSSR. — Arbeiten Inst. Geol. Akad. Wiss. UdSSR, **76** (23); Moskau 1944. [Белоусов, В. В.: Фации и мощности осадочных толщ Европейской части СССР. — Тр. Инст. геол. наук АН СССР, вып. 76 (23), 1944].

Borissow, A. A., Blinow, O. W. u. a.: Das Ural-Wolga-Erdölgebiet. — Moskau-Leningrad 1941. (Борисов, А. А., Блинов, О. В. и др.: Урало-Волжская нефтеносная область. — Москва-Ленинград 1941).

Bubnoff, S. v.: Geologie Europas. Band II, Teil 1. (Russ. Übersetzung.) Moskau 1935. (Бубнов, С.: Геология Европы. Т. II. ч. 1. — Перевод, Москва 1935).

Chabakow, A. W.: Der Polare Ural und seine Beziehungen zu anderen Faltungsgebieten. — Arbeiten der Verwaltung für Bergbau und Geologie der Hauptverwaltung des Nördlichen Seeweges, **15**; Leningrad 1945. (Хабаков, А. В.: Полярный Урал и его взаимоотношения с другими складчатыми областями. — Тр. Горно. геол. упр. Гл. сев. мор. пут., вып. 15, 1945).

Cheraskow, N. P.: Schema der Tektonik der Faltungszone von Werchojansk. — Z. „Probleme der sowjetischen Geologie“, **1935**, 4; Moskau 1935. (Херасков, Н. П.: Схема тектоники Верхоянской складчатой зоны. — Пробл. сов. геол., № 4, 1935).

Dsewanowski, J. K.: Der geologische Aufbau Südjakutiens im Lichte neuer Unterlagen. — Material des Unions-Forschungsinstituts für Geologie. Allgem. Ser. Sammelband **7**, 1946. (Дзевановский, Ю. К.: Геологическое строение Южной Якутии в свете новых данных. — Мат. Всес. научн.-иссл. геол. инст. Общая серия, сб. 7, 1946).

Frucht, D. L.: Geologischer Aufbau des unteren Sura-Beckens. — Arbeiten des Unions-Erdölforschungsinstituts für geologische Erkundung (WNIGNI), Lieferung 4, Moskau 1954. (Фрухт, Д. Л.: Геологическое строение бассейна нижнего течения р. Суры. — Тр. Всес. н.-и. геол.-разв. нефт. ин-та (ВНИГНИ), вып. IV, Москва 1954).

Grazianowa, O. P.: Erfolge der geophysikalischen Arbeiten zur Untersuchung des Aufbaus neuer Erdölgebiete. — Sammelband „Angewandte Geophysik“, **7**, Verlag Gostoptechisdat, Moskau 1950. (Грацианова, О. П.: Эффективность геофизических работ по изучению строения новых нефтеносных районов. — Сб. „Прикладная геофизика“, вып. 7, Гостоптехиздат, Москва 1950).

Janschin, A. L.: Über die begrabenen Varisciden östlich des Kaspischen Meeres. — Bull. Moskauer Ges. Naturf., Geol. Abt., **20**, 5—6; Moskau 1945. (Яншин, А. Л.: О погребенных герцинидах к востоку от Каспийского моря. — Бюлл. Моск. общ. исп. прир., отд. геол., т. XX, вып. 5—6, 1945).

Karpinski, A. P.: Bemerkungen über die Sedimentbildungen des europäischen Rußlands. — Bergbau-Zeitschrift, 4, 1880. (Gesammelte Werke 2.) (Карпинский, А. П.: Замечания об осадочных образованиях Европейской России. — Горн. журн., т. IV, 1880. Собр. соч., т. II).

Karpinski, A. P.: Bemerkungen über die Art der Gesteinsdislokationen in der südlichen Hälfte Rußlands. — Bergbau-Zeitschrift, 3, 1883. (Gesammelte Werke 2.) (Карпинский, А. П.: Замечания о характере дислокаций пород в южной половине России. — Горн. журн., ч. III, 1883. Собр. соч., т. II).

Karpinski, A. P.: Studie über die physisch-geographischen Verhältnisse früherer geologischer Perioden. — Schriften Akad. Wiss., 1886. (Карпинский, А. П.: Очерк физико-географических условий минувших геологических периодов. — Зап. Акад. Наук, 1886).

Karpinski, A. P.: Der allgemeine Charakter der Krustenschwankungen im Bereich des europäischen Rußlands. — Nachr. Akad. Wiss., 1894, 1; Moskau 1894. (Карпинский, А. П.: Общий характер колебаний земной коры в пределах Европейской России. — Изв. АН, № 1, 1894).

Karpinski, A. P.: Der allgemeine Charakter der Krustenbewegungen im Bereich des europäischen Rußlands. — Klassiker der Naturwissenschaften, 1919. (Gesammelte Werke 2.) (Карпинский, А. П.: Общий характер колебаний земной коры в пределах Европейской России. — Клас. естеств., 1919. Собр. соч., т. II).

Karpinski, A. P.: Zur Tektonik des europäischen Rußlands. — Nachr. Akad. Wiss.; Moskau 1919. (Карпинский, А. П.: К тектонике Европейской России. — Изв. АН, 1919).

Koshewnikow, I.: Die Struktur des Raumes Saratow. — Neues in der Erdöltechnik, 4, 1947. (Кожевников, И.: Структура Саратовского района. — Новости нефтяной техники, № 4, 1947).

Koslow, A. L. & Schipelkewitsch: Tektonischer Aufbau der unteren Transwolgagebiete nach den Ergebnissen geophysikalischer Untersuchungen. — Sowjetgeologie, 1945, 4; Moskau 1945. (Козлов, А. Л. и Шипелькевич: Тектоническое строение нижнего Заволжья по данным геофизических исследований. — Сов. геол., № 4, 1945).

Kossygin, J. A.: Grundzüge der Tektonik des Nordostrandes des Erdölgebiets von Emba. — Arbeiten des Moskauer Erdölinstituts, 2; Moskau 1940. (Косыгин, Ю. А.: Основные черты тектоники северо-восточной окраины Эмбенской нефтеносной области. — Тр. Моск. нефт. инст., № 2, 1940).

Kossygin, J. A.: Die großen Erhebungen in den Salzhorstgebieten der Emba und der Ukraine als mögliche Erdölgebiete. — Erdölindustrie der UdSSR, 1941, 1. (Косыгин, Ю. А.: Крупные поднятия в солянокупольных областях Эмбы и Украины, возможные нефтеносные районы. — Нефт. пром. СССР, № 1, 1941).

Kuziba, A. M. & P. A. Schulga: Das Devon der Issatschkowo-Salzkuppel bei Luben. — Akad. Wiss. Ukrain. SSR, Geol. Z. 5, 3; Kiew 1938. (Куциба, А. М. и П. А. Шульга: Девон ісачківського соляного піднесения біля м. Лубен. — АН УССР. Геол. журн., т. V, в., 3 1938).

Larin, A. P.: Über den Aufbau des Altpaläozoikums in Podolien. — Probleme der sowjetischen Geologie, 6, 7; Moskau 1936. (Ларин, А. П.: О строении Подольского древнего палеозоя. — Пробл. сов. геол., т. VI, № 7, 1936).

Lebedew, P. I.: Zur Frage der Fazies magmatischer Gesteine des Nordkaukasus. — Nachr. Akad. Wiss. UdSSR, Geol. Ser. 1947, 2; Moskau 1947. (Лебедев, П. И.: К вопросу о фациях магматических пород Северного Кавказа. — Изв. АН СССР, сер. геол., № 2, 1947).

Lutschizki, W. N. & N. A. Polowinkina: Über die präkambrischen Gesteine der Russischen Tafel. — Sowjetgeologie, 1940, 10; Moskau 1940. (Лучицкий, В. Н. и Н. А. Половинкина: О докембрийских породах Русской платформы. — Сов. геол., № 10, 1940).

Masarowitsch, A. N.: Grundlagen der Geologie der UdSSR. — 1938. (Мазарович, А. Н.: Основы геологии СССР. — 1938).

Mironow, S. I. & J. A. Pritula: Struktur, Fazies und Erdölführung des Perms im Gebiet der Tatarischen ASSR, des Bezirks Kuibyschew, des nordwestlichen Teils des Bezirks Tschkalow und des östlichen Teiles der Baschkirischen ASSR. — Geologie und Erdölführung der Russischen Tafel und des Emba-Gebiets. Verlag des Unions-Erdölinstituts für geologische Erkundung, Moskau-Leningrad 1946. (Миронов, С. И. и Ю. А. Притула: Структура, фации и нефтеносность пермской системы на территории Татарской АССР, Куйбышевской и северозападной части Чкаловской области и восточной части Башкирской АССР. — Геология и нефтеносность Русской платформы и Эмбы. Изд. Всес. нефт. геол.-разв. нист., Москва-Ленинград 1946).

MURATOW, M. W.: Grundzüge der Tektonik der Halbinsel Krim. — Bull. Moskauer Ges. Naturf. Geol. Abt. **15**, 3, 1933. (Муратов, М. В.: Основные черты тектоники Крымского полуострова. — Бюлл. Моск. общ. исп. прир., отд. геол., т. XV, вып. 3, 1933).

MURATOW, M. W.: Aufbau der Schwarzmeer-Senke. — Sowjetgeologie **16**; Moskau 1946a. (Муратов, М. В.: Строение Причерноморской впадины. — Сов. геол., № 16, Москва 1946).

MURATOW, M. W.: Die wichtigsten Strukturelemente des alpidischen Geosynklinalgebiets im Süden der UdSSR. — Nachr. Akad. Wiss. UdSSR, Geol. Ser. **1946**, 1; Moskau 1946b. (Муратов, М. В.: Основные структурные элементы Альпийской геосинклинальной области юга СССР. — Изв. АН, сер. геол., № 1, 1946).

NALIWKIN, D. W.: Geologische Geschichte des Urals. — Swerdlowsk 1943. (Наливкин, Д. В.: Геологическая история Урала. — Свердловск 1943).

NASARENKO, D. P.: Beschreibung der Fauna *Spirifer ex. gr. anosofi* aus der Brekzie des Dorfes Adamowka im Bezirk Slawjansk im Donezbecken. — Schriften Geol. Forschungsinst. Staatl. Univ. Charkow, 1940. (Назаренко, Д. П.: Описание фауны *Spirifer ex. gr. anosofi* из брекчии с. Адамовки Славянского района в Донбассе. — Зап. науч.-иссл. инст. геол. Харьк. унив., т. VIII, 1940).

OFFMAN, P. E.: Zur Struktur und Genese der Saratow- und Don-Medwediza-Erhebungen.— Bull. Moskauer Ges. Naturf. Geol. Abt. **20** (1—2); Moskau 1945. [Оффман, П. Е.: К вопросу о структуре и генезисе Саратовских и Доно-Медведицких поднятий. — Бюлл. Моск. общ. исп. прир., отд. геол., т. XX (1—2), 1945].

OSHIGANOW, D. G.: Geologischer Aufbau der Großen und der Kleinen Kraka. — Arbeiten der Baschkirischen Geologischen Verwaltung, 1943. (Ожиганов, Д. Г.: Геологическое строение Большой и Малой Краки. — Тр. Башк. геол. упр., 1943).

PANTELEJEW, F. P.: Geologischer Aufbau und Erdgasführung der Süd-Jergeni. — 1947. (Пантелеев, Ф. П.: Геологическое строение и газоносность Южных Ергеней. — 1947).

PERMJAKOW, E. N.: Tektonische Klüftung der Russischen Tafel. — Material zur Erkenntnis des geologischen Aufbaus der UdSSR, Lieferung 12 (16), Moskauer Ges. Naturf. 1949. [Пермяков, Е. Н.: Тектоническая трещиноватость Русской платформы. — Материалы познания геологического строения СССР, вып. 12 (16), МОИП, 1949].

PISTRAK, R. M.: Fazies der Devon- und Karbon-Ablagerungen der Russischen Tafel und ihr Zusammenhang mit der Struktur. — Arbeiten Inst. Geol. Akad. Wiss. UdSSR **111**, Geol. Ser. 39; Moskau 1950. (Пистрак, Р. М.: Фации девонских и каменноугольных отложений Русской платформы и связь их со структурой. — Тр. Ин-та геол. наук АН СССР, вып. 111, геол. сер. № 39, 1950).

PISTRAK, R. M.: Die Prädevon- und Devon-Ablagerungen im zentralen Teil der Russischen Tafel. — Sammelband ,,Das Devon der Russischen Tafel''. Unions-Erdölinstitut für geologische Erkundung (WNIGRI), Leningrad 1953. [Пистрак, Р. М.: Додевонские и девонские отложения центральной части Русской платформы. — Сб. ,,Девон Русской платформы''. Всес. нефт. геол.-разв. ин-т (ВНИГРИ), Ленинград 1953].

PITKOWSKA, Z.: Über Brekzienfunde auf der Petrowski-Kuppel. — Geol. Z. Akad. Wiss. Ukrain. SSR **7**, 3; Kiew 1940. (Пітковська, Ц.: Про нахождения брекчії Петровського купола. — Геол. журн. АН УССР, т. VII, в. 3, 1940).

POLKANOW, A. A.: Präquartär-Geologie der Halbinsel Kola und Kareliens bzw. des äußersten östlichen Teiles des Fennoskandischen kristallinen Schildes. — Arbeiten der XVII.

Tagung des Internationalen Geologen-Kongresses 1937, **2**; Moskau 1939. (Полканов, А. А.: Дочетвертичная геология Кольского полуострова и Карелии или наиболее восточной части фенноскандинавского кристаллического щита. — Тр. XVII сессии Межд. геол. конгр. 1937, т. II, 1939).

Postnikowa, I. E.: Zur Stratigraphie der altpaläozoischen Ablagerungen des Raumes Serdobsk-Patschelma. — Nachr. Akad. Wiss. UdSSR, Geol. Ser. **1953**, 5; Moskau 1953. (Постникова, И. Е.: К стратиграфии нижнепалеозойских отложений Сердобско-Пачелмского района. — Изв. АН СССР, сер. геол., № 5, 1953).

Postnikowa, I. E.: Lithologie, Stratigraphie, Tektonik und mögliche Erdölführung der Prädevon-Ablagerungen der Rjasan-Patschelma-Senke. — Autoreferat zur Dissertation. Unions-Forschungsinstitut für Erdöl und Erdgas (WNII), Moskau 1955. [Постникова, И. Е.: Литология, стратиграфия, тектоника и возможная нефтеносность додевонских отложений Рязано-Пачелмского прогиба. — Автореф. дисс. Всес. нефте-газ. н.-и. ин-та (ВНИИ), Москва 1955].

Romanowski: Über geologische Untersuchungen im Gouvernement Smolensk. — Bergbau-Zeitschrift, 1846. (Романовский: О геологических исследованиях в Смоленской губ. — Горн. журн., 1846).

Rosanow, L. N.: Tektonik des nordöstlichen Teiles des Gebirgs-Dagestans. — Sowjetgeologie **1940**, 7; Moskau 1940. (Розанов, Л. Н.: Тектоника северо-восточной части Горного Дагестана. — Сов. геол., № 7, 1940).

Rostowzew, N. N.: Zur geologischen Geschichte des Juras im östlichen Teil des Großen Kaukasus. — Nachr. Akad. Wiss. UdSSR, Geol. Ser. **1948**, 3; Moskau 1948. (Ростовцев, Н. Н.: О геологической истории юрского периода в восточной части Большого Кавказа. — Изв. АН СССР, сер. геол., № 3, 1948).

Sasonowa, I. G.: Geologischer Aufbau des nordwestlichen Teiles der Pensa-Murom-Senke. — Arbeiten des Unions-Erdölforschungsinstitutes für geologische Erkundung (WNIGNI), Lieferung 4, Moskau 1954. [Сазонова, И. Г.: Геологическое строение северо-западной части Пензо-Муромского прогиба. — Тр. Всес. н.-и. геол.-разв. нефт. ин-та (ВНИГНИ), вып. IV, Москва 1954].

Schafiro, J. S.: Neue Daten zur Tektonik der Gebiete zwischen den Flüssen Tersa, Busuluk und Medwediza. — Nachr. Akad. Wiss. UdSSR, Geol. Ser. **1955**, 3; Moskau 1955. (Шафиро, Я. Ш.: Новые данные по тектонике междуречий Терсы, Бузулука и Медведицы. — Изв. АН СССР, сер. геол., № 3, 1955).

Schatski, N. S.: Über die Tektonik des nördlichen Teiles des Donezbeckens. — Bull. Moskauer Ges. Naturf., N. S. **32**. Geol. Abt. **2**, 3; Moskau 1924. (Шатский, Н. С.: О тектонике северной части Донецкого бассейна. — Бюлл. Моск. обш. исп. прир., нов. сер., т. XXXII, отд. геол., т. II, вып. 3, 1924).

Schatski, N. S.: Zur Herkunft der Romny-Gipse und der Gesteine des Issatschkowski-Hügels in der Ukraine. — Bull. Moskauer Ges. Naturf. **9**, 3—4; Moskau 1931. [Шатский, Н. С.: К вопросу о происхождении роменских гипсов и пород Исачковского холма на Украине. — Бюлл. Моск. общ. исп. прур., т. IX (3—4), 1931].

Schatski, N. S.: Über die Tektonik Zentralkasachstans. — Nachr. Akad. Wiss. UdSSR, Geol. Ser. **1936**, 5—6; Moskau 1936. (Шатский, Н. С.: О тектонике Центрального Казахстана. — Изв. АН СССР, сер. геол., № 5—6, 1936).

Schatski, N. S.: Die Entstehung des Donezbeckens. — Moskauer Ges. Naturf., N. S., **45**, Geol. Abt. **15**, 4; Moskau 1937a. (Шатский, Н. С.: Происхождение Донецкого бассейна. — Бюлл. Моск. общ. исп. прир., нов. сер., т. XLV, отд. геол., т. XV. вып. 4, 1937).

Schatski, N. S.: Über die Tektonik der Osteuropäischen Tafel. — Bull. Moskauer Ges. Naturf. Geol. Abt. **15**, 1937b. (Шатский, Н. С.: О тектонике Восточно-Европейской платформы. — Бюлл. Моск. общ. исп. прир., отд. геол., т. XV. 1937).

SCHATSKI, N. S.: Zur Altersfrage der gefalteten Basis der Russischen Tafel. — Sowjetgeologie, **1940**, 10; Moskau 1940. (Шатский, Н. С.: К вопросу о возрасте складчатого основания Русской платформы. — Сов. геол., № 10, 1940).

SCHATSKI, N. S.: Über die jungpaläozoische Struktur der Ostrussischen Senke. — Vorträge Akad. Wiss. UdSSR **31**, 5; Moskau 1941. (Шатский, Н. С.: О верхнепалеозойской структуре Восточно-Русской впадины. — ДАН, т. XXXI, № 5, 1941).

SCHATSKI, N. S.: Zur vergleichenden Tektonik Nordamerikas und Osteuropas. — Nachr. Akad. Wiss. UdSSR Geol. Ser. **1945**, 4; Moskau 1945a. (Шатский, Н. С.: О сравнительной тектонике Северной Америки и Восточной Европы. — Изв. АН СССР, сер. геол., № 4. 1945)

SCHATSKI, N. S.: Studien zur Tektonik des Wolga-Ural-Erdölgebiets und des angrenzenden Teiles der Südural-Westflanke. — Material zur Kenntnis des geologischen Aufbaus der UdSSR, N. S., Lieferung 2 (6), Moskauer Ges. Naturf.; Moskau 1945b. [Шатский, Н. С.: Очерки тектоники Волго-Уральской нефтеносной области и смежной части западного склона Южного Урала. — Материалы познания геол. строения СССР, нов. сер., вып. 2 (6), МОИП, 1945].

SCHATSKI, N. S.: Grundzüge des Aufbaus und der Entwicklung der Osteuropäischen Tafel. (Vergleichende Tektonik alter Tafeln, Aufsatz 1.) — Nachr. Akad. Wiss. UdSSR, Geol. Ser. **1946**, 1; Moskau 1946a. (Шатский, Н. С.: Основные черты строения и развития Восточно-Европейской платформы. Сравнительная тектоника древних платформ, ст. 1. — Изв. АН СССР, сер. геол., № 1, 1946).

SCHATSKI, N. S.: Die Hypothese Wegeners und die Geosynklinalen. — Nachr. Akad. Wiss. UdSSR, Geol. Ser. **1946**, 4; Moskau 1946b. (Шатский, Н. С.: Гипотеза Вегенера и геосинклинали. — Изв. АН, сер. геол,. № 4, 1946).

SCHATSKI, N. S.: Das Große Donezbecken und das Wichita-System. (Vergleichende Tektonik alter Tafeln, Aufsatz 2.) — Nachr. Akad. Wiss. UdSSR, Geol. Ser. **1946**, 6; Moskau 1946 c. (Шатский, Н. С.: Большой Донбасс и система Вичита. Сравнительная тектоника древних платформ, ст. 2. — Изв. АН СССР, сер. геол., № 6, 1946).

SCHATSKI, N. S.: Über Zusammenhänge der Tafeln mit geosynklinalen Faltungsgebieten. (Vergleichende Tektonik alter Tafeln, Aufsatz 3.) — Nachr. Akad. Wiss. UdSSR, Geol. Ser. **1947**, 4; Moskau 1947. (Шатский, Н. С.: О связи платформ со складчатыми геосинклинальными областями. Сравнительная тектоника древних платформ, ст. 3. — Изв. АН СССР, сер. геол., № 4, 1947).

SCHATSKI, N. S.: Über die Tiefenstörungen auf Tafeln und Faltungsgebieten (Wolgagebiete und Kaukasus). (Vergleichende Tektonik alter Tafeln, Aufsatz 4.) — Nachr. Akad. Wiss. UdSSR, Geol. Ser. **1948**, 5; Moskau 1948. [Шатский, Н. С.: О глубоких дислокациях, охватывающих и платформы и складчатые области (Поволжье и Кавказ). Сравнительная тектоника древних платформ, ст. 4. — Изв. АН СССР. сер. геол., № 5, 1948].

SCHATSKI, N. S.: Über die ältesten Ablagerungen der Sedimentdecke der Russischen Tafel und ihre Struktur im Altpaläozoikum. — Nachr. Akad. Wiss. UdSSR, Geol. Ser. **1952**, 1; Moskau 1952. (Шатский, Н. С.: О древнейщих отложениях осадочного чехла Русской платформы и о ее структуре в древнем палеозое. — Изв. АН СССР, сер. геол., № 1, 1952).

SEMICHATOW, A. N.: Über Funde einer Devonfauna am Elton und Baskuntschak. — Nachr. Geol. Kom. **28**, 4, Moskau 1929. (Семихатов, А. Н.: О находках девонской фауны на Эльтоне и Баскунчаке. — Изв. геол. ком., т. XXVIII, № 4, 1929).

SENJUKOW, W. M.: Geologischer Aufbau der Uljanowsk-Saratow-Syneklise. — Verlag Gostoptechisdat, Moskau 1947. (Сенюков, В. М.: Геологическое строение Ульяновско-Саратовской синеклизы. — Гостоптехиздат, Москва 1947).

SHUKOW, W. A.: Einige Besonderheiten der Struktur des südwestlichen Teiles des paläozoischen Moskauer Beckens. — Nachr. Akad. Wiss. UdSSR, Geol. Ser. **1940**, 6; Moskau 1940. (Жуков, В. А.: Некоторые структурные особенности юго-западной части Московской палеозойской котловины. — Изв. АН СССР, сер. геол., № 6, 1940).

SHUKOW, W. A.: Tektonik und Struktur des paläozoischen Moskauer Beckens. — Bull. Moskauer Ges. Naturf., Geol. Abt. **20**, 5—6; Moskau 1945. [Жуков, В. А.: Тектоника и структура Московской палеозойской котловины. — Бюлл. МОИП, отд. геол., т. 20 (5—6), 1945].

SOBOLEW, D. N.: Über die Tektonik Europas. — Nachr. Warschauer Polytechn. Inst. 1912. (Соболев, Д. Н.: О тектонике Европы. — Изв. Варш. пол. инст., 1912).

SOBOLEW, D. N.: Über den Zechstein des Heiligen-Kreuz-Gebirges. — Bull. Moskauer Ges. Naturf. **1926**, 6; Moskau 1926a. (Соболев, Д. Н.: О цехштейне Свентокшижских гор. — Бюлл. Моск. общ. исп. прир., т. VI, 1926).

SOBOLEW, D. N.: Skizze des Planes und der Architektonik des kristallinen Fundaments Skando-Rußlands. — Bull. Moskauer Ges. Naturf. Geol. Abt. **1926**, 3—4; Moskau 1926b. (Соболев, Д. Н.: Эскиз плана и архитектоники кристаллического фундамента Скандо-России. — Бюлл. Моск. обш. исп. прир., отд. геол., вып. 34, — 1926).

SOBOLEW, D. N.: Probleme der Tiefengeologie des Nordukrainischen Beckens. — Schriften Geol. Inst. Staatl. Univ. Charkow, 4; Charkow 1934. (Соболев, Д. Н.: Проблемы глубокой геологии Северо-Украинского бассейна. — Зап. инст. геол. при Харьк. гос. унив., т. IV, 1934).

SOBOLEW, D. N.: Über die mitteleurasische Geosynklinale und das Amadozische Becken. — Schriften Inst. Geol. Staatl. Univ. Charkow **5**, 2; Charkow 1936. (Соболев, Д. Н.: О среднеевразийской геосинклинали и об амадоцийском бассейне. — Зап. Наук. досліл. Инст. геол. при Харьк. держ. унив., т. V, в. 2, Харьків, 1936).

SOBOLEW, D. N.: Über die Gesetzmäßigkeiten des geologischen Aufbaus und der Verteilung der Bodenschätze des Amadozischen Beckens (Großer Donbass) und über die Karpinskischen Linien. — Charkow 1938. [Соболев, Д. Н.: О закономерностях геологического строения и распределения недровых богатств Амадоцийского (Большого Донецкого) бассейна и о линиях Карпинского. — Харьков, 1938].

SOKOLOW, B. S.: Stratigraphisches Schema der altpaläozoischen (prädevonischen) Ablagerungen des Nordwestens der Russischen Tafel. — Sammelband „Das Devon der Russischen Tafel". Unions-Erdölforschungsinstitut für geologische Erkundung (WNIGRI), Leningrad—Moskau 1953. [Соколов, Б. С.: Стратиграфическая схема нижнепалеозойских (додевонских) отложений северо-запада Русской платформы. — Сб. „Девон Русской платформы". Всес. нефт. н.-и. геол.-разв. ин-т (ВНИГРИ), Ленинград-Москва 1953].

SOLONZOW, L. F.: Zur stratigraphischen Gliederung der Prädevon-Ablagerungen des Ural-Wolga-Gebiets und der benachbarten Territorien. — Ber. Akad. Wiss. UdSSR **95**, 6; Moskau 1954. (Солонцов, Л. Ф.: К вопросу о стратиграфическом расчленении додевонских отложений Урало-Волжской области и смежных территорий. — ДАН СССР, т. 95, № 6, 1954).

STEPANOW, P. I.: Der Grosse Donbass. — Geologie der UdSSR **7**. Das Donezbecken. Moskau—Leningrad 1944a. (Степанов, П. И.: Большой Донбасс. — Геология СССР, т. VII, Донецкий бассейн. Москва-Ленинград 1944).

STEPANOW, P. I.: Tektonik des Donezbeckens. — Geologie der UdSSR **7**. Das Donezbecken. Moskau—Leningrad 1944b. (Степанов, П. И.: Тектоника Донецкого бассейна. — Геология СССР, т. VII, Донецкий бассейн. Москва-Ленинград 1944).

STRONA, A. A.: Ergebnisse und Aufgaben der magnetometrischen Erforschung des Präkambriums des Europäischen Teiles der UdSSR. — Arbeiten der XVII. Tagung des Internationalen Geologenkongresses 1937, 4; Moskau 1937. (Строна, А. А.: Результаты и задачи магнитометрического изучения докембрия Европейской части СССР. — Тр. XVII сессии Междун. геол. конгр. 1937 г., т. IV, 1940).

SYTOWA, W. A.: Zur Stratigraphie des Paläozoikums im Raum Patschelma. — Sammelband „Zur Geologie der zentralen Teile der Russischen Tafel". Unions-Forschungsinstitut für Naturgase, Moskau 1951. (Сытова, В. А.: К стратиграфии палеозоя Пачелмского района. — Сб. „К геологии центральных областей Русской платформы". Всес. н.-и. ин-т природн. газов, Москва 1951).

TETJAJEW, M. M.: Zur Tektonik der Ukraine. — Nachr. Ukrain. Abt. Geol. Kom., Nr. 9, 1926. (Тетяев, М. М.: К тектонике Украины. — Изв. Укр. отд. Геол. ком., № 9, 1926).

TETJAJEW, M. M.: Geotektonik der UdSSR. — Moskau-Leningrad 1938. (Тетяев, М. М.: Геотектоника СССР. — Москва-Ленинград 1938).

TIMOFEJEW, B. W.: Stratigraphie und paläontologische Charakteristik der terrigenen Serie des Altpaläozoikums im nordwestlichen Teil der Russischen Tafel. Autorreferat. — Unions-Erdölforschungsinstitut für geologische Erkundung „WNIGRI", Leningrad 1954. (Тимофеев, Б. В.: Стратиграфия и палеонтологическая характеристика терригенной толщи нижнего палеозоя северо-западной части Русской платформы. Автореф. — ВНИГРИ, Ленинград 1954).

TSCHETYRKINA, A. A. & A. A. SCHUGIN: Geologische Studie über das Phosphoritgebiet Wjatka—Kama. — Landwirtschaftliche mineralische Rohstoffe der UdSSR, Lieferung 142, 1937. (Четыркина, А. А. и А. А. Шугин: Геологический очерк Вятско-Камского фосфоритового района. — Агрономические руды СССР, вып. 142, 1937).

VÄYRYNEN, H.: Über die Tektonik der Karelischen Zone. — Arbeiten der XVII. Tagung des Internationalen Geologenkongresses 1937; 2; Moskau 1939. (Вейринен, Х.: О тектонике Карельской зоны. — Тр. XVII сессии Межд. геол. конгр. 1937; т. II, 1939).

WATERSCHOOT VAN DER GRACHT, W. A. J. M. VAN: Die jungpaläozoische Orogenese des nordamerikanischen Kontinents und ihre Beziehungen zur Orogenese der Erde. — Arbeiten der XVII. Tagung des Internationalen Geologenkongresses 1937; Moskau 1939. (Ван Ватерсхоот Ван дер Грахт, В.: Верхнепалеозойская орогения Северо-Американского континента и соотношения ее с орогенезом земного шара. — Тр. XVII сессии Межд. геол. конгр. 1937 г. Москва, 1939).

WELIKOWSKAJA, E. M.: Der geologische Aufbau des nordwestlichen Teiles der Transwolgagebiete im Raum Saratow im Zusammenhang mit der Frage des westlichen Teiles der Paläogengrenze. — Bull. Moskauer Ges. Naturf., Geol. Abt. 14, 1; Moskau 1936. [Великовская, Е. М.: Геологическое строение северо-западной части Саратовского Поволжья в связи с вопросом о западной части границы палеогена. — Бюлл. Моск. общ. исп. прир., отд. геол., т. XIV (1), Москва 1936].

# STICHWORTVERZEICHNIS

B



C



D

## L

www.ingramcontent.com/pod-product-compliance
Lightning Source LLC
LaVergne TN
LVHW060623300926
849162LV00008B/1698